"十四五"高等职业教育机电类专业系列教材

"十二五"江苏省高等学校重点教材（编号：2015-1-067）

电力电子与运动控制技术项目化教程

（第二版）

李月芳　蒋正炎◎主　编

陈　柬◎副主编

中国铁道出版社有限公司
CHINA RAILWAY PUBLISHING HOUSE CO., LTD.

内容简介

本书是围绕"电力电子技术应用设备和运动控制技术应用设备的调试与维护"岗位职业能力而开发的项目化教程。全书六个项目,分别以内圆磨床主轴电动机、开关电源、龙门刨床工作台、变频器、带式输送机和行走机械手为载体,包含晶闸管整流调压(AC/DC 变换)技术知识及应用、直流斩波(DC/DC 变换)技术知识及应用、变频调速技术知识及应用、步进驱动技术知识及应用、伺服驱动技术知识及应用等内容。项目一、二、四着重在电力电子技术应用,项目三、五、六着重在运动控制技术应用,项目一、二、四与项目三、五、六做了技术上的无缝衔接,学习者可以根据需要学习其中的某几个项目。

本书适合作为高等职业院校机电一体化技术、电气自动化技术等专业的教材,也可作为社会和企业相关专业人员的培训和自学教材。

图书在版编目(CIP)数据

电力电子与运动控制技术项目化教程 / 李月芳,蒋正炎主编. -- 2 版. -- 北京:中国铁道出版社有限公司,2025.2.("十四五"高等职业教育机电类专业系列教材). -- ISBN 978-7-113-31914-4

Ⅰ. TM1;TP273

中国国家版本馆 CIP 数据核字第 2025A6E402 号

书　　名	电力电子与运动控制技术项目化教程
作　　者	李月芳　蒋正炎

策　　划	祁　云	编辑部电话	(010)63549458
责任编辑	祁　云　绳　超		
封面设计	付　巍		
封面制作	刘　颖		
责任校对	安海燕		
责任印制	赵星辰		

出版发行:中国铁道出版社有限公司(100054,北京市西城区右安门西街 8 号)
网　　址:https://www.tdpress.com/51eds
印　　刷:河北宝昌佳彩印刷有限公司
版　　次:2017 年 6 月第 1 版　2025 年 2 月第 2 版　2025 年 2 月第 1 次印刷
开　　本:850 mm × 1 168 mm　1/16　印张:17　字数:422 千
书　　号:ISBN 978-7-113-31914-4
定　　价:52.00 元

版权所有　侵权必究

凡购买铁道版图书,如有印制质量问题,请与本社教材图书营销部联系调换。电话:(010)63550836
打击盗版举报电话:(010)63549461

前言

党的二十大报告指出:"统筹职业教育、高等教育、继续教育协同创新,推进职普融通、产教融合、科教融汇,优化职业教育类型定位。"由此可以看出,校企合作、产教融合是职业教育特征,是贯穿职业教育人才培养、课程建设与教材建设的主线。本书是落实党的二十大报告精神、对接企业岗位需求、由校企人员共同合作、精选典型的体现电力电子技术和运动控制技术的设备作为载体、围绕相关岗位职业能力而开发的项目化教程。

视频 电力电子技术应用

电力电子技术和运动控制技术是自动化类专业的核心课程,其中电力电子技术是使用电力电子器件对电能进行控制和变换的技术,也是运动控制技术的基础;运动控制技术是以各类电动机为控制对象,以电力电子装置驱动电动机,以计算机为控制手段的技术,两门技术及应用紧密关联。

视频 运动控制技术应用

因此,本书对这两门技术的内容进行了整合优化并采用项目化形式呈现,突出技术应用能力的培养,在任务实施中掌握技术,在技术应用中融入电源变换原理、变频调速原理、伺服驱动工作原理等理论知识。本书的特色如下:

在整体结构上,以覆盖典型技术的电气装置和运动控制系统为载体,共设计了六个项目,项目按照从单一技术到综合技术的应用逻辑顺序展开(见图1)。项目一、项目二分别以内圆磨床主轴电动机调压装置和开关电源为载体,体现可控整流(AC/DC)和直流斩波(DC/DC)等直流调压技术;项目三以龙门刨床工作台直流调速系统为载体,体现直流调速技术、检测技术和PID等技术的综合应用;项目四以变频器为载体,体现整流、逆变(DC/AC)、变频技术;项目五以带式输送机控制系统为载体,体现了变频调速技术、检测技术和PLC等综合应用技术;项目六以行走机械手的速度与位置控制系统为载体,体现了伺服控制技术、检测技术和PLC等技术的综合应用。

在内部结构上,采用"项目导向、任务驱动"的结构。每个项目都由真实可操作的工作任务驱动,按照"项目描述→项目目标→若干任务→拓展应用"的结构来编写,每个任务均按照"任务描述→任务分析→相关知识→任务实施→练习"的结构展开,体现以实践操作作为重点,以理论知识为背景,注重学生技术应用能力和创新能力的培养。

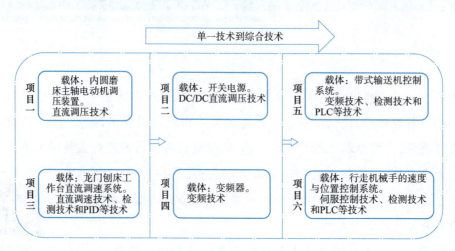

图1　整体结构设计

在教学内容上,本书以岗位工作任务为依据,同时融入国家职业资格标准(高级维修电工、技师)相关内容,并落实课程思政要求,每个项目设计思政小故事(可扫描二维码阅读),以激发学生的爱国情怀,坚定科技兴国的信念。

本书在第一版的基础上,主要做了两方面修订:一是调整和修改了文字内容;二是增加了视频资源和思政小故事。文字内容方面:调整了所有项目任务及任务内部结构,并优化了任务的内容。其中项目四~项目六的任务及内容改动较大,任务描述及任务实施的内容较之前更加具体。视频资源方面:给每个任务都增加了视频,视频内容包括对抽象概念和原理性知识的讲解,以及对设备运行过程、调试过程的现场展示等。读者通过扫描二维码可以随时进行学习。

本书是由常州工业职业技术学院、南京科技职业学院、三菱电机自动化(中国)有限公司及亚龙科技集团有限公司共同开发的项目化教材,由常州工业职业技术学院李月芳、蒋正炎任主编,南京科技职业学院陈柬任副主编。其中,李月芳编写了项目三、项目四,并负责全书的内容组织、提纲制订和统稿工作;蒋正炎编写项目五、项目六;陈柬编写了项目一、项目二;三菱电机自动化(中国)有限公司杨弟平提供了技术支持;李月芳、章丽红等录制了视频资源。本书在编写过程中,还得到了常州三禾工自动化科技有限公司、浙江天煌科技实业有限公司的大力支持,在此表示衷心的感谢!

限于编者水平,书中难免存在疏漏与不妥之处,敬请广大读者批评和指正。

编　者
2024年7月

目 录

项目一　内圆磨床主轴电动机调压装置的分析与调试　1

项目描述　1
项目目标　1
任务一　认识晶闸管　2
任务二　单相半波可控整流电路的分析与调试　9
任务三　单相桥式可控整流电路的分析与调试　21
任务四　三相桥式可控整流电路的分析与调试　31
拓展应用　46

项目二　开关电源的分析与调试　52

项目描述　52
项目目标　52
任务一　认识 GTR、功率 MOSFET、IGBT　53
任务二　直流斩波（DC/DC 变换）电路调试　60
任务三　半桥型开关稳压电源电路调试　71
拓展应用　81

项目三　龙门刨床工作台直流调速系统分析与调试　89

项目描述　89
项目目标　89
任务一　认识直流调速系统　90
任务二　开环直流调速系统机械特性测试　99
任务三　转速负反馈直流调速系统静特性测试　105
任务四　转速电流双闭环直流调速系统静特性测试　123
拓展应用　130

项目四　变频器认识与操作　131

项目描述　131
项目目标　131
任务一　认识变频器　132
任务二　通过变频器操作面板实现电动机调速　148

  任务三 通过外部开关控制变频器实现电动机调速 …………………………… 157
  拓展应用 ……………………………………………………………………………… 163

项目五 带式输送机控制系统安装与调试 ……………………………………… 166

  项目描述 ……………………………………………………………………………… 166
  项目目标 ……………………………………………………………………………… 166
  任务一 带式输送机启停控制 ………………………………………………… 168
  任务二 带式输送机多段速调速控制 …………………………………………… 175
  任务三 带式输送机模拟量调速控制 …………………………………………… 181
  任务四 带式输送机物料分拣控制系统安装与调试 …………………………… 191
  任务五 带式输送机 RS-485 通信调速控制 ………………………………… 206
  拓展应用 ……………………………………………………………………………… 213

项目六 行走机械手的速度与位置控制系统安装与调试 ………………… 217

  项目描述 ……………………………………………………………………………… 217
  项目目标 ……………………………………………………………………………… 217
  任务一 行走机械手步进驱动系统安装接线 ………………………………… 218
  任务二 行走机械手步进驱动系统编程调试 ………………………………… 229
  任务三 行走机械手伺服驱动系统安装接线 ………………………………… 237
  任务四 行走机械手伺服驱动系统编程调试 ………………………………… 253
  拓展应用 ……………………………………………………………………………… 261

项目一 内圆磨床主轴电动机调压装置的分析与调试

项目描述

内圆磨床针对不同的加工工件时,需要对其主轴电动机进行调速。图1-1所示为某内圆磨床,由床身、工作台、砂轮、砂轮轴及主轴等组成。工件由主轴电动机夹带做旋转运动,主轴电动机的速度调节常采用晶闸管组成的调压装置来实现。

本项目先是认识晶闸管,再分析并调试晶闸管构成的单相半波可控整流电路、单相桥式可控整流电路,最后再分析三相桥式可控整流电路。

视频

内圆磨床工作过程

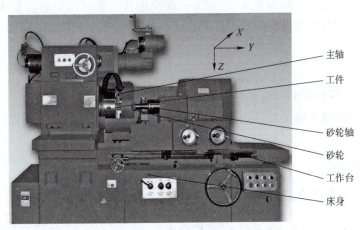

图1-1 内圆磨床

项目目标

1. 知识目标

(1)掌握晶闸管的工作原理及特性;
(2)了解单结晶体管的工作原理及特性;
(3)掌握单相半波可控整流电路的组成及工作原理;
(4)掌握单相桥式可控整流电路的组成及工作原理;
(5)掌握三相桥式可控整流电路的工作原理。

2. 能力目标

(1) 会应用晶闸管导通和关断的条件;
(2) 会用万用表测试晶闸管的好坏;
(3) 能正确调试单结晶体管触发电路和 KC05 集成触发电路;
(4) 能正确调试出单相半波可控整流电路输出电压(U_d)波形;
(5) 能正确调试三相桥式可控整流电路;
(6) 能分析内圆磨床主轴电动机调压装置电路。

3. 素质目标

(1) 通过引入"西电东送"小故事激发学生的爱国情怀和学习电力电子技术的兴趣;
(2) 培养学生调试基本电力电子电路的工程实践能力;
(3) 在电路分析过程中培养学生耐心细致的工作作风。

思政小故事:
西电东送

任务一 认识晶闸管

任务描述

晶闸管是组成电力电子电路的重要元件之一,在使用晶闸管时需要对其好坏进行简单的判断,本任务采用万用表法进行判别。

任务分析

完成本任务需要学习晶闸管的内部结构及特性。

晶闸管是最基本的电力电子器件,在认识晶闸管之前,先了解电力电子器件。

相关知识

一、电力电子器件定义及分类

电力电子器件(power electronic device)又称功率半导体器件,可直接用于处理电能变换的电力设备或电力系统主电路。

特点:处理电功率的能力较强;主要工作在开关状态,其开关状态由控制电路控制;存在功率损耗,一般需要散热处理;需工作在安全工作区域。

最常见的分类:根据器件能够被控制电路控制的程度,将其分为不可控型、半控型、全控型,见表 1-1。

此外,根据门极所加信号的性质不同,可分为电流驱动型(current driving type)、电压驱动型(voltage driving type);根据器件内部载流子导电的情况不同,可分为单极型(unipolar device)、双极型(bipolar device)、混合型(complex device);根据器件的冷却方式不同,可分为自冷型、风冷型、水冷型等;根据器件的外观不同可分为塑封式、螺栓式、平板式、模块式。

表 1-1 电力电子器件的类型

类型	结构特点	控制性能	器件
不可控型	无门极 二端口元件	不需控制信号进行控制	功率二极管
半控型	有门极 三端口元件	通过门极上的控制信号控制器件的导通,却无法控制器件的关断	晶闸管及其派生器件:快速晶闸管、双向晶闸管、逆导晶闸管、光控晶闸管
全控型	有门极 三端口元件	通过门极上的控制信号可以控制器件的导通和关断	可关断晶闸管(GTO)、电力晶体管(GTR 或 BJT)、场效应晶体管(MOSFET)、绝缘栅双极晶体管(IGBT)

二、晶闸管

1. 晶闸管外形、符号表示及内部结构

晶闸管曾称可控硅,属半控型器件,有三个电极,阳极 A、阴极 K、门极 G(又称控制极)。图 1-2(a)所示为不同外形晶闸管,均标注了三个电极。图 1-2(b)为晶闸管的图形符号,其文字符号用 VT 表示。

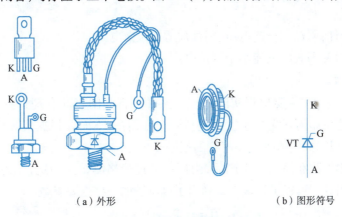

(a) 外形　　　　　　　　　(b) 图形符号

图 1-2 晶闸管的外形及符号

晶闸管的内部结构和等效电路如图 1-3 所示,是 PNPN 四层半导体元件,具有三个 PN 结。

晶闸管若从外观上判断,三个电极形状各不相同,无须作任何测量就可以识别。小功率晶闸管的门极比阴极细,大功率晶闸管的门极则用金属编制套引出,像一根辫子。有的在阴极上另引出一根较细的引线,以便和触发电路连接,这种晶闸管虽有四个电极,也无须测量就能识别。

2. 晶闸管的导通与关断条件

实验电路如图 1-4 所示。阳极电源 E_A 连接负载(白炽灯)接到晶闸管的阳极 A 与阴极 K,组成晶闸管的主电路。流过晶闸管阳极的电流称阳极电流 I_A,晶闸管阳极和阴极两端电压,称为阳极电压 U_A。门极电源 E_G 连

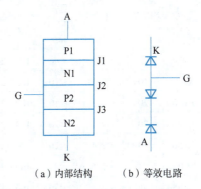

(a) 内部结构　　(b) 等效电路

图 1-3 晶闸管的内部结构及等效电路

接晶闸管的门极 G 与阴极 K，组成控制电路，亦称触发电路。流过门极的电流称门极电流 I_G，门极与阴极之间的电压称为门极电压 U_G。用灯泡来观察晶闸管的通断情况。

视频
如何画简单晶闸管电路的波形

（1）当晶闸管承受反向阳极电压时，无论门极是否有正向触发电压或者承受反向电压，晶闸管均不导通，只有很小的反向漏电流流过晶闸管，这种状态称为反向阻断状态。说明晶闸管像整流二极管一样，具有单向导电性。

（2）当晶闸管承受正向阳极电压时，门极加上反向电压或者不加电压，晶闸管不导通，这种状态称为正向阻断状态。这是二极管所不具备的。

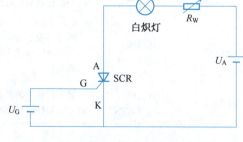

图 1-4　晶闸管的导通与关断条件实验电路

（3）当晶闸管承受正向阳极电压时，门极加上正向触发电压，晶闸管导通，这种状态称为正向导通状态。这就是晶闸管闸流特性，即可控特性。

（4）晶闸管一旦导通后维持阳极电压不变，将触发电压撤除，晶闸管依然处于导通状态，即门极对晶闸管不再具有控制作用。

结论：

（1）晶闸管导通条件：阳极加正向电压、门极加适当正向电压。

（2）关断条件：流过晶闸管的电流小于维持电流。

3. 晶闸管的主要参数

在实际使用的过程中，往往要根据实际的工作条件进行晶闸管的合理选择，以达到满意的效果。怎样才能正确地选择晶闸管呢？这主要包括两个方面：一方面要根据实际情况确定所需晶闸管的额定值；另一方面根据额定值确定晶闸管的型号。

晶闸管的各项额定参数在晶闸管生产后，由厂家经过严格测试而确定，作为使用者来说，只需要能够正确地选择晶闸管就可以了。表 1-2 列出了晶闸管的一些主要参数。

表 1-2　晶闸管的一些主要参数

型号	通态平均电流/A	通态峰值电压/V	断态正反向重复峰值电流/mA	断态正反向重复峰值电压/V	门极触发电流/mA	门极触发电压/mV	断态电压临界上升率/(V/μs)	推荐用散热器	安装力/kN	冷却方式
KP5	5	≤2.2	≤8	100～2 000	<60	<3	25～100（分挡）50～500（分挡）100～800（分挡）	SZ14	—	自然冷却
KP10	10	≤2.2	≤10	100～2 000	<100	<3		SZ15	—	自然冷却
KP20	20	≤2.2	≤10	100～2 000	<150	<3		SZ16	—	自然冷却
KP30	30	≤2.4	≤20	100～2 400	<200	<3		SZ16	—	强迫风冷、水冷
KP50	50	≤2.4	≤20	100～2 400	<250	<3		SL17	—	强迫风冷、水冷
KP100	100	≤2.6	≤40	100～3 000	<250	<3.5		SL17	—	强迫风冷、水冷
KP200	200	≤2.6	≤40	100～3 000	<250	<3.5		L18	11	强迫风冷、水冷
KP300	300	≤2.6	≤50	100～3 000	<250	<3.5		L18B	15	强迫风冷、水冷
KP500	500	≤2.6	≤60	100～3 000	<350	<4		SF15	19	强迫风冷、水冷

续表

型号	通态平均电流/A	通态峰值电压/V	断态正反向重复峰值电流/mA	断态正反向重复峰值电压/V	门极触发电流/mA	门极触发电压/mV	断态电压临界上升率/(V/μs)	推荐用散热器	安装力/kN	冷却方式
KP800	800	≤2.6	≤80	100~3 000	<450	<4		SF16	24	强迫风冷、水冷
KP1000	1 000	≤2.6	≤120	100~3 000	<450	<4		SS13	—	强迫风冷、水冷
KP1600	1 000	≤2.6	≤15	500~3 400	<400	<3		SF16	30	强迫风冷、水冷
KP2000	2 000	≤2.0	≤150	500~3 400	<400	<3		SS13	—	强迫风冷、水冷

注:由于各个厂家的参数有细小区别,表1-2选择上海华通的晶闸管参数进行举例说明。

1)晶闸管的电压定额

(1)额定电压 U_{Tn}。将 U_{DRM}(断态重复峰值电压)和 U_{RRM}(反向重复峰值电压)中的较小值按百位取整后作为该晶闸管的额定值。例如:一晶闸管实测 $U_{DRM}=812\ V$,$U_{RRM}=756\ V$,将两者较小的756 V 取整得 700 V,该晶闸管的额定电压为 700V。

在晶闸管的铭牌上,额定电压是以电压等级的形式给出的,通常标准电压等级规定为:电压在 1 000 V 以下,每 100 V 为一级;1 000~3 000 V,每 200 V 为一级,用百位数或千位和百位数表示级数。晶闸管标准电压等级见表1-3。

表1-3 晶闸管标准电压等级

级别	正反向重复峰值电压/V	级别	正反向重复峰值电压/V	级别	正反向重复峰值电压/V
1	100	8	800	20	2 000
2	200	9	900	22	2 200
3	300	10	1 000	24	2 400
4	400	12	1 200	26	2 600
5	500	14	1 400	28	2 800
6	600	16	1 600	30	3 000
7	700	18	1 800		

在使用过程中,环境温度的变化、散热条件以及出现的各种过电压都会对晶闸管产生影响,因此在选择晶闸管的时候,应当使晶闸管的额定电压是实际工作时可能承受的最大电压的 2~3 倍,即

$$U_{Tn} = (2 \sim 3)U_{TM} \tag{1-1}$$

(2)通态平均电压 $U_{T(AV)}$。在规定环境温度、标准散热条件下,元件通以额定电流时,阳极和阴极间电压降的平均值,称为通态平均电压(一般称为管压降),其数值按表1-4分组。从减小损耗和元件发热来看,应选择 $U_{T(AV)}$ 较小的晶闸管。实际上,当晶闸管流过较大的恒定直流电流时,其通态平均电压比元件出厂时定义的值(见表1-4)要大,约为 1 V。

表 1-4 晶闸管通态平均电压分组

组别	A	B	C	D	E
通态平均电压/V	$U_{T(AV)} \leq 0.4$	$0.4 < U_{T(AV)} \leq 0.5$	$0.5 < U_{T(AV)} \leq 0.6$	$0.6 < U_{T(AV)} \leq 0.7$	$0.7 < U_{T(AV)} \leq 0.8$
组别	F	G	H	I	
通态平均电压/V	$0.8 < U_{T(AV)} \leq 0.9$	$0.9 < U_{T(AV)} \leq 1.0$	$1.0 < U_{T(AV)} \leq 1.1$	$1.1 < U_{T(AV)} \leq 1.2$	

2) 晶闸管的电流定额

(1) 额定电流 $I_{T(AV)}$。由于整流设备的输出端所接负载常用平均电流来表示,晶闸管额定电流的标定与其他电气设备不同,采用的是平均电流,而不是有效值,又称通态平均电流。所谓通态平均电流是指在环境温度为 40 ℃ 和规定的冷却条件下,晶闸管在导通角不小于 170°电阻性负载电路中,当不超过额定结温且稳定时,所允许通过的工频正弦半波电流的平均值。将该电流按晶闸管通态平均电流系列取值(见表 1-2),称为晶闸管的额定电流。

但是决定晶闸管结温的是晶闸管损耗的热效应,表征热效应的电流是以有效值表示的,即 I_{Tn},二者的关系为

$$I_{Tn} = 1.57 I_{T(AV)} \tag{1-2}$$

如额定电流为 100 A 的晶闸管,其允许通过的电流有效值为 157 A。

由于电路不同、负载不同、导通角不同,流过晶闸管的电流波形不一样,从而它的电流平均值和有效值的关系也不一样。晶闸管在实际选择时,其额定电流的确定一般按以下原则:在额定电流时的电流有效值大于其所在电路中可能流过的最大电流的有效值 I_{TM},同时取 1.5~2 倍的余量,即

$$1.57 I_{T(AV)} = I_{Tn} \geq (1.5 \sim 2) I_{TM} \tag{1-3}$$

所以,

$$I_{T(AV)} \geq (1.5 \sim 2) \frac{I_{TM}}{1.57} \tag{1-4}$$

如何选择晶闸管

例 1-1 一晶闸管接在 220 V 交流电路中,通过晶闸管电流的有效值为 50 A,如何选择晶闸管的额定电压和额定电流?

解 晶闸管的额定电压:

$$U_{Tn} \geq (2 \sim 3) U_{TM} = (2 \sim 3) \sqrt{2} \times 220 \text{ V} = 622 \sim 933 \text{ V}$$

按晶闸管参数系列取 800 V,即八级。

晶闸管的额定电流为

$$I_{T(AV)} \geq (1.5 \sim 2) \frac{I_{TM}}{1.57} = (1.5 \sim 2) \frac{50}{1.57} \text{ A} = 48 \sim 64 \text{ A}$$

按晶闸管参数系列取 50 A。

(2) 维持电流 I_H。在室温下门极断开时,元件从较大的通态电流降到刚好能保持导通的最小阳极电流称为维持电流 I_H。维持电流与元件容量、结温等因素有关,额定电流大的晶闸管维持电流也大,同一晶闸管结温低时维持电流增大,维持电流大的晶闸管容易关断。同一型号的晶闸管其维持电流也各不相同。

(3) 擎住电流 I_L。在晶闸管加上触发电压,当元件从阻断状态刚转为导通状态就去除触发电

压,此时要保持元件持续导通所需要的最小阳极电流,称为擎住电流 I_L。对同一个晶闸管来说,通常擎住电流比维持电流大数倍。

(4) 断态重复峰值电流 I_{DRM} 和反向重复峰值电流 I_{RRM}。I_{DRM} 和 I_{RRM} 分别是对应于晶闸管承受断态重复峰值电压 U_{DRM} 和反向重复峰值电压 U_{RRM} 时的峰值电流。它们都应不大于表 1-2 中所规定的数值。

(5) 浪涌电流 I_{TSM}。I_{TSM} 是一种由于电路异常情况(如故障)引起的并使结温超过额定结温的不重复性最大正向过载电流。用峰值表示,见表 1-2。浪涌电流有上下两个级,这些不重复电流定额用来设计保护电路。

4. 晶闸管的型号

普通晶闸管的型号及含义如下:

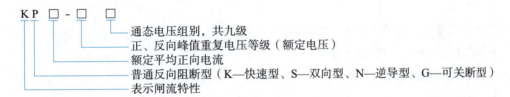

任务实施

一、测量晶闸管的阳极电阻

首先测量晶闸管的正向电阻,将万用表挡位调到欧姆挡 R×100,黑表笔接晶闸管的阳极,红表笔接晶闸管的阴极,观察指针摆动情况,若指针摆动大则正向阻值很大;然后测量晶闸管的反向电阻,将红表笔接晶闸管的阳极,黑表笔接晶闸管的阴极,观察指针摆动情况,若指针摆动大则反向阻值很大。

结果分析:晶闸管是四层三端半导体器件,在阳极和阴极之间有三个 PN 结,无论如何加电压,总有一个 PN 结处于反向阻断状态,因此正反向阻值均很大是正确的结果。若测试结果与上述情况不符合,则晶闸管已损坏。

二、测量晶闸管的门极电阻

将红表笔接晶闸管的阴极,黑表笔接晶闸管的门极,观察指针摆动情况:阻值很小。将黑表笔接晶闸管的阴极,红表笔接晶闸管的门极,观察指针摆动情况:阻值较之前大。

结果分析:在晶闸管内部门极与阴极之间反并联了一个二极管,对加到门极与阴极之间的反向电压进行限幅,防止晶闸管门极与阴极之间的 PN 结反向击穿。因此两次测量的阻值均不大。若测试结果与上述情况不符合,则晶闸管已损坏。

 练 习

一、单选题

1. 晶闸管内部有（　　）PN 结。
   A. 一个　　　　B. 两个　　　　C. 三个　　　　D. 四个
2. 晶闸管可控整流电路中的控制角 α 减小，则输出的电压平均值会（　　）。
   A. 不变　　　　B. 增大　　　　C. 减小
3. 某型号为 KP100-10 的普通晶闸管工作在单相半波可控整流电路中，晶闸管能通过的电流有效值为（　　）。
   A. 100 A　　　B. 157 A　　　C. 10 A　　　D. 15.7 A
4. 普通晶闸管的通态电流（额定电流）是用电流的（　　）来表示的。
   A. 有效值　　　B. 最大值　　　C. 平均值
5. 以下各项功能或特点，晶闸管所不具有的是（　　）。
   A. 放大功能　　B. 单向导电　　C. 门极所控　　D. 大功率

二、填空题

1. 晶闸管在其阳极与阴极之间加上_____电压的同时，门极上加上_____电压，晶闸管就导通。
2. 晶闸管的工作状态有正向_____状态、正向_____状态和反向_____状态。
3. 某半导体器件的型号为 KP50-7，其中 KP 表示该器件的名称为____，50 表示_____，7 表示_____。
4. KP100-12G 表示该器件为_____器件，额定电流为____A，额定电压为_____V，G 是_____参数。
5. 只有当阳极电流小于_____电流时，晶闸管才会由导通转为截止。
6. 通常取晶闸管的断态重复峰值电压 U_{DRM} 和反向重复峰值电压 U_{RRM} 中的_____标值作为该器件的额定电压，选用时额定电压要留有一定的裕量，一般取额定电压为正常工作时的晶闸管所承受峰值电压的_____倍。

三、简答题

1. 简述电力电子变流技术的概念。一般应用在哪些方面？
2. 试列举常见电力电子器件的分类。
3. 晶闸管的正常导通条件是什么？晶闸管的关断条件是什么？如何实现？
4. 正确使用晶闸管应该注意哪些事项？
5. 晶闸管能否和晶体管一样构成放大器？为什么？

任务二 单相半波可控整流电路的分析与调试

任务描述

由晶闸管组成的单相半波可控整流电路可以将交流(AC)电转换为直流(DC)电。晶闸管的门极触发信号由单结晶体管构成的触发电路提供。本任务通过调节触发电路输出的脉冲信号来改变单相半波可控整流电路的输出直流电的大小和波形。

任务分析

完成本任务需要学习单相半波可控整流电路和单结晶体管触发电路的工作原理。了解如何应用晶闸管导通的两个条件($U_{GK}>0$ 和 $U_{AK}>0$)分析电路;了解单结晶体管触发电路如何实现 $U_{GK}>0$。

相关知识

一、单相半波可控整流电路及工作原理

1. 电阻性负载

图1-5所示为单相半波可控整流电路的主电路,整流变压器(调光灯电路可直接由电网供电,不采用整流变压器)起变换电压和隔离的作用,其一次和二次电压瞬时值分别用 u_1 和 u_2 表示,二次电压 u_2 为50 Hz正弦波,其有效值为 U_2。当接通电源后,便可在负载两端得到脉动的直流电压,其输出电压的波形可以用示波器进行测量。

1)工作原理

在分析电路工作原理之前,先介绍几个名词术语和概念。

控制角 α:又称触发角或触发延迟角,是指晶闸管从承受正向电压开始到触发脉冲出现之间的电角度。

视频·
晶闸管整流电路如何调压

导通角 θ:指晶闸管在一周期内处于导通的电角度。

移相:指改变触发脉冲出现的时刻,即改变控制角 α 的大小。

移相范围:指一个周期内触发脉冲的移动范围,它决定了输出电压的变化范围。

(1)$\alpha=0°$时的波形分析。图1-6是 $\alpha=0°$时实际电路中输出电压和晶闸管两端电压的理论波形。

图1-6(a)所示为 $\alpha=0°$时负载两端(输出电压)的理论波形,图1-6(b)所示为 $\alpha=0°$时相应的触发脉冲波形。

从理论波形图中可以分析出,在电源电压 u_2 正半周内,在电源电压的过零点,即 $\alpha=0°$时刻加入触发脉冲触发晶闸管 VT 导通,负载上得到输出电压 u_d 的波形是与电源电压 u_2 相同形状的波形;当电源电压 u_2 过零时,晶闸管也同时关断,负载上得到的输出电压 u_d 为零;在电源电压 u_2 负半周内,晶闸管承受反向电压不能导通,直到第二周期 $\alpha=0°$触发电路再次施加触发脉冲时,晶闸管再次导通。

图1-6(c)所示为 $\alpha=0°$时晶闸管两端电压的理论波形。在晶闸管导通期间,忽略晶闸管的管压降,即 $u_T=0$,在晶闸管截止期间,晶闸管将承受全部反向电压。

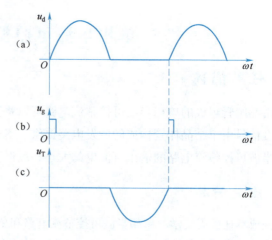

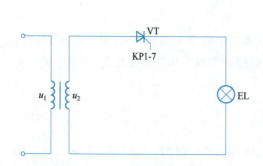

图 1-5　单相半波可控整流电路的主电路　　图 1-6　$\alpha=0°$时输出电压和晶闸管两端电压的理论波形

(2) $\alpha=30°$时的波形分析。改变晶闸管的触发时刻,即控制角 α 的大小即可改变输出电压的波形,图 1-7(a)所示为 $\alpha=30°$的输出电压的理论波形,图 1-7(b)所示为相应的触发脉冲波形。在 $\alpha=30°$时,晶闸管承受正向电压,此时加入触发脉冲晶闸管导通,负载上得到输出电压 u_d 的波形是与电源电压 u_2 相同形状的波形;同样当电源电压 u_2 过零时,晶闸管也同时关断,负载上得到的输出电压 u_d 为零;在电源电压过零点到 $\alpha=30°$之间的区间上,虽然晶闸管已经承受正向电压,但由于没有触发脉冲,晶闸管依然处于截止状态。

图 1-7(c)所示为 $\alpha=30°$时晶闸管两端的理论波形。其原理与 $\alpha=0°$时相同。

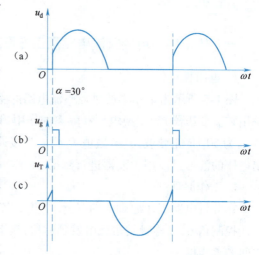

图 1-7　$\alpha=30°$时输出电压和晶闸管两端电压的理论波形

由以上的分析和测试可以得出:

(1) 控制角 α 和导通角 θ 的关系为 $\theta=\pi-\alpha$。

(2) 在单相半波整流电路中,改变 α 的大小即改变触发脉冲在每周期内出现的时刻,则 u_d 和 i_d 的波形也随之改变,但是直流输出电压瞬时值 u_d 的极性不变,其波形只在 u_2 的正半周出现,这种通过对触发脉冲的控制来实现控制直流输出电压大小的控制方式称为相位控制方式,简称相控方式。

(3) 理论上,移相范围为 $0°\sim180°$。

2) 基本的物理量计算

(1) 输出电压平均值与平均电流的计算:

$$U_d = \frac{1}{2\pi}\int_\alpha^\pi \sqrt{2}U_2\sin\omega t\,d(\omega t) = 0.45U_2\frac{1+\cos\alpha}{2} \tag{1-5}$$

$$I_d = \frac{U_d}{R_d} = 0.45\frac{U_2}{R_d}\frac{1+\cos\alpha}{2} \tag{1-6}$$

可见,输出直流电压平均值 U_d 与整流变压器二次侧交流电压 U_2 和控制角 α 有关。当 U_2 给定后,U_d 仅与 α 有关,当 $\alpha = 0°$ 时,则 $U_d = 0.45 U_2$,为最大输出直流平均电压。当 $\alpha = 180°$ 时,$U_d = 0$。只要控制触发脉冲送出的时刻,U_d 就可以在 $0 \sim 0.45 U_2$ 之间连续可调。

(2) 负载上电压有效值与电流有效值的计算:根据有效值的定义,U 应是 u_d 波形的均方根值,即

$$U = \sqrt{\frac{1}{2\pi}\int_\alpha^\pi (\sqrt{2} U_2 \sin \omega t)^2 \mathrm{d}(\omega t)} = U_2 \sqrt{\frac{\pi - \alpha}{2\pi} + \frac{\sin 2\alpha}{4\pi}} \tag{1-7}$$

负载电流有效值的计算:

$$I = \frac{U_2}{R_d} \sqrt{\frac{\pi - \alpha}{2\pi} + \frac{\sin 2\alpha}{4\pi}} \tag{1-8}$$

(3) 晶闸管电流有效值 I_T 与其两端可能承受的最大电压:在单相半波可控整流电路中,晶闸管与负载串联,所以负载电流的有效值也就是流过晶闸管电流的有效值,其关系为

$$I_T = I = \frac{U_2}{R_d} \sqrt{\frac{\pi - \alpha}{2\pi} + \frac{\sin 2\alpha}{4\pi}} \tag{1-9}$$

由图 1-7 中 u_T 波形可知,晶闸管可能承受的正反向峰值电压为

$$U_{TM} = \sqrt{2} U_2 \tag{1-10}$$

(4) 功率因数 $\cos \varphi$:

$$\cos \varphi = \frac{P}{S} = \frac{UI}{U_2 I} = \sqrt{\frac{\pi - \alpha}{2\pi} + \frac{\sin 2\alpha}{4\pi}} \tag{1-11}$$

例 1-2 单相半波可控整流电路,阻性负载,电源电压 U_2 为 220 V,要求的直流输出电压为 50 V,直流输出平均电流为 20 A,试计算:

(1) 晶闸管的控制角 α。
(2) 输出电流有效值。
(3) 电路功率因数。
(4) 晶闸管的额定电流和额定电压,并选择晶闸管的型号。

解 (1) 由 $U_d = 0.45 U_2 \dfrac{1 + \cos \alpha}{2}$ 计算输出电压为 50 V 时的晶闸管控制角 α:

$$\cos \alpha = \frac{2 \times 50}{0.45 \times 220} - 1 \approx 0$$

求得 $\alpha = 90°$。

(2) $R_d = \dfrac{U_d}{I_d} = \dfrac{50}{20} \Omega = 2.5 \Omega$。

当 $\alpha = 90°$ 时,$I = \dfrac{U_2}{R_d} \sqrt{\dfrac{\pi - \alpha}{2\pi} + \dfrac{\sin 2\alpha}{4\pi}} = 44.4$ A。

(3) $\cos \varphi = \dfrac{P}{S} = \dfrac{UI}{U_2 I} = \sqrt{\dfrac{\pi - \alpha}{2\pi} + \dfrac{\sin 2\alpha}{4\pi}} = 0.5$。

(4) 根据 $I_T \geqslant I$,则 $I_{T(AV)} \geqslant (1.5 \sim 2) \dfrac{I_{TM}}{1.57}$,则晶闸管的额定电流 $I_{T(AV)} \geqslant 42.4 \sim 56.6$ A。按电流等级可取额定电流为 50 A。

晶闸管的额定电压为 $U_{Tn} = (2 \sim 3)U_{TM} = (2 \sim 3)\sqrt{2} \times 220 \text{ V} = 622 \sim 933 \text{ V}$。

按电压等级可取额定电压 700 V，即七级。

选择晶闸管型号为 KP50-7。

2. 电感性负载

直流负载的感抗 ωL_d 和电阻 R_d 的大小相比不可忽略时，这种负载称为电感性负载。属于此类负载的有工业上电机的励磁线圈、输出串接电抗器的负载等。电感性负载与电阻性负载有很大不同。为了便于分析，在电路中把电感 L_d 与电阻 R_d 分开，如图 1-8 所示。

我们知道，电感线圈是储能元件，当电流 i_d 流过线圈时，该线圈就储存有磁场能，i_d 愈大，线圈储存的磁场能也愈大，当 i_d 减小时，电感线圈就要将所储存的磁场能释放出来，试图维持原有的电流方向和电流大小。电感本身是不消耗能量的。众所周知，能量的存放是不能突变的，可见当流过电感线圈的电流增大时，L_d 两端就要产生感应电动势，即 $u_L = L_d \dfrac{di_d}{dt}$，其方向应阻止 i_d 的增大，如图 1-8(a) 所示。反之，i_d 要减小时，L_d 两端感应的电动势方向应阻碍 i_d 的减小，如图 1-8(b) 所示。

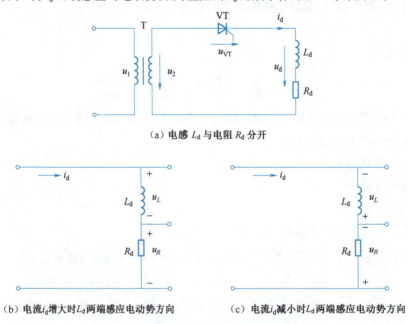

(a) 电感 L_d 与电阻 R_d 分开

(b) 电流 i_d 增大时 L_d 两端感应电动势方向　　(c) 电流 i_d 减小时 L_d 两端感应电动势方向

图 1-8　电感线圈对电流变化的阻碍作用

1) 无续流二极管时

图 1-9 所示为电感性负载无续流二极管某一控制角 α 时输出电压、电流的理论波形，从波形图上可以看出：

(1) 控制角在 0～α 期间：晶闸管阳极电压大于零，此时晶闸管门极没有触发信号，晶闸管处于正向阻断状态，输出电压和电流都等于零。

(2) 控制角等于 α 时刻：门极加上触发信号，晶闸管被触发导通，电源电压 u_2 施加在负载上，输出电压 $u_d = u_2$。由于电感的存在，在 u_d 的作用下，负载电流 i_d 只能从零按指数规律逐渐上升。

(3) 控制角在 π 时刻：交流电压过零，由于电感的存在，流过晶闸管的阳极电流仍大于零，晶闸管会继续导通,此时电感储存的能量一部分释放变成电阻的热能,同时另一部分送回电网,电感的能量全部释放完后,晶闸管在电源电压 u_2 的反压作用下而截止。直到下一个周期的正半周,即 $2\pi+\alpha$ 时刻,晶闸管再次被触发导通,如此循环。

结论:由于电感的存在,使得晶闸管的导通角增大,在电源电压由正到负的过零点也不会关断,使负载电压波形出现部分负值,其结果使输出电压平均值 U_d 减小。电感越大,维持导电时间越长,输出电压负值部分占的比例越大,U_d 减少越多。

当电感 L_d 非常大时(满足 $\omega L_d \gg R_d$,通常 $\omega L_d > 10R_d$ 即可),对于不同的控制角 α,导通角 θ 将接近 $(2\pi-2\alpha)$,这时负载上得到的电压波形正负面积接近相等,平均电压 $U_d \approx 0$。可见,不管如何调节控制角 α,U_d 值总是很小,电流平均值 I_d 也很小,没有实用价值。

实际的单相半波可控整流电路在带有电感性负载时,都在负载两端并联有续流二极管。

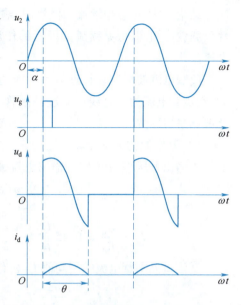

图 1-9 电感性负载无续流二极管某一控制角 α 时输出电压、电流的理论波形

2)接续流二极管时

(1)电路结构。为了使电源电压过零变负时能及时地关断晶闸管,使 u_d 波形不出现负值,又能给电感线圈 L_d 提供续流的旁路,可以在整流输出端并联二极管,如图 1-10 所示。

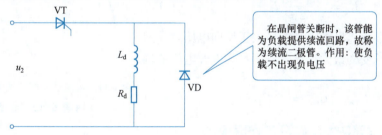

图 1-10 电感性负载接续流二极管时的电路

(2)工作原理。图 1-11 所示为电感性负载接续流二极管某一控制角 α 时输出电压、电流的理论波形。

从波形图上可以看出:

①在电源电压正半周($0 \sim \pi$ 区间),晶闸管承受正向电压,触发脉冲在 α 时刻触发晶闸管导通,负载上有输出电压和电流。在此期间续流二极管 VD 承受反向电压而关断。

②在电源电压负半周($\pi \sim 2\pi$ 区间),电感的感应电压使续流二极管 VD 承受正向电压导通续流,此时电源电压 $u_2<0$,u_2 通过续流二极管使晶闸管承受反向电压而关断,负载两端的输出电压仅为续流二极管的管压降。如果电感足够大,续流二极管一直导通到下一周期晶闸管导通,使电流 i_d 连续,且 i_d 波形近似为一条直线。

结论：电阻负载加续流二极管后，输出电压波形与电阻性负载波形相同，可见续流二极管的作用是为了提高输出电压。

负载电流波形连续且近似为一条直线，如果电感无穷大，则负载电流为一直线。流过晶闸管和续流二极管的电流波形是矩形波。

(3) 基本的物理量计算：

① 输出电压平均值 U_d 与输出电流平均值 I_d：

$$U_d = 0.45 U_2 \frac{1 + \cos\alpha}{2} \quad (1\text{-}12)$$

$$I_d = \frac{U_d}{R_d} = 0.45 \frac{U_2}{R_d} \frac{1 + \cos\alpha}{2} \quad (1\text{-}13)$$

② 流过晶闸管电流的平均值 I_{dT} 和有效值 I_T：

$$I_{dT} = \frac{\pi - \alpha}{2\pi} I_d \quad (1\text{-}14)$$

$$I_T = \sqrt{\frac{1}{2\pi}\int_\alpha^\pi I_d^2 d(\omega t)} = \sqrt{\frac{\pi - \alpha}{2\pi}} I_d \quad (1\text{-}15)$$

③ 流过续流二极管电流的平均值 I_{dD} 和有效值 I_D：

$$I_{dD} = \frac{\pi + \alpha}{2\pi} I_d \quad (1\text{-}16)$$

$$I_D = \sqrt{\frac{\pi + \alpha}{2\pi}} I_d \quad (1\text{-}17)$$

④ 晶闸管和续流二极管承受的最大正反向电压。晶闸管和续流二极管承受的最大正反向电压都为电源电压的峰值，即

$$U_{TM} = U_{DM} = \sqrt{2} U_2 \quad (1\text{-}18)$$

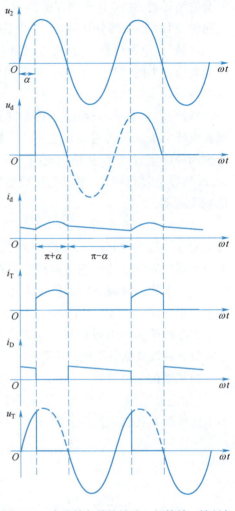

图 1-11　电感性负载接续流二极管某一控制角 α 时输出电压、电流的理论波形

二、单结晶体管触发电路及工作原理

图 1-5 所示单相半波可控整流电路中晶闸管 VT 导通的条件是门极加上触发脉冲，可由单结晶体管触发电路提供触发脉冲。

1. 单结晶体管的结构

单结晶体管的结构如图 1-12(a) 所示，图中 e 为发射极，b1 为第一基极，b2 为第二基极。由图 1-12 可见，在一块高电阻率的 N 型硅片上引出两个基极 b1 和 b2，两个基极之间的电阻就是硅片本身的电阻，一般为 2～12 kΩ。在两个基极之间靠近 b1 的地方以合金法或扩散法掺入 P 型杂质并引出电极，称为发射极 e。它是一种特殊的半导体器件，有三个电极，只有一个 PN 结，因此称为"单结晶体管"，又因为单结晶体管有两个基极，所以又称"双基极二极管"。

单结晶体管的等效电路如图 1-12(b) 所示，两个基极之间的电阻 $r_{bb} = r_{b1} + r_{b2}$，在正常工作时，r_{b1} 是随发射极电流大小而变化，相当于一个可调电阻。PN 结可等效为二极管 VD，它的正向导通压

降常为 0.7 V。单结晶体管的图形符号如图 1-12(c)所示。触发电路常用的国产单结晶体管的型号主要有 BT31、BT33、BT35，其外形与引脚排列如图 1-12(d)所示。其实物及引脚如图 1-13 所示。

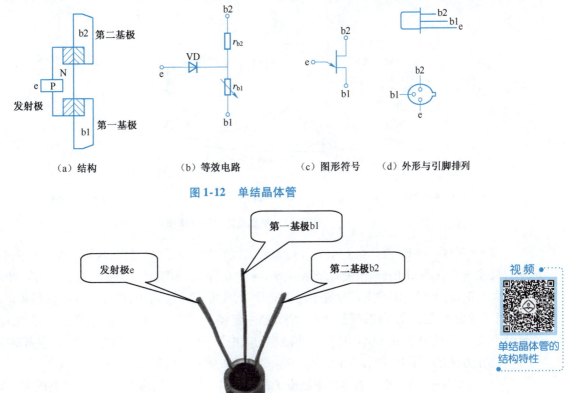

(a) 结构　　(b) 等效电路　　(c) 图形符号　　(d) 外形与引脚排列

图 1-12　单结晶体管

图 1-13　单结晶体管实物及引脚

2. 单结晶体管的伏安特性及主要参数

1) 单结晶体管的伏安特性

单结晶体管的伏安特性：当两基极 b1 和 b2 间加某一固定直流电压 U_{bb} 时，发射极电流 I_e 与发射极正向电压 U_e 之间的关系曲线称为单结晶体管的伏安特性 $I_e = f(U_e)$，试验电路图及特性如图 1-14 所示。

当图 1-14(a)中开关 S 断开，I_{bb} 为零，加发射极电压 U_e 时，得到如图 1-14(b)中①所示伏安特性曲线，该曲线与二极管伏安特性曲线相似。

(1) 截止区——aP 段。当开关 S 闭合，电压 U_{bb} 通过单结晶体管等效电路中的 r_{b1} 和 r_{b2} 分压，得到 A 点电位 U_A，可表示为

$$U_A = \frac{r_{b1} U_{bb}}{r_{b1} + r_{b2}} = \eta U_{bb} \tag{1-19}$$

式中　η——分压比，是单结晶体管的主要参数，η 一般为 0.3~0.9。

当 U_e 从零逐渐增加，但 $U_e < U_A$ 时，单结晶体管的 PN 结反向偏置，只有很小的反向漏电流。当 U_e 增加到与 U_A 相等时，$I_e = 0$，即如图 1-14 所示特性曲线与横坐标交点 b 处。进一步增加 U_e，PN 结开始正偏，出现正向漏电流，直到当发射结电位 U_e 增加到高出 ηU_{bb} 一个 PN 结正向压降 U_D(0.7 V)

时,即 $U_e = U_P = \eta U_{bb} + U_D$ 时,等效二极管 VD 才导通,此时单结晶体管由截止状态进入导通状态,并将该转折点称为峰点 P。P 点所对应的电压称为峰点电压 U_P,所对应的电流称为峰点电流 I_P。

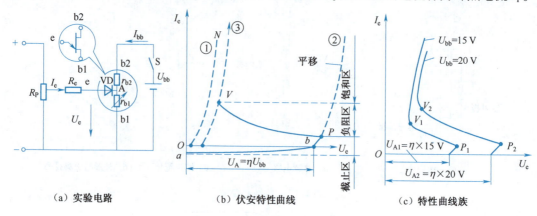

图 1-14 单结晶体管伏安特性

(2) 负阻区——PV 段。当 $U_e > U_P$ 时,等效二极管 VD 导通,I_e 增大,这时大量的空穴载流子从发射极注入 A 点到 b1 的硅片,使 r_{b1} 迅速减小,导致 U_A 下降,因而 U_e 也下降。U_A 的下降,使 PN 结承受更大的正偏,引起更多的空穴载流子注入硅片中,使 r_{b1} 进一步减小,形成更大的发射极电流 I_e,这是一个强烈的增强式正反馈过程。当 I_e 增大到一定程度,硅片中载流子的浓度趋于饱和,r_{b1} 已减小至最小值,A 点的分压 U_A 最小,因而 U_e 也最小,得曲线上的 V 点。V 点称为谷点,谷点所对应的电压和电流称为谷点电压 U_V 和谷点电流 I_V。这一区间称为特性曲线的负阻区。

(3) 饱和区——VN 段。当硅片中载流子饱和后,欲使 I_e 继续增大,必须增大电压 U_e,单结晶体管处于饱和导通状态。

改变 U_{bb},等效电路中的 U_A 和特性曲线中 U_P 也随之改变,从而可获得一族单结晶体管伏安特性曲线,如图 1-14(c) 所示。

2) 单结晶体管的主要参数

单结晶体管的主要参数有基极间电阻 r_{bb}、分压比 η、峰点电流 I_P、谷点电压 U_V、谷点电流 I_V 及耗散功率等。国产单结晶体管的型号主要有 BT31、BT33、BT35 等,BT 表示特种半导体管。

• 视频 •

如何辨别单结晶体管的三个电极

3. 单结晶体管的好坏判别

将万用表调到欧姆挡 R×1k。

(1) 测量发射极电阻。将黑表笔接发射极 e,红表笔依次接两个基极(b1 和 b2),正常时均应有几千欧至十几千欧的电阻值。再将红表笔接发射极 e,黑表笔依次接两个基极,正常时阻值为无穷大。若测试结果与上述情况不符合,则说明单结晶体管已损坏。

(2) 测量基极电阻。测得双基极二极管两个基极(b1 和 b2)之间的正、反向电阻值均在 2~10 kΩ 范围内。若测试结果与上述情况不符合,则说明单结晶体管已损坏。

4. 单结晶体管自激振荡电路及工作原理

利用单结晶体管的负阻特性和电容的充放电,可以组成单结晶体管自激振荡电路。单结晶体管自激振荡电路的电路图和波形图如图 1-15 所示。

设电容初始没有电压,电路接通以后,单结晶体管是截止的,电源经电阻 R、R_P 对电容 C 进行充电,电容两端电压从零起按指数充电规律上升,充电时间常数为 R_EC;当电容两端电压达到单结晶体管的峰点电压 U_P 时,单结晶体管导通,电容开始放电,由于放电回路的电阻很小,因此放电很快,放电电流在电阻 R_4 上产生了尖脉冲。随着电容放电,电容两端电压降低,当电容两端电压降到谷点电压 U_V 以下时,单结晶体管截止,接着电源又重新对电容进行充,如此周而复始,在电容 C 两端会产生一个锯齿波,在电阻 R_4 两端将产生一个尖脉冲,如图 1-15(b) 所示。

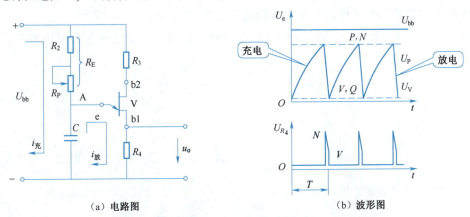

(a) 电路图　　　　　　　　　　　　(b) 波形图

图 1-15　单结晶体管自激振荡电路电路图和波形图

5. 具有同步环节的单结晶体管触发电路

上述单结晶体管自激振荡电路输出的尖脉冲可以用来触发晶闸管,但不能直接用作触发电路,还必须解决触发脉冲与主电路的同步问题。

图 1-16 所示为单结晶体管触发电路,其触发方式采用单结晶体管同步触发电路,其中单结晶体管的型号为 BT33,电路图及参数如图 1-16 所示。

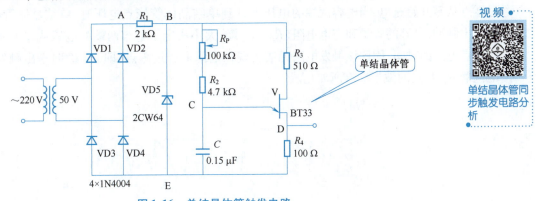

图 1-16　单结晶体管触发电路

1) 同步电路

触发信号和电源电压在频率和相位上相互协调的关系称为同步。例如,在单相半波可控整流电路中,触发脉冲应出现在电源电压正半周范围内,而且每个周期的 α 相同,确保电路输出波形不变,输出电压稳定。

同步电路由同步变压器、桥式整流电路 VD1~VD4、电阻 R_1 及稳压管组成。同步变压器一次侧与晶闸管整流电路接在同一相电源上,交流电压经同步变压器降压、单相桥式整流电路整流后再经过稳压管稳压削波,形成一梯形波电压,作为触发电路的供电电压。梯形波电压零点与晶闸管阳极电压过零点一致,从而实现触发电路与整流主电路的同步。

单结晶体管触发电路的调试以及在今后的使用过程中的检修主要是通过几个点的典型波形来判断个元器件是否正常,下面进行理论波形分析。

(1) 桥式整流后脉动电压的波形。由电子技术的知识可知,图 1-16 中 A 点的电压波形为由 VD1 ~ VD4 四个二极管构成的桥式整流电路输出的电压波形,如图 1-17 所示。

(2) 削波后梯形波电压波形。图 1-16 中 B 点的电压波形为削波后梯形波电压波形,如图 1-18 所示。

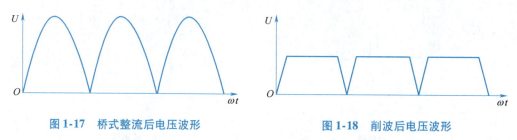

图 1-17　桥式整流后电压波形　　　　图 1-18　削波后电压波形

2) 脉冲移相与形成电路

图 1-16 由单结晶体管组成的脉冲移相与形成电路实际上就是图 1-15 的自激振荡电路。脉冲移相电路由电阻 ($R_P + R_2$) 和电容 C 组成,脉冲形成电路由单结晶体管、温补电阻 R_3、输出电阻 R_4 组成。改变自激振荡电路中电容 C 的充电电阻的阻值,就可以改变充电的时间常数。图 1-16 中用电位器 R_P 来实现这一变化,例如:$R_P\uparrow \to \tau_C\uparrow \to$ 出现第一个脉冲的时间后移 $\to \alpha\uparrow \to U_d\downarrow$。

(1) 电容电压的波形。图 1-16 中 C 点的波形如图 1-19 所示。由于电容每半个周期在电源电压过零点从零开始充电,当电容两端的电压上升到单结晶体管峰点电压时,单结晶体管导通,触发电路送出脉冲,电容的容量和充电电阻 ($R_P + R_2$) 的大小决定了电容两端的电压从零上升到单结晶体管峰点电压的时间,因此该触发电路无法实现在电源电压过零点,即 $\alpha = 0°$ 时送出触发脉冲。调节电位器 R_P,C 点的波形会有所变化。

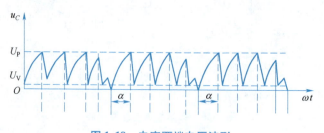

图 1-19　电容两端电压波形

(2) 输出脉冲的波形。图 1-16 中 D 点的波形如图 1-20 所示。单结晶体管导通后,电容通过单结晶体管的 eb1 迅速向输出电阻 R_4 放电,在 R_4 上得到很窄的尖脉冲。

3) 触发电路各元件的选择

(1) 充电电阻 R_E 的选择。改变充电电阻 R_E 的大小,就可以改变自激振荡电路的频率,但是频率的调节有一定的范围,如果充电电阻 R_E 选择不当,将使单结晶体管自激振荡电路无法形成振荡。

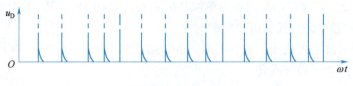

图 1-20 输出波形

充电电阻 R_E 的取值范围为

$$\frac{U - U_V}{I_V} < R_E < \frac{U - U_P}{I_P} \qquad (1-20)$$

式中，U 为加于图 1-16 中 B、E 两端的触发电路电源电压。

(2) 电阻 R_3 的选择。电阻 R_3 用来补偿温度对峰点电压 U_P 的影响，通常取值范围为 200～600 Ω。

(3) 输出电阻 R_4 的选择。输出电阻 R_4 的大小将影响输出脉冲的宽度与幅值，通常取值范围为 50～100 Ω。

(4) 电容 C 的选择。电容 C 的大小与脉冲宽窄和 R_E 的大小有关，通常取值范围为 0.1～1 μF。

任务实施

一、调试单结晶体管触发电路

天煌电力电子实验装置的单结晶体管触发电路挂件如图 1-21 所示，电路中 V6 为单结晶体管，其常用的型号有 BT33 和 BT35 两种，由等效电阻 R 和 C_1 组成 RC 充电回路，由 C_1、V6、脉冲变压器组成电容放电回路，调节 R_P 即可改变 C_1 充电回路中的等效电阻。触发电路挂件已将电位器 R_P 安装在面板上，同步信号已在内部接好，所有的测试信号都在面板上引出。

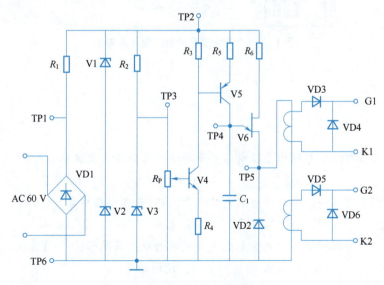

图 1-21 单结晶体管触发电路挂件

(1) 接通挂件电源,用双踪示波器观测单结晶体管触发电路 TP1、TP2、TP3、TP4、TP5 点的波形,自拟表格画出各点波形并记录其幅值和频率。

(2) 调节 R_P,用示波器观测输出端"G1、K1"和"G2、K2"触发脉冲波形,看其能否在 30°~170°范围内移相,为主电路调试做好准备。

二、调试单相半波可控整流电路

(1) 调试单相半波可控整流电路(电阻性负载)。按图 1-22 连接主电路,选用电阻性负载。将电阻 R 调在最大阻值位置,接通电源,用示波器观察负载电压 U_1、晶闸管两端电压 U_{VT} 的波形,调节图 1-22 触发电路中电位器 R_P,观察当控制角 $\alpha = 30°、60°、90°、120°、150°$ 时 U_1、U_{VT} 的波形,并自拟表格记录各控制角对应的直流输出电压 U_1 和直流输出电流 I_1,以及电源电压 U_2,选择一组数据代入式(1-5)进行比较。

(2) 调试单相半波可控整流电路(电感性负载)。将图 1-22 负载电阻 R 改成电阻电感性负载(由电阻器与平波电抗器 L_d 串联而成)。暂不接续流二极管 VD1,在不同阻抗角 $\varphi = \arctan(\omega L/R)$(保持电感量不变,改变 R 的值,注意电流不要超过 1 A)情况下,观察并记录 $\alpha = 30°、60°、90°、120°$时的直流输出电压值 U_1 及 U_{VT} 的波形,并自拟表格记录各控制角对应的直流输出电压 U_1 和直流输出电流 I_1,以及电源电压 U_2,选择一组数据代入理论计算公式进行比较。接入续流二极管 VD1,重复上述操作,分析续流二极管的作用,以及 U_{VD1} 波形的变化。

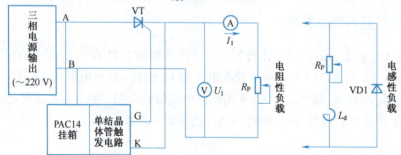

图 1-22 单相半波可控整流电路原理图

练 习

一、单选题

1. 单相半波可控整流电路输出直流电压的平均值等于整流前交流电压的(　　)倍。
   A. 1　　　　　B. 0.5　　　　　C. 0.45　　　　　D. 0.9

2. 为了让晶闸管可控整流电感性负载电路正常工作,应在电路中接入(　　)。
   A. 晶体管　　　　B. 续流二极管　　　　C. 熔丝

3. 晶闸管可整流电路中直流端的蓄电池或直流电动机应该属于(　　)负载。
   A. 电阻性　　　　B. 电感性　　　　C. 反电动势

4. 单结晶体管触发电路输出的脉冲宽度主要决定于(　　)。
   A. 单结晶体管的特性　　　　　　B. 电源电压的高低

C. 电容的放电时间常数　　　　　D. 电容的充电时间常数
5. 晶闸管整流电路中"同步"的概念是指(　　)。
　　A. 触发脉冲与主回路电源电压同时到来,同时消失
　　B. 触发脉冲与电源电压频率相同
　　C. 触发脉冲与主回路电压频率在相位上具有相互协调配合关系
　　D. 触发脉冲与主回路电压频率相同
6. 单结晶体管内部有(　　)PN 结。
　　A. 一个　　　　　B. 二个　　　　　C. 三个　　　　　D. 四个

二、填空题

1. 当增大晶闸管可控整流的控制角 α,负载上得到的直流电压平均值会_____。
2. 在单相半波可控整流带阻感负载并联续流二极管的电路中,晶闸管控制角 α 的最大移相范围是_____,其承受的最大正反向电压均为_____,续流二极管承受的最大反向电压为_____(设 U_2 为相电压有效值)。
3. 按负载的性质不同,晶闸管可控整流电路的负载分为_____性负载,_____性负载和_____性负载三大类。
4. 当单结晶体管的发射极电压高于_____电压时就导通;低于_____电压时就截止。

三、分析题

1. 单相半波相控整流电路电阻性负载,要求输出电压 $U_d = 60$ V,电流 $I_d = 20$ A,电源电压为 220 V,试计算导通角 θ_T 并选择 VT。
2. 单相半波可控整流电路,电阻性负载。要求输出的直流平均电压为 50～92 V 之间连续可调,最大输出直流电流为 30 A,由交流 220 V 供电,试求:(1)晶闸管控制角应有的调整范围为多少?(2)选择晶闸管的型号规格(取 2 倍安全裕量,$\frac{I_T}{I_d} = 1.66$)。

四、问答题

1. 晶闸管的控制角和导通角分别是何含义?
2. 什么叫"同步"? 单结晶体管触发电路中如何实现"同步"?

任务三　单相桥式可控整流电路的分析与调试

任务描述

　　由四只晶闸管构成单相桥式全控整流电路,或者由两只晶闸管和两只二极管构成单相桥式半控整流电路,电路中每只晶闸管都需要触发脉冲。本任务通过调节由 KC05 集成芯片构成的集成触发电路的输出脉冲信号,来改变单相桥式可控整流电路的输出直流电的大小和波形,分析由单相桥式可控整流电路组成的内圆磨床主轴电动机调压装置电路的工作原理。

任务分析

与单相半波可控整流电路相比,单相桥式可控整流电路结构复杂,晶闸管数量增加,如何控制电路中每个晶闸管导通工作?为解决这个问题,需要学习单相桥式可控整流电路的工作原理。

相关知识

一、单相桥式全控整流电路及工作原理

1. 电阻性负载

单相桥式全控整流电路带电阻性负载的电路图及工作波形图如图1-23所示。

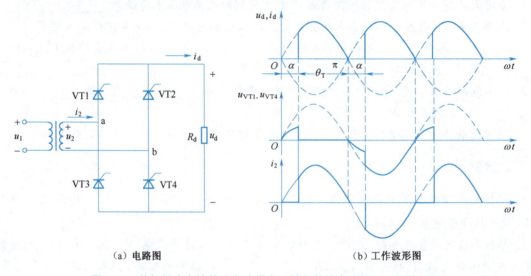

(a) 电路图　　　　(b) 工作波形图

图1-23　单相桥式全控整流电路带电阻性负载的电路图及工作波形图

晶闸管VT1和VT4为一组桥臂,而VT2和VT3组成另一组桥臂。在交流电源的正半周区间,即a端为正,b端为负,VT1和VT4会承受正向阳极电压,在相当于控制角α的时刻给VT1和VT4同时加脉冲,则VT1和VT4会导通。此时,电流i_d从电源a端经VT1、负载R_d及VT4回电源b端,负载上得到电压u_d为电源电压u_2(忽略了VT1和VT4的导通电压降),方向为上正下负,VT2和VT3则因为VT1和VT4的导通而承受反向的电源电压u_2不会导通。因为是电阻性负载,所以电流i_d也跟随电压的变化而变化。当电源电压u_2过零时,电流i_d也降低为零,即两只晶闸管的阳极电流降低为零,故VT1和VT4会因电流小于维持电流而关断。而在交流电源负半周区间,即a端为负,b端为正,晶闸管VT2和VT3会承受正向阳极电压,在相当于控制角α的时刻给VT2和VT3同时加脉冲,则VT2和VT3被触发导通。电流i_d从电源b端经VT2、负载R_d及VT3回电源a端,负载上得到电压u_d仍为电源电压u_2,方向也还为上正下负,与正半周一致。此时,VT1和VT4则因为VT2和VT3的导通而承受反向的电源电压u_2而处于截止状态。直到电源电压负半周结束,电源电压u_2过零时,电流i_d也过零,使得VT2和VT3关断。下一周期重复上述过程。

从图1-23中可看出,负载上的直流电压输出波形比单相半波时多了一倍,晶闸管的控制角可从

0°到180°，导通角 θ_T 为 $\pi - \alpha$。晶闸管承受的最大反向电压为 $\sqrt{2}\,U_2$，而其承受的最大正向电压为 $\frac{\sqrt{2}}{2}U_2$。

单相桥式全控整流电路带电阻性负载电路参数的计算：

(1) 输出电压平均值的计算公式：

$$U_d = \frac{1}{\pi}\int_{\alpha}^{\pi}\sqrt{2}\,U_2\sin\omega t\, d(\omega t) = 0.9\,U_2\frac{1+\cos\alpha}{2} \tag{1-21}$$

(2) 负载电流平均值的计算公式：

$$I_d = \frac{U_d}{R_d} = 0.9\,\frac{U_2}{R_d}\frac{1+\cos\alpha}{2} \tag{1-22}$$

(3) 输出电压有效值的计算公式：

$$U = \sqrt{\frac{1}{\pi}\int_{\alpha}^{\pi}(\sqrt{2}\,U_2\sin\omega t)^2 d(\omega t)} = U_2\sqrt{\frac{1}{2\pi}\sin 2\alpha + \frac{\pi-\alpha}{\pi}} \tag{1-23}$$

(4) 负载电流有效值的计算公式：

$$I = \frac{U_2}{R_d}\sqrt{\frac{1}{2\pi}\sin 2\alpha + \frac{\pi-\alpha}{\pi}} \tag{1-24}$$

(5) 流过每只晶闸管的电流平均值的计算公式：

$$I_{dT} = \frac{1}{2}I_d = 0.45\,\frac{U_2}{R_d}\frac{1+\cos\alpha}{2} \tag{1-25}$$

(6) 流过每只晶闸管的电流有效值的计算公式：

$$I_T = \sqrt{\frac{1}{2\pi}\int_{\alpha}^{\pi}\left(\frac{\sqrt{2}\,U_2}{R_d}\sin\omega t\right)^2 d(\omega t)} = \frac{U_2}{R_d}\sqrt{\frac{1}{4\pi}\sin 2\alpha + \frac{\pi-\alpha}{2\pi}} = \frac{1}{\sqrt{2}}I \tag{1-26}$$

(7) 晶闸管可能承受的最大电压的计算公式：

$$U_{TM} = \sqrt{2}\,U_2 \tag{1-27}$$

(8) 变压器二次电流有效值计算公式：

$$I_2 = I \tag{1-28}$$

例 1-3 单相桥式全控整流电路接电阻性负载，要求输出电压在 0~100 V 连续可调，输出电压平均值为 30 V 时，负载电流平均值达到 20 A。系统采用 220 V 的交流电压通过降压变压器供电，且晶闸管的最小控制角 $\alpha_{\min}$ = 30°（设降压变压器为理想变压器）。

(1) 试求变压器二次电流有效值 I_2。

(2) 考虑安全裕量，选择晶体管电压、额定电流。

解 (1) 由题意可知，负载电阻为

$$R = \frac{U_d}{I_d} = \frac{30}{20}\,\Omega = 1.5\,\Omega$$

单相桥式全控整流电路的直流输出电压为

$$U_d = \frac{\sqrt{2}}{\pi}U_2(1+\cos\alpha)$$

直流输出电压最大平均值为 100 V,且最小控制角为 $\alpha_{\min} = 30°$,代入上式可得

$$U_2 = \frac{100\pi}{\sqrt{2}\times 1.866} \text{ V} \approx 119 \text{ V}$$

$$I_2 = \frac{U}{R} = \sqrt{\frac{1}{\pi}\int_\alpha^\pi \left(\frac{\sqrt{2}U_2\sin\omega t}{R}\right)^2 d(\omega t)} = \frac{U_2}{R}\sqrt{\frac{\pi-\alpha}{\pi}+\frac{\sin 2\alpha}{2\pi}} = 79.33\sqrt{\frac{\pi-\alpha}{\pi}+\frac{\sin 2\alpha}{2\pi}} \text{ A}$$

$\alpha_{\min} = 30°$ 时,$I_{2\max} = 79.33\sqrt{\frac{\pi-\frac{\pi}{6}}{\pi}+\frac{\sin\frac{\pi}{3}}{2\pi}}$ A = 78.18 A。

(2)晶闸管的电流有效值和承受电压峰值分别为

$$I_T = \frac{I_{2\max}}{\sqrt{2}} = \frac{78.18}{\sqrt{2}}\text{A} = 55.29 \text{ A}$$

$$U_T = \sqrt{2}U_2 = 168.26 \text{ V}$$

考虑 3 倍安全裕量,选器件耐压为 168.26 × 3 V = 504.78 V。取 500 V。
额定电流为 (55.28/1.57) × 2 A ≈ 70 A。

2. 电感性负载

1)不带续流二极管

图 1-24(a)所示为单相桥式全控整流电路带电感性负载的电路。假设电路电感很大,输出电流连续,电路处于稳态。

在电源电压 u_2 正半周时,在相当于 α 角的时刻给 VT1 和 VT4 同时加触发脉冲,则 VT1 和 VT4 会导通,输出电压为 $u_d = u_2$;至电源电压过零变负时,由于电感产生的自感电动势会使 VT1 和 VT4 继续导通,而输出电压仍为 $u_d = u_2$,所以出现了负电压的输出。此时,可关断晶闸管 VT2 和 VT3 虽然已承受正向电压,但还没有触发脉冲,所以不会导通。直到在负半周相当于 α 角的时刻,给 VT2 和 VT3 同时加触发脉冲,则因 VT2 的阳极电位比 VT1 高,VT3 的阴极电位比 VT4 低,故 VT2 和 VT3 被触发导通,分别替换了 VT1 和 VT4,而 VT1 和 VT4 将由于 VT2 和 VT3 的导通承受反压而关断,负载电流也改为经过 VT2 和 VT3 了。

由图 1-24(b)所示的输出负载电压 u_d、负载电流 i_d 的波形可以看出,与电阻性负载相比,u_d 的波形出现了负半周部分,i_d 的波形则是连续的、近似的一条直线,这是由于电感中的电流不能突变,电感起到了平波的作用,电感越大则电流越平稳。

两组晶闸管轮流导通,每只晶闸管的导通时间较电阻性负载时延长了,导通角 $\theta_T = \pi$,与 α 无关。

单相全控桥式整流电路带电感性负载电路参数的计算:
(1)输出电压平均值的计算公式:

视频
感性负载输出电压

$$U_d = 0.9U_2\cos\alpha \tag{1-29}$$

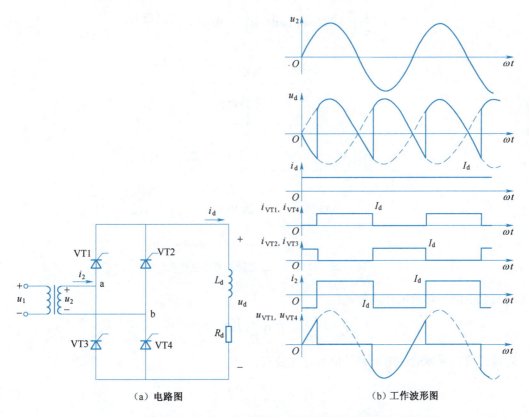

(a) 电路图　　　　　　　　　　(b) 工作波形图

图 1-24　单相桥式全控整流电路带电感性负载的电路图及工作波形图

在 $\alpha = 0°$ 时，输出电压 U_d 最大，$U_d = 0.9U_2$；在 $\alpha = 90°$ 时，输出电压 U_d 最小，等于零。因此 α 的移相范围是 $0° \sim 90°$。

(2) 负载电流平均值的计算公式：

$$I_d = \frac{U_d}{R_d} = 0.9\frac{U_2}{R_d}\cos\alpha \tag{1-30}$$

(3) 流过一只晶闸管的电流的平均值和有效值的计算公式：

$$I_{dT} = \frac{1}{2}I_d \tag{1-31}$$

$$I_T = \frac{1}{\sqrt{2}}I_d \tag{1-32}$$

(4) 晶闸管可能承受的最大电压计算公式：

$$U_{TM} = \sqrt{2}U_2 \tag{1-33}$$

2) 带续流二极管

为了扩大移相范围，去掉输出电压的负值，提高 U_d 的值，可以在负载两端并联续流二极管，如图 1-25 所示。接了续流二极管以后，α 的移相范围可以扩大到 $0° \sim 180°$。

单相桥式全控整流电路电感性负载（带续流二极管）电路参数的计算：

(1) 输出电压平均值的计算公式：

$$U_d = \frac{1}{\pi}\int_\alpha^\pi \sqrt{2}U_2\sin\omega t\,d(\omega t) = 0.9U_2\frac{1+\cos\alpha}{2} \qquad (1\text{-}34)$$

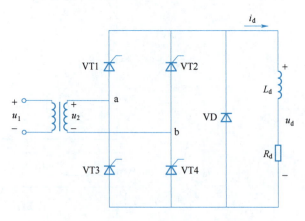

图 1-25　并接续流二极管的单相全控桥

(2) 负载电流平均值的计算公式：

$$I_d = \frac{U_d}{R_d} = 0.9\frac{U_2}{R_d}\frac{1+\cos\alpha}{2} \qquad (1\text{-}35)$$

(3) 流过每只晶闸管的电流有效值的计算公式：

$$I_T = \sqrt{\frac{\pi-\alpha}{2\pi}}I_d \qquad (1\text{-}36)$$

(4) 流过续流二极管的电流有效值的计算公式：

$$I_D = \sqrt{\frac{\alpha}{\pi}}I_d \qquad (1\text{-}37)$$

(5) 流过每只晶闸管的电流平均值的计算公式：

$$I_{dT} = \frac{\pi-\alpha}{2\pi}I_d \qquad (1\text{-}38)$$

(6) 流过续流二极管的电流平均值的计算公式：

$$I_{dD} = \frac{\alpha}{\pi}I_d \qquad (1\text{-}39)$$

(7) 晶闸管可能承受最大电压的计算公式：

$$U_{TM} = \sqrt{2}U_2 \qquad (1\text{-}40)$$

(8) 变压器二次电流有效值的计算公式：

$$I_2 = I \qquad (1\text{-}41)$$

二、单相桥式半控整流电路及工作原理

在单相桥式全控整流电路中，由于每次都要同时触发两只晶闸管，因此线路较为复杂。为了简化电路，实际上可以采用一只晶闸管来控制导电回路，然后用一只整流二极管来代替另一只晶闸管。所以，把图 1-23 中的 VT3 和 VT4 换成二极管 VD3 和 VD4，就形成了单相桥式半控整流电路，如

图 1-26(a)所示,所带负载为电阻性负载。

工作情况同单相桥式全控整流电路相似,两只晶闸管仍是共阴极连接,即使同时触发两只晶闸管,也只能是阳极电位高的晶闸管导通。而两只二极管是共阳极连接,总是阴极电位低的二极管导通,因此,在电源 u_2 正半周一定是 VD4 正偏,在 u_2 负半周一定是 VD3 正偏。所以,在电源正半周时,触发晶闸管 VT1 导通,二极管 VD4 正偏导通,电流由电源 a 端经 VT1 和负载 R_d 及 VD4,回电源 b 端,若忽略两管的正向导通压降,则负载上得到的直流输出电压就是电源电压 u_2,即 $u_d = u_2$。在电源负半周时,触发 VT2 导通,电流由电源 b 端经 VT2 和负载 R_d 及 VD3,回电源 a 端,输出仍是 $u_d = u_2$,只不过在负载上的方向没变。在负载上得到的输出波形[见图 1-26(b)]与单相桥式全控整流电路带电阻性负载时是一样的。

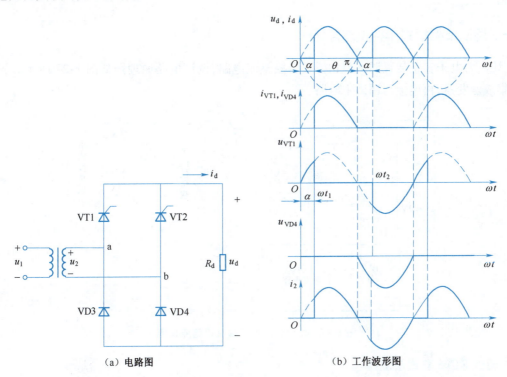

(a) 电路图　　　　　　　　(b) 工作波形图

图 1-26　单相桥式半控整流电路带电阻性负载电路图及工作波形图

单相桥式半控整流电路带电阻性负载电路参数的计算:
(1) 输出电压平均值的计算公式:

$$U_d = 0.9 U_2 \frac{1 + \cos \alpha}{2} \tag{1-42}$$

α 的移相范围是 $0° \sim 180°$。
(2) 负载电流平均值的计算公式:

$$I_d = \frac{U_d}{R_d} = 0.9 \frac{U_2}{R_d} \frac{1 + \cos \alpha}{2} \tag{1-43}$$

(3) 流过一只晶闸管和整流二极管的电流的平均值和有效值的计算公式:

$$I_{dT} = I_{dD} = \frac{1}{2}I_d \tag{1-44}$$

$$I_T = \frac{1}{\sqrt{2}}I \tag{1-45}$$

(4)晶闸管可能承受的最大电压的计算公式:

$$U_{TM} = \sqrt{2}\,U_2 \tag{1-46}$$

由以上分析可见,单相桥式整流电路输出的直流电压、电流脉动程度比单相半波整流电路输出的直流电压和电流要小,可以改善变压器存在直流磁化的现象。

一、调试单相桥式半控整流电路

利用电力电子实验装置调试单相桥式半控整流电路,调试电路原理图如图 1-27 所示。先调试 KC05 集成触发器,再连接与调试主电路。

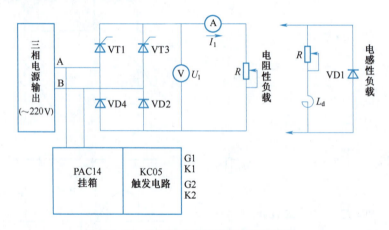

图 1-27 单相桥式半控整流电路原理图

1. 调试 KC05 集成触发器

KC05 集成触发器电路实验挂件如图 1-28 所示。

同步电压由 KC05 的 15、16 引脚输入,在测试白色圆孔 2(TP2)可以观测到锯齿波,锯齿波的斜率由 5 引脚的外接电位器 R_{P1} 调节。锯齿波与 6 引脚引入的移相控制电压进行比较放大。触发脉冲由 9 引脚输出,能够得到 200 mA 的输出负载能力。当来自比较放大器的单稳微分触发脉冲没有触发晶闸管时,从 2 引脚得到的检测信号通过 12 引脚的连接,使 9 引脚又输出脉冲给晶闸管,这样对电感性负载是非常有利的,此外,也能起到锯齿波与移相控制电压失交保护的作用。R_{P2} 电位器调节移相角度,触发脉冲从 9 引脚,经脉冲变压器输出。

按照单结晶体管触发电路电源的接法,接入 30 V 交流电源;再将 ±15 V 直流电源接到 PAC14 的双 15 V 输入端即可观察 1~5 点的波形。调节电位器 R_{P1},观察锯齿波斜率是否变化,调节 R_{P2},观察输出脉冲的移相范围如何变化,移相能否达到 170°,记录上述过程中观察到的各测试点(TP)电压波形(各点 TP1～TP5 参考波形如图 1-29 所示),为主电路调试做好准备。

图 1-28　KC05 集成触发器电路实验挂件

2. 调试单相桥式半控整流电路

按图 1-27 连接单相桥式半控整流电路的主电路,接通电源,用示波器观察负载电压 U_1、晶闸管两端电压 U_{VT1} 和整流二极管两端电压 U_{VD2} 的波形,调节 KC05 集成触发器上的移相控制电位器 R_{P2},观察并记录 α 为 30°、90°、120° 时 U_1、U_{VT1}、U_{VD2} 的波形,并自拟表格记录各控制角对应的直流输出电压 U_1 和直流输出电流 I_1,以及电源电压 U_2,选择一组数据代入式(1-42)进行比较。

二、分析内圆磨床主轴电动机调压装置电路工作原理

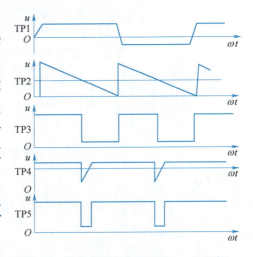

图 1-29　触发电路各点波形图($\alpha = 90°$ 时)

内圆磨床主轴电动机调压装置电气原理图如图 1-30 所示,主电路的负载主轴电动机 M 由单相桥式半控整流电路提供可调的电枢电压,由单相桥式不可控整流电路提供励磁电源;单结晶体管触发电路的给定电压环节由稳压电路提供,调节给定电压中的 R_{P1} 可改变给定电压大小,从电枢电路中 R_{P7}、R_{P4} 引出的电压与给定电压比较得到偏差电压控制触发电路移相;单结晶体管 V3 构成弛张振荡电路,通过 VD15～VD18 输出触发脉冲,加给电枢调压电路中的晶闸管 VT1 和 VT2 实现调压,从电枢电路中 R_{P5} 引出的电流负反馈信号保护电动机正常运行。

当需要主轴电动机投入正常运行时,将图 1-30 中 SA1 拨至上侧,将给定电压加到触发电路;当需要电动机停止时,将给定电压调小至零,并将 SA1 拨至下侧。

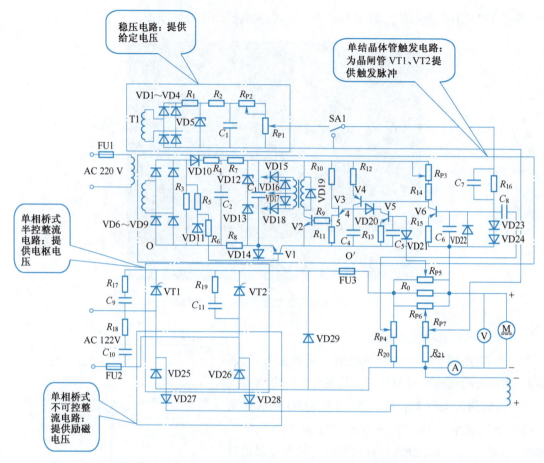

图 1-30 内圆磨床主轴电动机调压装置电气原理图

一、选择题

1. 普通的单相桥式全控整流装置中一共用了(　　)晶闸管。
   A. 一只　　　　　B. 两只　　　　　C. 三只　　　　　D. 四只

2. 普通的单相桥式半控整流装置中一共用了(　　)晶闸管。
   A. 一只　　　　　B. 两只　　　　　C. 三只　　　　　D. 四只

3. 单相桥式全控电感性负载电路中,晶闸管可能承受的最大正向电压为(　　)。
   A. $\frac{\sqrt{2}}{2}U_2$　　B. $\sqrt{2}U_2$　　C. $2\sqrt{2}U_2$　　D. $\sqrt{6}U_2$

4. 单相桥式全控电阻性负载电路中,晶闸管可能承受的最大正向电压为(　　)。
   A. $\sqrt{2}U_2$　　B. $2\sqrt{2}U_2$　　C. $\frac{\sqrt{2}}{2}U_2$　　D. $\sqrt{6}U_2$

5. 单相桥式全控整流电感性负载电路中,控制角α的移相范围是(　　)。

A. 0°~90°　　　B. 0°~180°　　　C. 90°~180°　　　D. 180°~360°

6. 单相桥式全控整流电路带电阻性负载与阻感性负载（$\omega L \gg R$）情况下,晶闸管触发角的移相范围分别为（　　）。

　　A. 0°~90°,0°~90°　　　　　　　B. 0°~90°,0°~180°
　　C. 0°~180°,0°~90°　　　　　　D. 0°~180°,0°~180°

7. 在单相桥式半控整流电路中,电阻性负载,流过每个晶闸管的有效电流 I_T =（　　）。

　　A. I　　　B. $0.5I$　　　C. $\dfrac{1}{\sqrt{2}}I$　　　D. $\sqrt{2}I$

8. 单相桥式半控整流电感性负载电路中,为了避免出现一个晶闸管一直导通,另两个整流二极管交替换相导通的失控现象发生,应采取的措施是在负载两端并联一个（　　）。

　　A. 电容　　　B. 电感　　　C. 电阻　　　D. 二极管

二、填空题

1. 晶闸管整流装置的功率因数定义为_____侧_____与_____之比。

2. 单相全控桥式整流电路中,带纯电阻负载时,α移相范围为_____,单个晶闸管所承受的最大正向电压和反向电压分别为_____和_____;带阻感性负载时,α移相范围为_____,单个晶闸管所承受的最大正向电压和反向电压分别为_____和_____;带反电动势负载时,欲使电阻上的电流不出现断续现象,可在主电路直流输出侧串联一个_____。

3. 单相全控桥式整流电路,其输出电压的脉动频率是_____。

三、分析题

1. 某感性负载采用带续流二极管的单相半控桥式整流电路,已知电感线圈的内电阻 R_d = 5 Ω,输入交流电压有效值 U_2 = 220 V,控制角 α = 60°。试求晶闸管与续流二极管的电流平均值和有效值。

2. 单相桥式半控整流电路对恒温电炉供电,电炉电热丝电阻为 34 Ω,直接由 220 V 输入,计算电炉功率并选用晶闸管型号。

四、简答题

1. 整流电路中续流二极管有何作用?为什么?若不注意把它的极性接反了会产生什么后果?

2. 在可控整流电路的负载为纯电阻情况下,电阻上的平均电流与平均电压之乘积,是否等于负载功率?为什么?

任务四　三相桥式可控整流电路的分析与调试

任务描述

龙门刨、龙门铣等大型机床的工作台拖动电动机常采用三相桥式可控整流电路提供可调的直流电压进行调速。三相桥式可控整流电路由六只晶闸管构成三相桥式全控整流电路,或者由三只晶闸管和三只二极管构成三相桥式半控整流电路,电路中每个晶闸管都需要触发脉冲。

本任务通过调节三相集成触发电路的输出脉冲信号,测试三相桥式可控整流电路输出电压及波形随控制角变化而变化的关系。

任务分析

完成本任务需要先学习三相半波可控整流电路的组成及工作原理,在此基础上再学习三相桥式全控整流电路的组成及工作原理,还要学会调试三相集成触发电路输出的触发脉冲。

相关知识

一、三相半波可控整流电路及工作原理

三相半波可控整流电路有两种接线方式,分别为共阴极、共阳极接法。由于共阴极接法触发脉冲有共用线,使用调试方便,所以三相半波共阴极接法常被采用。

1. 电阻性负载

共阴极接法的三相半波可控整流电路如图1-31(a)所示,整流变压器的一次侧采用三角形联结,防止三次谐波进入电网。二次侧采用星形联结,可以引出中性线。三个晶闸管的阴极短接在一起,阳极分别接到三相电源。

(1) 电路工作原理分析:

① $\alpha = 0°$。$\alpha = 0°$时,三个晶闸管相当于三个整流二极管,即相当于三相半波不可控整流电路。整流输出电压和电流波形,以及晶闸管两端的电压波形如图1-31(b)所示。u_a、u_b和u_c是变压器二次侧三相交流电的波形,u_d是输出电压的波形,u_{VD1}是二极管承受电压的波形。由于整流二极管导通的唯一条件就是阳极电位高于阴极电位,而三只二极管又是共阴极连接的,且阳极所接的三相电源的相电压是不断变化的,所以哪一相的二极管导通就要看其阳极所接的相电压u_a、u_b和u_c中哪一相的瞬时值最高,则与该相相连的二极管就会导通。其余两只二极管就会因承受反向电压而关断。例如,图1-31(b)中$\omega t_1 \sim \omega t_2$区间,a相的瞬时电压值$u_a$最高。因此与a相相连的二极管VD1优先导通,所以与b相、c相相连的二极管VD2和VD3则分别承受反向线电压u_{ba}、u_{ca}关断。若忽略二极管的导通压降,此时,输出电压u_d就等于a相的电源电压u_a。同理,当ωt_2时,由于b相的电压u_b开始高于a相的电压u_a而变为最高,因此,电流就要由VD1换流给VD2,VD1和VD3又会承受反向线电压而处于阻断状态,输出电压$u_d = u_b$。同样在ωt_3以后,因c相电压u_c最高,所以VD3导通,VD1和VD2受反压而关断,输出电压$u_d = u_c$。以后又重复上述过程。

从图1-31(b)中可看到,1、2、3这三个点分别是二极管VD1、VD2和VD3的导通起始点,即每经过其中一点,电流就会自动从前一相换流至后一相,这种换相是利用三相电源电压的变化自然进行的,因此把1、2、3点称为自然换相点。

② $0° < \alpha \leq 30°$。如果增大控制角α,设$\alpha = 30°$,如图1-31(c)所示,触发脉冲u_g出现在各自然换相点后30°的位置,图示坐标原点处为c相所接的晶闸管VT3导通,经过自然换相点"1"时,由于a相所接晶闸管VT1的触发脉冲尚未送到,VT1无法导通,于是VT3仍承受正向电压继续导通,直到a相在$\alpha = 30°$时触发脉冲到来,晶闸管VT1被触发导通,输出直流电压u_d由c相换到a相,图1-31(c)为$\alpha = 30°$时的输出直流电压和电流波形以及晶闸管两端电压波形。

③ $30° < \alpha \leq 150°$。当控制角$\alpha > 30°$时,设$\alpha = 60°$,如图1-31(d)所示,触发脉冲u_g出现在各自

然换相点后60°的位置,从图中可见从每相电压过零时到后一相触发脉冲到来之间,输出直流电压和电流波形断续,各个晶闸管的导通角小于120°。

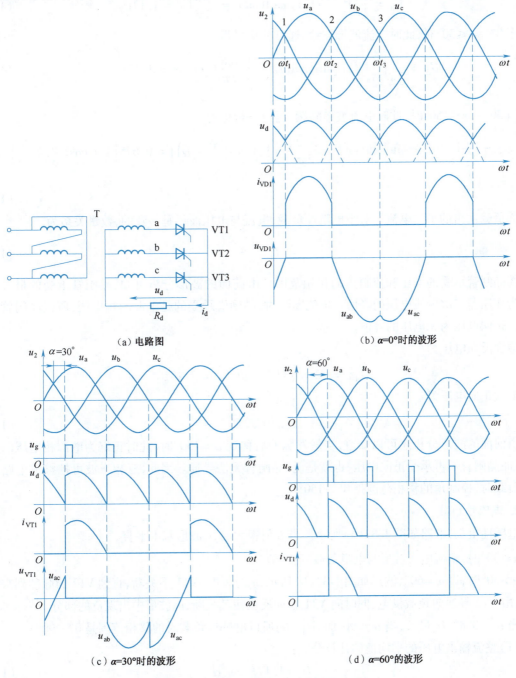

图 1-31 三相半波可控整流电路及波形

(2)三相半波可控整流电路基本物理量计算:

①整流输出电压的平均值。当 $\alpha = 0°$ 时,从图 1-31(b)中可以看出,三个二极管轮流导通,导通角均为120°,输出电压 u_d 是脉动的三相交流相电压波形的正向包络线。

其输出直流电压的平均值 U_d 为

$$U_d = \frac{3}{2\pi}\int_{\frac{\pi}{6}}^{\frac{5\pi}{6}}\sqrt{2}U_2\sin\omega t\,\mathrm{d}(\omega t) = \frac{3\sqrt{6}}{2\pi}U_2 = 1.17U_2 \qquad (1\text{-}47)$$

当 $0° < \alpha \leqslant 30°$ 时,此时电流波形连续,通过分析可得

$$U_d = \frac{1}{\frac{2\pi}{3}}\int_{\frac{\pi}{6}+\alpha}^{\frac{5\pi}{6}+\alpha}\sqrt{2}U_2\sin\omega t\,\mathrm{d}(\omega t) = \frac{3\sqrt{6}}{2\pi}U_2\cos\alpha = 1.17U_2\cos\alpha \qquad (1\text{-}48)$$

当 $30° < \alpha \leqslant 150°$ 时,此时电流波形断续,通过分析可得

$$U_d = \frac{1}{\frac{2\pi}{3}}\int_{\frac{\pi}{6}+\alpha}^{\pi}\sqrt{2}U_2\sin\omega t\,\mathrm{d}(\omega t) = \frac{3\sqrt{2}}{2\pi}U_2\left[1+\cos\left(\frac{\pi}{6}+\alpha\right)\right] = 0.675\left[1+\cos\left(\frac{\pi}{6}+\alpha\right)\right]$$

$$(1\text{-}49)$$

②负载输出的平均电流。对于电阻性负载,电流与电压波形是一致的,数量关系为

$$I_d = \frac{U_d}{R_d} \qquad (1\text{-}50)$$

③晶闸管承受的电压和控制角的移相范围。由前面的波形分析可知,晶闸管承受的最大反向电压为变压器二次侧线电压的峰值。电流断续时,晶闸管承受的是电源的相电压,所以晶闸管承受的最大正向电压为相电压的峰值。

最大反向电压为

$$U_{RM} = \sqrt{2}\times\sqrt{3}U_2 = \sqrt{6}U_2 = 2.45U_2 \qquad (1\text{-}51)$$

最大正向电压为

$$U_{FM} = \sqrt{2}U_2 \qquad (1\text{-}52)$$

由前面的波形分析还可以知道,当触发脉冲后移到 $\alpha=150°$ 时,此时正好为电源相电压的过零点,后面晶闸管不再承受正向电压,也就是说,晶闸管无法导通。因此,三相半波可控整流电路在电阻性负载时,控制角的移相范围是 $0°\sim150°$。

2. 电感性负载

电感性负载,电路如图 1-32(a)所示。当 L 值很大时,i_d 波形基本平直。

$\alpha\leqslant30°$ 时,整流电压波形与电阻负载时相同。

$\alpha>30°$ 时,设 $\alpha=60°$,波形如图 1-32(b)所示,u_a 过零时,VT1 不关断,直到 VT2 的脉冲到来时才换流,由 VT2 导通向负载供电,同时向 VT1 施加反压使其关断,u_d 波形中出现负的部分。

当 $\alpha=0°$ 时,U_d 最大,当 $\alpha=90°$ 时,$U_d=0$,所以电感性负载时的移相范围是 $0°\sim90°$。

(1)整流输出电压的平均值的计算公式:

$$U_d = 1.17U_2\cos\alpha \qquad (1\text{-}53)$$

(2)负载输出平均电流的计算公式:

$$I_d = \frac{U_d}{R_d} \qquad (1\text{-}54)$$

(3)变压器二次电流即晶闸管电流有效值的计算公式:

$$I_2 = I_{TM} = \frac{1}{\sqrt{3}} I_d = 0.577 I_d \tag{1-55}$$

(4)晶闸管额定电流的计算公式:

$$I_{T(AV)} = (1.5 \sim 2) \frac{I_{TM}}{1.57} \tag{1-56}$$

(5)晶闸管最大正反向电压峰值均为变压器二次线电压峰值,即

$$U_{FM} = U_{RM} = 2.45 U_2 \tag{1-57}$$

图 1-32 中 i_d 波形有一定的脉动,但为简化分析及定量计算,可将 i_d 近似为一条水平线。

三相半波的主要缺点在于其变压器二次电流中含有直流分量,因此其应用较少。

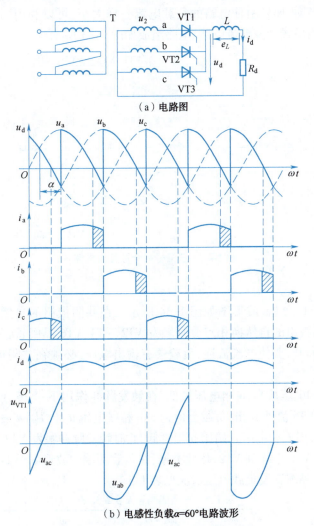

图 1-32 三相半波可控整流电路及波形

把三只晶闸管的阳极接成公共端连在一起就构成了共阳极接法的三相半波可控整流电路,由于阴极电位不同,要求三相的触发电路必须彼此绝缘。由于晶闸管只有在阳极电位高于阴极电位

时才能导通,因此晶闸管只在相电压负半周被触发导通,换相总是换到阴极电位更低的那一相。输出电压的平均值为

$$U_d = -1.17U_2\cos\alpha \tag{1-58}$$

二、三相桥式全控整流电路及工作原理

1. 电阻性负载

1) 电路组成

三相桥式全控整流电路实质上是一组共阴极半波可控整流电路与共阳极半波可控整流电路的串联,共阴极半波可控整流电路实际上只利用电源变压器的正半周期,共阳极半波可控整流电路只利用电源变压器的负半周,如果两种电路的负载电流一样大小,可以利用同一电源变压器,即两种电路串联便可得到三相桥式全控整流电路,电路组成如图 1-33 所示。

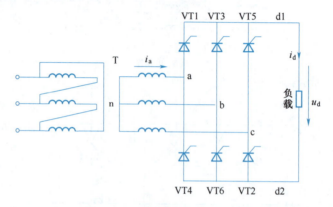

图 1-33 三相桥式全控整流电路

2) 工作原理

以电阻性负载,$\alpha=0°$分析,波形图如图 1-34 所示。在共阴极组的自然换相点分别触发 VT1、VT3、VT5 晶闸管,共阳极组的自然换相点分别触发 VT2、VT4、VT6 晶闸管,两组的自然换相点对应相差 60°,由于中性线断开,要使电流流通,负载端有输出电压,必须在共阴极组和共阳极组中各有一个晶闸管同时导通。

$\omega t_1 \sim \omega t_2$ 期间,a 相电压最高,b 相电压最低,在触发脉冲作用下,VT6、VT1 同时导通,电流从 a 相流出,经 VT1、负载、VT6 流回 b 相,负载上得到 a、b 相线电压 u_{ab}。从 ωt_2 开始,a 相电压仍保持电位最高,VT1 继续导通,但 c 相电压开始比 b 相更低,此时触发脉冲触发 VT2 导通,迫使 VT6 承受反压而关断,负载电流从 VT6 中换到 VT2,依此类推,在负载两端的波形如图 1-34 所示,每个晶闸管轮流导通 120°,期间导通晶闸管及负载电压情况见表 1-5。

表 1-5 导通晶闸管及负载电压

导通期间	$\omega t_1 \sim \omega t_2$	$\omega t_2 \sim \omega t_3$	$\omega t_3 \sim \omega t_4$	$\omega t_4 \sim \omega t_5$	$\omega t_5 \sim \omega t_6$	$\omega t_6 \sim \omega t_7$
导通晶闸管	VT1、VT6	VT1、VT2	VT3、VT2	VT3、VT4	VT5、VT4	VT5、VT6
共阴电压	a 相	a 相	b 相	b 相	c 相	c 相
共阳电压	b 相	c 相	c 相	a 相	a 相	b 相
负载电压	ab 线电压 u_{ab}	ac 线电压 u_{ac}	bc 线电压 u_{bc}	ba 线电压 u_{ba}	ca 线电压 u_{ca}	cb 线电压 u_{cb}

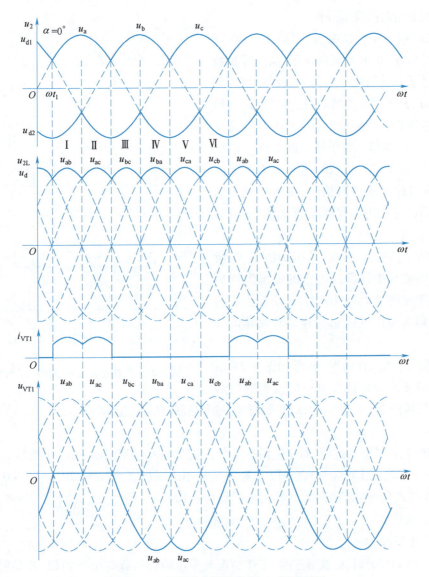

图 1-34 三相桥式电阻性负载 $\alpha=0°$ 波形图

3) 三相桥式全控整流电路的特点

(1) 主电路必须有两个晶闸管同时导通才可能形成供电回路,其中共阴极组和共阳极组各一个,但不能为同一桥臂的两个晶闸管,同一桥臂的晶闸管触发脉冲相位互差 180°。

(2) 对触发脉冲的要求:如图 1-35 所示,按 VT1、VT2、VT3、VT4、VT5、VT6 的顺序加触发脉冲 u_G,相位依次差 60°。整流桥合闸时以及电流中断后,要使电路正常工作,必须给对应导通的一对晶闸管同时加触发脉冲,以防止换流失败。常用的方法有两种:一种采用单宽脉冲触发,它要求触发脉冲的宽度大于 60°(一般为 80°~100°);另一种采用双窄脉冲,即触发当前晶闸管(如 VT2)时,向前一个序号的晶闸管(VT1)补发脉冲。实际应用中,宽脉冲触发要求触发功率大,脉冲变压器的铁芯损耗大,故多采用双窄脉冲触发。

4）不同控制角时的波形分析

(1) $\alpha = 30°$ 时的工作情况，波形如图 1-36 所示。这种情况与 $\alpha = 0°$ 时的区别在于：晶闸管起始导通时刻推迟了 $30°$，组成 u_d 的每一段线电压因此推迟 $30°$，从 ωt_1 开始把一周期等分为六段，u_d 波形仍由六段线电压构成，每一段导通晶闸管的编号等仍符合表 1-5 的规律。变压器二次电流 i_a 波形的特点：在 VT1 处于通态的 $120°$ 期间，i_a 为正，i_a 波形的形状与同时段的 u_d 波形相同，在 VT4 处于通态期间，i_a 波形的形状也与同时段的 u_d 波形相同，但为负值。

(2) $\alpha = 60°$ 时的工作情况，波形如图 1-37 所示。此时 u_d 的波形中每段线电压的波形继续后移，u_d 平均值继续降低。$\alpha = 60°$ 时，u_d 出现为零的点，这种情况即为输出电压 u_d 为连续和断续的分界点。

(3) $\alpha = 90°$ 时的工作情况，波形如图 1-38 所示。此时 u_d 的波形中每段线电压的波形继续后

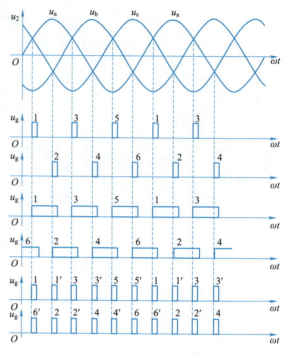

图 1-35　三相桥式全控整流电路的触发脉冲

移，u_d 平均值继续降低。$\alpha = 90°$ 时，u_d 波形断续，每个晶闸管的导通角小于 $120°$。

小结：

当 $\alpha \leq 60°$ 时，u_d 波形均连续，对于电阻性负载，i_d 波形与 u_d 波形形状一样，也连续。

当 $\alpha > 60°$ 时，u_d 波形每 $60°$ 中有一段为零，u_d 波形不出现负值，当 $\alpha = 120°$ 时，$u_d = 0$，所以带电阻性负载时三相桥式全控整流电路 α 的移相范围是 $0° \sim 120°$。

2. 电感性负载

1）电路工作原理

(1) $\alpha \leq 60°$ 时，u_d 波形连续，工作情况与带电阻性负载时十分相似，各晶闸管的通断情况、输出整流电压 u_d 波形、晶闸管承受的电压波形等都一样。

两种负载的区别在于：由于负载不同，同样的整流输出电压加到负载上，得到的负载电流 i_d 波形不同。阻感性负载时，由于电感的作用，使得负载电流波形变得平直，当电感足够大的时候，负载电流的波形可近似为一条水平线。$\alpha = 30°$ 的波形图如图 1-39 所示。

● 视频
两种不同负载时输出波形的异同

(2) $\alpha > 60°$ 时，阻感性负载时的工作情况与电阻性负载时不同，电阻性负载时 u_d 波形不会出现负的部分，而阻感性负载时，由于电感 L 的作用，u_d 波形会出现负的部分，$\alpha = 90°$ 时波形如图 1-40 所示，此时 $u_d = 0$。可见，带阻感性负载时，三相桥式全控整流电路的 α 移相范围为 $0° \sim 90°$。

2）基本物理量计算

(1) 整流电路输出直流平均电压：

当整流输出电压连续时（即带电阻性负载 $\alpha \leq 60°$ 时，或带阻感性负载时）的平均值为

$$U_\mathrm{d} = \frac{1}{\frac{\pi}{3}} \int_{\frac{\pi}{3}+\alpha}^{\frac{2\pi}{3}+\alpha} \sqrt{6} U_2 \sin \omega t \mathrm{d}(\omega t) = 2.34 U_2 \cos \alpha \qquad (1\text{-}59)$$

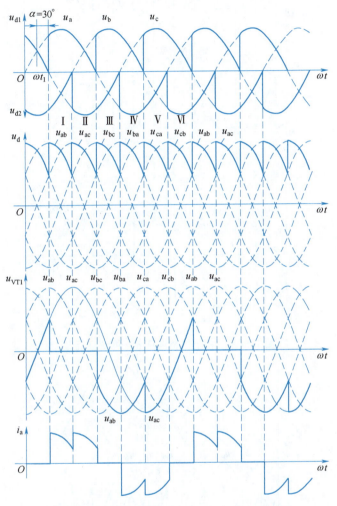

图 1-36 三相桥式全控整流电路 α = 30°的波形

带电阻性负载且 α > 60°时,整流电压平均值为

$$U_\mathrm{d} = \frac{3}{\pi} \int_{\frac{\pi}{3}+\alpha}^{\pi} \sqrt{6} U_2 \sin \omega t \mathrm{d}(\omega t) = 2.34 U_2 \left[1 + \cos\left(\frac{\pi}{3} + \alpha\right) \right] \qquad (1\text{-}60)$$

(2)输出电流平均值:

$$I_\mathrm{d} = U_\mathrm{d}/R \qquad (1\text{-}61)$$

(3)变压器二次电流有效值。当整流变压器采用星形接法,带阻感性负载时,变压器二次侧电流为正负半周各宽 120°、前沿相差 180°的矩形波,其有效值为

$$I_2 = \sqrt{\frac{1}{2\pi} \left[I_\mathrm{d}^2 \times \frac{2}{3}\pi + (-I_\mathrm{d})^2 \times \frac{2}{3}\pi \right]} = \sqrt{\frac{2\pi}{3}} I_\mathrm{d} = 0.816 I_\mathrm{d} \qquad (1\text{-}62)$$

晶闸管电压、电流等的定量分析与三相半波时一致。

视频
三相全控整流电路晶闸管选择

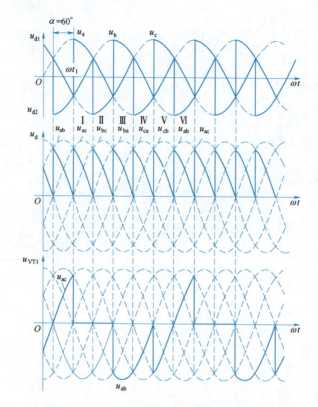

图 1-37 三相全控桥电路 $\alpha=60°$ 的波形图

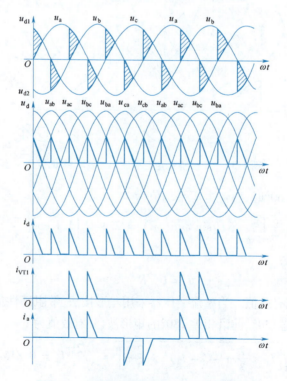

图 1-38 三相全控桥电路 $\alpha=90°$ 的波形图

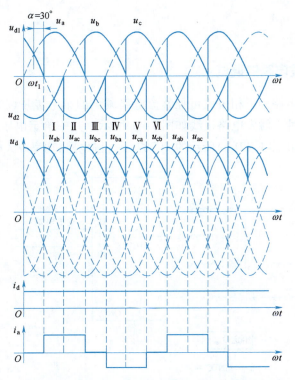

图 1-39 三相桥式阻感性负载 $\alpha=30°$ 的波形图

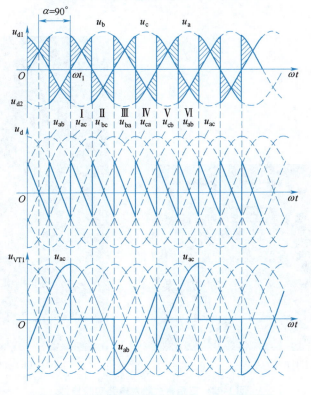

图 1-40 三相桥式阻感性负载 $\alpha=90°$ 的波形图

任务实施

一、三相集成触发电路的调试

三相半波可控整流电路和三相桥式可控整流电路调试的第一步是调试其触发电路,确保触发电路能正常提供触发脉冲。触发电路接线如图 1-41 所示。其中给定电压(U_g)由图 1-42(a)所示 PAC09A 提供、PAC13-2 由图 1-42(b)所示的 TC787 及外围电路、功率放大电路组成。

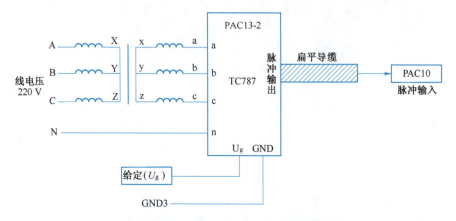

图 1-41 三相集成触发电路接线图

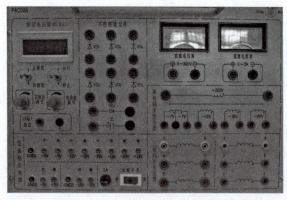

（a）挂件PAC09A

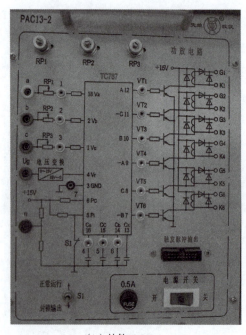

（b）挂件PAC13-2

图 1-42 三相集成触发电路实验挂件

按照图 1-41 在图 1-42 相应实验装置的挂件上接线。将给定开关 S2 拨到停止位置（即 $U_{ct}=0$），调节 PAC13-2 上的偏移电压电位器，用双踪示波器分别观察 a、b、c 三相同步信号和 VT1 ~ VT6 双窄脉冲信号，并同时观察 a 相同步电压信号和"双脉冲观察孔"VT1 的输出波形，使 $\alpha=180°$。

将 S1 拨到正给定、S2 拨到运行，适当增加给定 U_g 的正电压输出，观测 PAC13-2 上 VT1 ~ VT6 的波形，用 20 芯的扁平电缆，将 PAC13-2 的"功放电路"的"触发脉冲输出"端和 PAC10"触发脉冲输入"端相连，观察 PAC10 挂件上 VT1 ~ VT6 晶闸管门极和阴极之间的触发脉冲是否正常，此步骤结束后按下电源控制屏上的"停止"按钮。

二、三相半波可控整流电路的调试

图 1-43 所示三相半波可控整流电路，其晶闸管由 PAC10 挂件提供，电阻 R 用 450 Ω 可调电阻（将两个 900 Ω 接成并联形式），电感 L_d 选用 PAC10 挂件上的 200 mH 电抗器，其三相触发信号提供电路如图 1-41 所示，触发信号调试同上。

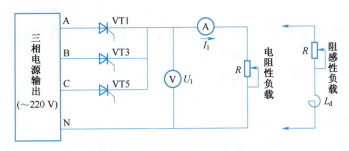

图 1-43 三相半波可控整流电路接线图

按图 1-43 接线，将可调电阻调在最大阻值处，按下电源控制屏上的"启动"按钮，打开 PAC09A、PAC13-2 上的电源开关，PAC09A 上的"给定"从零开始，慢慢增加移相电压，使 α 能从 30° 到 170° 范围内调节，用示波器观察并记录 α 为 30°、60°、90°、120°、150° 时整流输出电压 u_d 和晶闸管两端电压 u_T 的波形，记录相应交流电源电压有效值 U_2、直流负载电压 U_d 和电流 I_d 的数值。

将 PAC10 上 200 mH 的电抗器与负载电阻 R 串联后接入主电路，观察并记录 α 为 30°、60°、90° 时 u_d、i_d 的输出波形，并记录相应的电源电压有效值 U_2 及 U_d、I_d 值。

三、三相桥式可控整流电路的调试

图 1-44 所示三相桥式可控整流电路中，三个晶闸管和电抗器由 PAC10 挂件提供，直流电压、电流表从 MEC21 上获得，电阻 R 用 450 Ω（将 MEC42 上的两个 900 Ω 接成并联形式）。其三相触发信号提供电路如图 1-41 所示，触发信号调试同上。

按图 1-44 接线，将"给定"输出调到零（逆时针旋到底），使可调电阻调在最大阻值处，按下"启动"按钮，调节给定电位器，增加移相电压，使 α 在 30° ~ 120° 范围内调节，同时，根据需要不断调整负载电阻 R，使得负载电流 I_d 保持在 0.6 A 左右（注意 I_d 不得超过 0.65 A）。用示波器观察并记录 $\alpha=30°、60°$ 及 90° 时的整流电压 u_d 和晶闸管两端电压 u_T 的波形，记录相应交流电源电压有效值 U_2、直流负载电压 U_d 和电流 I_d 的数值。

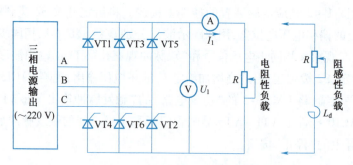

图 1-44　三相桥式可控整流电路原理图

一、选择题

1. 三相可控整流电路与单相可控整流电路相比，输出直流电压的纹波系数（　　）。
   A. 三相的大　　　　B. 单相的大　　　　C. 一样大　　　　D. 无法比较

2. 三相桥式全控整流装置中一共用了（　　）晶闸管。
   A. 三只　　　　　　B. 六只　　　　　　C. 九只　　　　　D. 十二只

3. 若可控整流电路的功率大于 4 kW，宜采用（　　）整流电路。
   A. 单相半波可控　　B. 单相全波可控　　C. 三相可控　　　D. 三相半波可控

4. 三相半波可控整流电路，电阻性负载，当控制角 α 为（　　）时，整流输出电压与电流波形断续。
   A. $0° < α ≤ 30°$　　B. $30° < α ≤ 150°$　　C. $60° < α < 180°$　　D. $90° < α < 180°$

5. 三相桥式全控整流电路，大电感负载，当 α=（　　）时整流平均电压 $U_d = 0$。
   A. 30°　　　　　　B. 60°　　　　　　C. 90°　　　　　　D. 120°

6. 三相桥式全控整流电路，电阻性负载时的移相范围为（　　）。
   A. 0°~180°　　　　B. 0°~150°　　　　C. 0°~120°　　　　D. 0°~90°

7. 三相桥式全控整流电路中晶闸管可能承受的最大反向电压峰值为（　　）。
   A. $\sqrt{3}\,U_2$　　　　B. $\sqrt{6}\,U_2$　　　　C. $2\sqrt{3}\,U_2$　　　　D. $2\sqrt{2}\,U_2$

8. 大电感负载三相桥式全控整流电路输出电流平均值表达式为（　　）。
   A. $I_d = \dfrac{2\sqrt{6}}{\pi R}U_2\cos α$　　B. $I_d = \dfrac{\sqrt{6}}{\pi R}U_2\cos α$　　C. $I_d = \dfrac{3\sqrt{6}}{\pi R}U_2\cos α$　　D. $I_d = \dfrac{3\sqrt{3}}{\pi R}U_2\cos α$

9. 三相桥式全控整流电路在宽脉冲触发方式下，一个周期内所需要的触发脉冲共有六个，它们在相位上依次相差（　　）。
   A. 60°　　　　　　B. 120°　　　　　　C. 90°　　　　　　D. 180°

10. 电阻性负载三相半波可控整流电路，相电压的有效值为 U_2，当控制角 α=0°时，整流输出电压平均值等于（　　）。

A. $1.41U_2$　　　　B. $2.18U_2$　　　　C. $1.73U_2$　　　　D. $1.17U_2$

11. 三相半波可控整流电路中的三个晶闸管的触发脉冲相位互差（　　）。

A. 150°　　　　B. 60°　　　　C. 120°　　　　D. 90°

二、填空题

1. 三相半波可控整流电路，带大电感负载时的移相范围为_____。

2. 触发脉冲可采取宽脉冲触发与双窄脉冲触发两种方法，目前采用较多的是_____触发方法。

3. 由于三相桥式整流电路中共阴极组与共阳极组换流点相隔60°，所以每隔60°有一次_____。

4. 三相桥式整流电路控制角 α 的起算点，如 $\alpha = 30°$，在对应的线电压波形上脉冲距波形原点为_____。

5. 在三相桥式可控整流电路中，$\alpha = 0°$ 的地方（自然换相点）为相邻线电压的交点，它距对应线电压波形的原点为_____。

6. 在三相半波可控整流电路中，电阻性负载，当控制角_____时，电流连续。

7. 在三相半波可控整流电路中，电感性负载，当控制角_____时，输出电压波形出现负值，因而常加续流二极管。

8. 三相桥式全控整流电路，电阻性负载，当控制角_____时，电流连续。

9. 三相桥式可控整流电路适宜在_____电压而电流不太大的场合使用。

10. 双窄脉冲触发是在触发某一个晶闸管时，触发电路同时给_____一个晶闸管补发一个脉冲。

三、分析题

1. 三相半波相控整流电路，大电感负载，电源电压 $U_2 = 220$ V，$R_d = 4$ Ω，$\alpha = 30°$，试计算 U_d、I_d，画出 u_d 波形并选择 VT 型号。

2. 三相半波整流电路，大电感负载时，直流输出功率 $P_d = U_{d\max}I_d = 100$ V × 100 A = 10 kV·A。试求：(1) 绘出整流变压器二次电流波形；(2) 计算整流变压器二次侧容量 S_2、一次侧容量 S_1 及整个变压器容量 P_T；(3) 分别写出该电路在无续流二极管及有续流二极管两种情况下，晶闸管最大正向电压 U_{SM}；晶闸管最大反向电压 U_{RM}；整流输出 $U_d = f(\alpha)$；脉冲最大移相范围；晶闸管最大导通角。

3. 三相桥式全控整流电路，$U_d = 230$ V，试求：(1) 确定变压器二次电压。(2) 选择晶闸管电压等级。

4. 图1-45为三相桥式全控整流电路，试分析在控制角 $\alpha = 60°$ 时发生如下故障的输出电压 U_d 的波形。

(1) 熔断器 1FU 熔断。(2) 熔断器 2FU 熔断。(3) 熔断器 2FU、3FU 熔断。

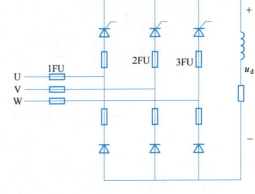

图1-45　题4图

5. 三相桥式全控整流电路，L_d 极大，$R_d = 4\ \Omega$，要求 U_d 在 0～220 V 之间变化。试求：

(1) 不考虑控制角裕量时，整流变压器二次相电压。

(2) 晶闸管电压、电流平均值，如电压、电流裕量取 2 倍，请选择晶闸管型号。

(3) 变压器二次电流有效值 I_2。

(4) 计算整流变压器二次侧容量 S_2。

拓 展 应 用

交流调压电路是对交流电的电压进行调节的电路。单相交流调压电路线路简单、成本低，在工业加热、灯光控制、小容量感应电动机调速等场合得到广泛应用。双向晶闸管是单相交流电路中的重要元件。

一、双向晶闸管

1. 双向晶闸管的结构

双向晶闸管的外形与普通晶闸管类似，有塑封式、螺栓式、平板式，但其内部是一种 NPNPN 五层结构的三端器件。有两个主电极 T1、T2，一个门极 G，其外形如图 1-46 所示。

(a) 小电流塑封式　　　(b) 螺栓式　　　(c) 平板式

图 1-46　双向晶闸管的外形

双向晶闸管的内部结构、等效电路及图形符号如图 1-47 所示。

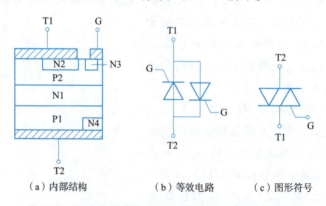

(a) 内部结构　　　(b) 等效电路　　　(c) 图形符号

图 1-47　双向晶闸管的内部结构、等效电路及图形符号

由图 1-47 可见，双向晶闸管相当于两个晶闸管反并联（P1N1P2N2 和 P2N1P1N4），不过它只有一个门极 G，由于 N3 区的存在，使得门极 G 相对于 T1 端无论是正的或是负的，都能触发，而且 T1 相对于 T2 既可以是正，也可以是负。

常见的双向晶闸管引脚排列如图 1-48 所示。

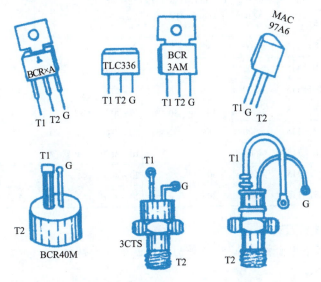

图 1-48 常见的双向晶闸管引脚排列

2. 双向晶闸管的特性与参数

双向晶闸管有正反向对称的伏安特性曲线。正向部分位于第Ⅰ象限，反向部分位于第Ⅲ象限如图 1-49 所示。

双向晶闸管的主要参数中只有额定电流与普通晶闸管有所不同，其他参数定义相似。由于双向晶闸管工作在交流电路中，正反向电流都可以流过，所以它的额定电流不用平均值而是用有效值来表示。定义为：在标准散热条件下，当器件的单向导通角大于 170°，允许流过器件的最大交流正弦电流的有效值，用 $I_{T(RMS)}$ 表示。

双向晶闸管额定电流与普通晶闸管额定电流之间的换算关系为

$$I_{T(AV)} = \frac{\sqrt{2}}{\pi} I_{T(RMS)} = 0.45 I_{T(RMS)} \quad (1-63)$$

依此推算，一个 100 A 的双向晶闸管与两个反并联 45 A 的普通晶闸管电流容量相等。

国产双向晶闸管用 KS 表示，如型号 KS50-10-21 表示额定电流 50 A，额定电压 10 级（1 000 V）断态电压临界上升率为 2 级（不小于 200 V/μs），换向电流临界下降率为 1 级[不小于 0.2% $I_{T(RMS)}$]的双向晶闸管。KS 型双向晶闸管的主要参数和分级的规定见表 1-6。

表 1-6 KS 型双向晶闸管的主要参数和分级的规定

系列	额定通态电流(有效值) $I_{T(RMS)}$/A	断态重复峰值电压(额定电压) U_{DRM}/V	断态重复峰值电流 I_{DRM}/mA	额定结温 T_{jm}/℃	断态电压临界上升率 (du/dt)/(V/μs)	通态电流临界上升率 (di/dt)/(A/μs)	换向电流临界下降率 (di/dt)$_c$/(A/μs)	门极触发电流 I_{GT}/mA	门极触发电压 U_{GT}/V	门极峰值电流 I_{GM}/A	门极峰值电压 U_{GM}/V	维持电流 I_H/mA	通态平均电压 $U_{T(AV)}$/V
KS1	1	100~200	<1	115	≥200	—	≥0.2% $I_{T(RMS)}$	3~100	≤2	0.3	10	实测值	上限值各厂由浪涌电流和结温的合格形式实验决定,并满足 $|U_{T1}-U_{T2}|$ ≤0.5 V
KS10	10		<10	115	≥200	—		5~100	≤3	2	10		
KS20	20		<10	115	≥200	—		5~200	≤3	2	10		
KS50	50		<15	115	≥200	10		8~200	≤4	3	10		
KS100	100		<20	115	≥500	10		10~300	≤4	4	12		
KS200	200		<20	115	≥500	15		10~400	≤4	4	12		
KS400	400		<25	115	≥500	30		20~400	≤4	4	12		
KS500	500		<25	115	≥500	30		20~400	≤4	4	12		

3. 双向晶闸管的触发方式

双向晶闸管正反两个方向都能导通,门极加正负电压都能触发。主电压与触发电压相互配合,可以得到四种触发方式:

(1) Ⅰ+ 触发方式 主极 T1 为正,T2 为负;门极电压 G 为正,T2 为负。特性曲线在第Ⅰ象限。

(2) Ⅰ- 触发方式 主极 T1 为正,T2 为负;门极电压 G 为负,T2 为正。特性曲线在第Ⅰ象限。

(3) Ⅲ+ 触发方式 主极 T1 为负,T2 为正;门极电压 G 为正,T2 为负。特性曲线在第Ⅲ象限。

(4) Ⅲ- 触发方式 主极 T1 为负,T2 为正;门极电压 G 为负,T2 为正。特性曲线在第Ⅲ象限。

由于双向晶闸管的内部结构原因,四种触发方式的灵敏度不相同,以Ⅲ+ 触发方式灵敏度最低,使用时要尽量避开,常采用的触发方式为Ⅰ+和Ⅲ-。

二、电阻性负载交流调压电路

图 1-50(a)所示为一双向晶闸管与负载电阻 R_L 组成的交流调压主电路,图中双向晶闸管也可改用两只反并联的普通晶闸管,但需要两组独立的触发电路分别控制两只晶闸管。

在电源正半周 $\omega t = \alpha$ 时触发 VT 导通,有正向电流流过 R_L,负载端电压 u_R 为正值,电流过零时 VT 自行关断;在电源负半周 $\omega t = \pi + \alpha$ 时,再触发 VT 导通,有反向电流流过 R_L,其端电压 u_R 为负值,到电流过零时 VT 再次自行关断;然后重复上述过程,如图 1-50(b)所示。改变 α 即可调节负载两端的输出电压有效值,达到交流调压的目的。电阻负载上交流电压有效值为

$$U_R = \sqrt{\frac{1}{\pi}\int_{\alpha}^{\pi}(\sqrt{2}U_2\sin\omega t)^2 d(\omega t)} = U_2\sqrt{\frac{1}{2\pi}\sin 2\alpha + \frac{\pi-\alpha}{\pi}} \qquad (1-64)$$

电流有效值为

$$I = \frac{U_R}{R} = \frac{U_2}{R}\sqrt{\frac{1}{2\pi}\sin 2\alpha + \frac{\pi-\alpha}{\pi}} \qquad (1-65)$$

电路功率因数为

$$\cos\varphi = \frac{P}{S} = \frac{U_R I}{U_2 I} = \sqrt{\frac{1}{2\pi}\sin 2\alpha + \frac{\pi - \alpha}{\pi}} \qquad (1\text{-}66)$$

电路的移相范围为 0～π。

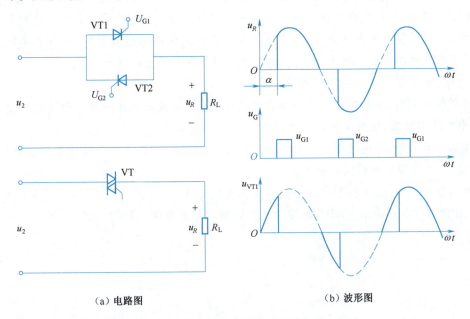

(a) 电路图　　　　(b) 波形图

图 1-50　单相交流调压电路电阻负载电路及波形

通过改变 α 可得到不同的输出电压有效值，从而达到交流调压的目的。由双向晶闸管组成的电路，只要在正负半周对称的相应时刻（α、π+α）给触发脉冲，则和反并联电路一样可得到同样的可调交流电压。

交流调压电路的触发电路完全可以套用整流移相触发电路，但是脉冲的输出必须通过脉冲变压器，其两个二次线圈之间要有足够的绝缘。

三、电感性负载交流调压电路

图 1-51 所示为电感性负载的交流调压电路。由于电感的作用，在电源电压由正向负过零时，负载中电流要滞后一定 φ 角度才能到零，即晶闸管要继续导通到电源电压的负半周才能关断。晶闸管的导通角 θ 不仅与控制角 α 有关，而且与负载的功率因数角 φ 有关。控制角越小则导通角越大，负载的功率因数角 φ 越大，表明负载感抗越大，自感电动势使电流过零的时间越长，因而导通角 θ 越大。

下面分三种情况加以讨论：

1. α > φ

由图 1-52（a）可见，当 α > φ 时，θ < 180°，即正负半周电流断续，且 α 越大，θ 越小。可见，α 在 φ ~ 180°范围内，交流电压连续可调。

2. α = φ

由图 1-52（b）可知，当 α = φ 时，θ = 180°，即正负半周电流临界连续。相当于晶闸管失去控制。

3. $\alpha < \varphi$

此种情况若开始给 VT1 以触发脉冲,则 VT1 导通,而且 $\theta > 180°$。如果触发脉冲为窄脉冲,当 u_{g2} 出现时,VT1 的电流还未到零,VT1 不关断,VT2 不能导通。当 VT1 电流到零关断时,u_{g2} 脉冲已消失,此时 VT2 虽已受正压,但也无法导通。到第三个半波时,u_{g1} 又触发 VT1 导通。这样负载电流只有正半波部分,出现很大直流分量,电路不能正常工作。因而电感性负载时,晶闸管不能用窄脉冲触发,可采用宽脉冲或脉冲列触发。电流、电压波形图如图 1-52(c)所示。

综上所述,单相交流调压电路有如下特点:

(1)电阻性负载时,负载电流波形与单相桥式可控整流交流侧电流一致。改变控制角 α 可以连续改变负载电压有效值,达到交流调压的目的。

(2)电感性负载时,不能用窄脉冲触发;否则,当 $\alpha < \varphi$ 时,会出现一个晶闸管无法导通,产生很大直流分量电流,烧毁熔断器或晶闸管。

(3)电感性负载时,最小控制角 $\alpha_{\min} = \varphi$(阻抗角)。

所以,α 的移相范围为 $\varphi \sim 180°$,电阻性负载时移相范围为 $0° \sim 180°$。

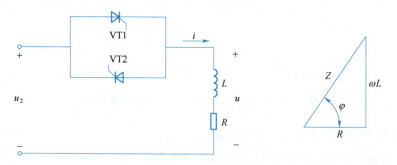

图 1-51 单相交流调压电感性负载电路图

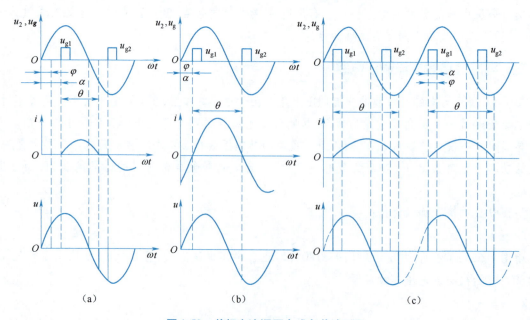

图 1-52 单相交流调压电感负载波形图

例 1-4 一单相交流调压器,电源为工频 220 V,阻感串联作为负载,其中 $R = 0.5\ \Omega, L = 2$ mH。试求:

(1) 控制角 α 的变化范围。

(2) 负载电流的最大有效值。

(3) 最大输出功率及此时电源侧的功率因数。

解 (1) 负载阻抗角为

$$\varphi = \arctan\left(\frac{\omega L}{R}\right) = \arctan\left(\frac{2\pi \times 50 \times 2 \times 10^{-3}}{0.5}\right) = \arctan(0.898\,64) = 51.49°$$

(2) 负载电流的最大有效值 $I_{omax} = \dfrac{220}{\sqrt{R^2 + (\omega L)^2}} = 273.98$ A

控制角 α 的变化范围:$\varphi \leqslant \alpha \leqslant 180°$,即 $51.49° \leqslant \alpha \leqslant 180°$。

(3) 当 $\alpha = \varphi$ 时,输出电压最大,负载电流也为最大,此时输出功率最大,即

$$P_{omax} = I_{omax}^2 R = \left(\frac{220}{\sqrt{R^2 + (\omega t)^2}}\right)^2 R = 37.532\ \text{kW}$$

功率因数为

$$\lambda = \frac{P_{omax}}{U_i I_{omax}} = \frac{37\,532}{220 \times 273.98} = 0.622\,7$$

实际上,此时的功率因数也就是负载阻抗角的余弦,即

$$\lambda = \cos\varphi = 0.622\,7$$

项目二
开关电源的分析与调试

项目描述

计算机开关电源负责给计算机的主板、硬盘、外围设备、风扇等提供不同的直流电。图2-1(a)、(b)分别为某台式计算机开关电源外形图和拆解图。开关电源的核心技术是直流斩波技术,即将高压直流电变换为低压多路直流电,又称DC/DC变换技术。

本项目首先是认识直流斩波电路的核心器件——开关器件,再分析与调试直流斩波(DC/DC变换)电路、半桥型开关稳压电源电路。

(a) 外形图

(b) 拆解图

图2-1 某台式计算机开关电源

项目目标

1. 知识目标

(1) 了解GTR、功率MOSFET、IGBT的工作特性;
(2) 了解PWM控制方法;
(3) 了解直流斩波(DC/DC变换)电路的分类;
(4) 掌握基本直流斩波(DC/DC变换)电路的工作原理。

视频

新能源电动汽车动力电池与直流斩波技术

2. 能力目标

(1) 能用万用表判断 GTR、功率 MOSFET、IGBT 的好坏;
(2) 能正确调试 PWM 控制与驱动电路;
(3) 能正确调试直流斩波电路;
(4) 能正确调试半桥型开关稳压电源电路;
(5) 能识读台式计算机开关电源的主电路、控制电路及保护电路图。

3. 素质目标

(1) 引入"中国 IGBT 技术突破"小故事,激发学生对科技兴国的自豪感和使命感;
(2) 在分析基本直流斩波电路过程中培养学生举一反三的能力;
(3) 在分析开关电源工作过程中培养学生理论联系实际的能力。

任务一 认识 GTR、功率 MOSFET、IGBT

任务描述

开关器件,如电力晶体管(GTR)、场效应晶体管(MOSFET)、绝缘栅双极型晶体管(IGBT)是 DC/DC 变换电路中的核心器件,在使用这些器件时需要对其好坏进行简单的判断。本任务采用万用表法进行判别。

任务分析

完成本任务需要学习 GTR、MOSFET、IGBT 的内部结构及特性。

相关知识

一、电力晶体管(GTR)

电力晶体管(giant transistor,GTR),又称双极结型晶体管(bipolar junction transistor,BJT),有时候也称为 Power BJT。在电力电子技术的范围内,GTR 与 BJT 这两个名称等效,是小功率开关电源上常使用的全控型器件。

1. GTR 的图形符号、外形

通常把集电极最大允许耗散功率在 1 W 以上,或最大集电极电流在 1 A 以上的三极管称为电力晶体管,其结构和工作原理都和小晶体管非常相似。由三层半导体、两个 PN 结组成,有 PNP 和 NPN 两种结构,其电流由两种载流子(电子和空穴)的运动形成,所以称为双极型晶体管。NPN 型电力晶体管的图形符号如图 2-2 所示。

一些常见大功率电力晶体管的外形如图 2-3 所示。由图 2-3 可见,大功率晶体管的外形除体积比较大外,其外壳上都有安装孔或安装螺钉,便于将晶体管安装在外加的散热器上。因为对大功率晶体管来讲,单靠外壳散热是远远不够的。例如,50 W 的硅低频大功率电力晶体管,如果不加散热器工作,其最大允许耗散功率仅为 2~3 W。

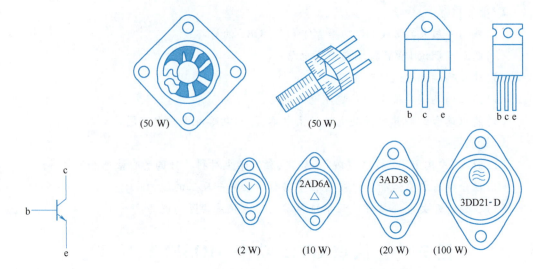

图 2-2　NPN 型电力晶体管的图形符号

图 2-3　常见电力晶体管外形

2. GTR 的工作原理

在电力电子技术中,GTR 主要工作在开关状态。晶体管通常连接为共发射极电路。NPN 型 GTR 通常工作在正偏($I_b>0$)时大电流导通;反偏($I_b<0$)时处于截止状态。因此,给 GTR 的基极施加幅度足够大的脉冲驱动信号,它将工作于导通和截止的开关工作状态,其输出特性如图 2-4 所示。

3. GTR 的主要参数

这里主要介绍 GTR 的极限参数,即最高工作电压、集电极最大允许电流、集电极最大耗散功率和最高工作结温等。

1) 最高工作电压

GTR 上所施加的电压超过规定值时,就会发生击穿。击穿电压不仅和晶体管本身特性有关,还与外电路接法有关。

BU_{cbo}:发射极开路时,集电极和基极之间的反向击穿电压。

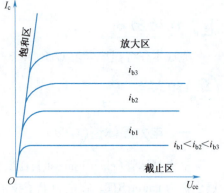

图 2-4　GTR 共发射极接法的输出特性

BU_{ceo}:基极开路时,集电极和发射极之间的反向击穿电压。

2) 集电极最大允许电流 I_{cM}

GTR 流过的电流过大,会使 GTR 参数劣化,性能将变得不稳定,尤其是发射极的集边效应可能导致 GTR 损坏。因此,必须规定集电极最大允许电流值。通常规定共发射极电流放大系数下降到规定值的 $1/2 \sim 1/3$ 时,所对应的电流 I_c 为集电极最大允许电流,用 I_{cM} 表示。实际使用时还要留有较大的安全裕量,一般只能用到 I_{cM} 值的一半或稍多一些。

3) 集电极最大耗散功率 P_{cM}

集电极最大耗散功率是在最高工作温度下允许的耗散功率,用 P_{cM} 表示。它是 GTR 容量的重要标志。晶体管功耗的大小主要由集电极工作电压和工作电流的乘积来决定,它将转化为热能使晶体管升温,晶体管会因温度过高而损坏。实际使用时,集电极允许耗散功率和散热条件与工作环境温度有关。所以在使用中应特别注意值 I_c 不能过大,散热条件要好。

4)最高工作结温 T_{JM}

GTR 正常工作允许的最高结温,用 T_{JM} 表示。GTR 结温过高时,会导致热击穿而烧坏。

4. GTR 的二次击穿和安全工作区

1)二次击穿问题

实践表明,GTR 即使工作在最大耗散功率范围内,仍有可能突然损坏,这一般是由二次击穿引起的。二次击穿是影响 GTR 安全可靠工作的一个重要因素。

二次击穿是由于集电极电压升高到一定值(未达到极限值)时,发生雪崩效应造成的。理论上,只要功耗不超过极限,GTR 是可以承受的,但是在实际使用中,会出现负阻效应,使 I_c 进一步剧增。由于 GTR 结面的缺陷、结构参数的不均匀,使局部电流密度剧增,形成恶性循环,使 GTR 损坏。

二次击穿的持续时间在纳秒到微秒之间完成,由于 GTR 的材料、工艺等因素的分散性,二次击穿难以计算和预测。防止二次击穿的办法是:

(1)应使实际使用的工作电压比反向击穿电压低得多。

(2)必须有电压、电流缓冲保护措施。

2)安全工作区

以直流极限参数 I_{cM}、P_{cM}、U_{ceM} 构成的工作区为一次击穿工作区,如图 2-5 所示。以 U_{SB}(二次击穿电压)与 I_{SB}(二次击穿电流)组成的 P_{SB}(二次击穿功率)如图 2-5 中虚线所示,它是一个不等功率曲线。以 3DD8E 晶体管测试数据为例,其 $P_{cM}=100$ W,$BU_{ceo} \geqslant 200$ V,但由于受到击穿的限制,当 $U_{ce}=100$ V 时,P_{SB} 为 60 W;$U_{ce}=200$ V 时,P_{SB} 仅为 28 W。所以,为了防止二次击穿,要选用足够大功率的 GTR,实际使用的最高电压通常比 GTR 的极限电压低很多。

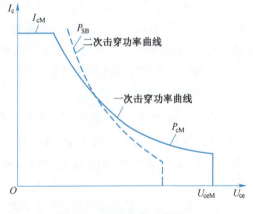

图 2-5 GTR 安全工作区

安全工作区是在一定的温度条件下得出的。例如,环境温度 25 ℃ 或壳温 75 ℃ 等,使用时若超过上述指定温度值,允许功耗和二次击穿时对应的功率都必须降额。

二、电力场效应晶体管(MOSFET)

电力场效应晶体管(metal oxide semiconductor field effect transistor,MOSFET),简称电力 MOSFET、功率 MOSFET 或 MOSFET。与 GTR 相比,MOSFET 具有开关速度快、损耗低、驱动电流小、无二次击穿现象等优点。

1. MOSFET 的结构、外形

MOSFET 是压控型器件,其门极控制信号是电压。它的三个极分别是:栅极(G)、源极(S)、漏极(D)。MOSFET 有 N 沟道和 P 沟道两种。N 沟道中载流子是电子,P 沟道中载流子是空穴,都是多

数载流子。其中,每一类又可分为耗尽型和增强型两种。耗尽型就是当栅-源电压 $U_{GS}=0$ 时存在导电沟道,漏极电流 $I_D \neq 0$;增强型就是当 $U_{GS}=0$ 时没有导电沟道,$I_D=0$,只有当 $U_{GS}>0$(N 沟道)或 $U_{GS}<0$(P 沟道)时才开始有 I_D。功率 MOSFET 绝大多数是 N 沟道增强型。这是因为电子作用比空穴大得多。MOSFET 的结构和图形符号如图 2-6 所示。

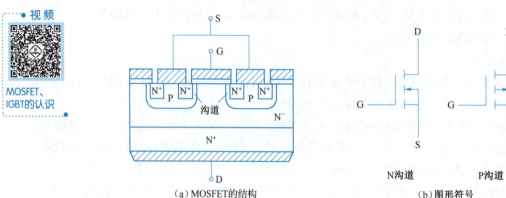

● 视频
MOSFET、IGBT的认识

(a)MOSFET的结构   (b)图形符号

图 2-6   MOSFET 的结构和图形符号

MOSFET 与小电力场效应晶体管原理基本相同,但是为了提高电流容量和耐压能力,在芯片结构上有很大不同:MOSFET 采用小单元集成结构来提高电流容量和耐压能力,并且采用垂直导电排列来提高耐压能力。

几种电力场效应晶体管的外形如图 2-7 所示。

2. MOSFET 的工作原理

当栅-源电压 $U_{GS} \leq 0$ 或 $0 < U_{GS} \leq U_T$(电压 U_T 称为开启电压或阈值电压,典型值为 2~4 V)时,即使加上漏-源电压 U_{DS},也没有漏极电流 I_D 出现,器件处于截止状态。

当 $U_{GS} > U_T$ 且 $U_{DS} > 0$ 时,会产生漏极电流 I_D,器件处于导通状态,且 U_{DS} 越大,I_D 越大。另外,在相同的 U_{DS} 下,U_{GS} 越大,I_D 越大。

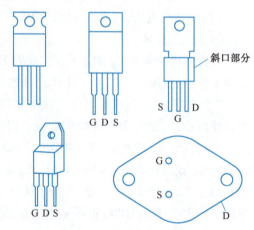

图 2-7   几种电力场效应晶体管的外形

3. MOSFET 的主要参数

1)漏-源电压 U_{DS}

它就是 MOSFET 的额定电压,选用时必须留有较大安全裕量。

2)漏极最大允许电流 I_{DM}

它就是 MOSFET 的额定电流,其大小主要受 MOSFET 的温升限制。

3)栅-源电压 U_{GS}(不得超过 20 V)

栅极与源极之间的绝缘层很薄,承受电压很低,一般不得超过 20 V;否则,绝缘层可能被击穿而损坏,使用中应加以注意。

总之,为了安全可靠,在选用 MOSFET 时,对电压、电流的额定等级都应留有较大裕量。

三、绝缘栅双极晶体管(IGBT)

绝缘栅双极晶体管(insulated gate bipolar transistor,IGBT),是一种新发展起来的复合型电力电子器件。由于它结合了 MOSFET 和 GTR 的特点,既具有输入阻抗高、速度快、热稳定性好和驱动电路简单的优点,又具有输入通态电压低、耐压高和承受电流大的优点,这些都使 IGBT 比 GTR 有更大的吸引力。在变频器驱动电机、中频和开关电源,以及要求快速、低损耗的领域,IGBT 都有着主导地位。

1. IGBT 的结构

IGBT 也是三端器件,它的三个极为漏极(D)、栅极(G)和源极(S)。有时也将 IGBT 的漏极称为集电极(C),源极称为发射极(E)。图 2-8(a)是一种由 N 沟道功率 MOSFET 与晶体管复合而成的 IGBT 的基本结构。IGBT 比功率 MOSFET 多一层 P^+ 注入区,因而形成了一个大面积的 P^+N^+ 结 J1,这样使得 IGBT 导通时由 P^+ 注入区向 N 基区发射少数载流子,从而对漂移区电导率进行调制,使得 IGBT 具有很强的通流能力。其简化等效电路如图 2-8(b)所示。可见,IGBT 是以 GTR 为主导器件,MOSFET 为驱动器件的复合管,图中 R_N 为晶体管基区内的调制电阻。图 2-8(c)为 IGBT 的图形符号。

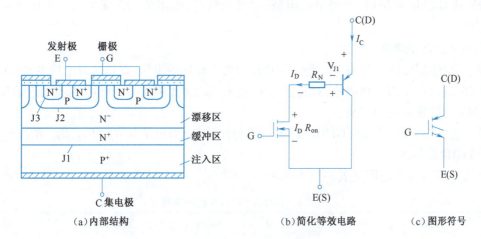

图 2-8 IGBT 的结构、简化等效电路和电气图形符号

2. IGBT 的工作原理

IGBT 的驱动原理与电力 MOSFET 基本相同,它是一种压控型器件。其开通和关断是由栅极和发射极间的电压 U_{GE} 决定的,当 U_{GE} 为正且大于开启电压 $U_{GE(th)}$ 时,MOSFET 内形成沟道,并为晶体管提供基极电流使其导通。当栅极与发射极之间加反向电压或不加电压时,MOSFET 内的沟道消失,晶体管无基极电流,IGBT 关断。

上面介绍的 PNP 型电力晶体管与 N 沟道 MOSFET 组合而成的 IGBT 称为 N 沟道 IGBT,记为 N-IGBT。对应的还有 P 沟道 IGBT,记为 P-IGBT。N-IGBT 和 P-IGBT 统称为 IGBT。由于实际应用中以 N 沟道 IGBT 为多,因此下面以 N 沟道 IGBT 为例进行介绍。

3. IGBT 的主要参数

1）集-射额定电压 U_{CES}

这个电压值是厂家根据器件的雪崩击穿电压而规定的,是栅极和发射极短路时 IGBT 能承受的耐压值,即 U_{CES} 值小于或等于雪崩击穿电压。

2）栅-射额定电压 U_{GES}

IGBT 是电压控制器件,靠加到栅极的电压信号控制 IGBT 的导通和关断,而 U_{GES} 就是栅极控制信号的电压额定值。目前,IGBT 的 U_{GES} 值大部分为 +20 V,使用时不能超过该值。

3）额定集电极电流 I_C

该参数给出了 IGBT 在导通时能流过 IGBT 的持续最大电流。

任务实施

一、判别 GTR 的好坏

1. 用指针式万用表进行判断

将指针式万用表拨至 R×1 或 R×10 挡,测量 GTR 任意两引脚间的电阻,仅当黑表笔接 B 极,红表笔分别接 C 极和 E 极时,电阻呈低阻值;对其他情况,电阻值均为无穷大。由此可迅速判定 GTR 的好坏。

2. 用数字式万用表进行判断

将数字式万用表拨至 200 Ω 挡,测量 GTR 任意两引脚间的电阻,仅当红表笔接 B 极,黑表笔分别接 C 极和 E 极时,电阻呈低阻值;对其他情况,电阻值均为无穷大。由此可迅速判定 GTR 的好坏和 B 极,剩下的就是 C 极和 E 极。

采用上述方法中的一种,对 GTR1 和 GTR2 进行测试,分别记录其 R_{BC}、R_{CB}、R_{BE}、R_{EB}、R_{EC}、R_{CE} 的值,并鉴别 GTR 的好坏。

实测几种 GTR 极间电阻见表 2-1(可参考)。

表 2-1 实测几种 GTR 极间电阻

型号	接法	R_{CB}/Ω	R_{EB}/Ω	R_{EC}/Ω	万用表型号	挡位
3AD6B	正	24	22	∞	108-1T	R×10
	反	∞	∞	∞		
3AD6C	正	26	26	1 400	500	R×10
	反	∞	∞	∞		
3AD30C	正	19	18	30 000	108-1T	R×10
	反	∞	∞	∞		

二、判别 MOSFET 的好坏

对于内部无保护二极管的 MOSFET,由万用表的 R×10k 挡,测量 G 与 D 间、G 与 S 间的电阻应均为无穷大;否则,说明被测管性能不合格,甚至已经损坏。

不论内部有无保护二极管的 MOSFET,测极间电阻,判断好坏。下面以 N 沟道场效应管为例。

第一,将万用表置于 R×1k 挡,再将被测管 G 与 S 短接一下,然后红表笔接被测管的 D,黑表笔接 S,此时所测电阻应为数千欧,如图 2-9 所示。如果阻值为 0 或 ∞,说明 MOSFET 已坏。

第二,将万用表置于 R×10k 挡,再将被测管 G 与 S 用导线短接好,然后红表笔接被测管的 S,黑表笔接 D,此时万用表指示应接近无穷大,如图 2-10 所示;否则,说明被测 MOSFET 内部 PN 结的反向特性比较差。如果阻值为 0,说明被测 MOSFET 已经损坏。

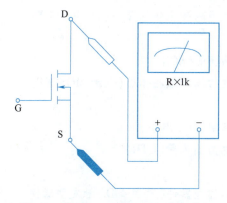
图 2-9　检测 MOSFET S、D 正向电阻

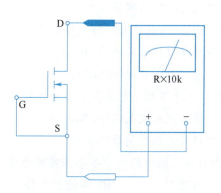
图 2-10　检测 MOSFET S、D 反向电阻

三、判别 IGBT 的好坏

将万用表拨在 R×10k 挡,用黑表笔接 IGBT 的集电极(C),红表笔接 IGBT 的发射极(E),此时万用表的指针在零位。用手指同时触及一下栅极(G)和集电极(C),这时 IGBT 被触发导通,万用表的指针摆向阻值较小的方向,并能固定指示在某一位置。然后再用手指同时触及一下栅极(G)和发射极(E),这时 IGBT 被阻断,万用表的指针回零。此时即可判断 IGBT 是好的。

注意:判断 IGBT 好坏时,一定要将万用表拨在 R×10k 挡,因 R×1k 挡以下各挡万用表内部电池电压太低,检测好坏时不能使 IGBT 导通,从而无法判断 IGBT 的好坏。此方法同样也可以用于检测电力场效应晶体管(P-MOSFET)的好坏。

给出两个 IGBT,按上述方法用万用表分别测试并记录 R_{CE}、IGBT 触发后 R_{CE} 和 IGBT 阻断后 R_{CE},并判断被测 IGBT 的好坏。

一、选择题

1. 下列器件中,(　　)最适合用在小功率、高开关频率的变换电路中。
　　A. GTR　　　　　　B. IGBT　　　　　　C. MOSFET　　　　　　D. GTO
2. 下列半导体器件中属于电流型控制器件的是(　　)。
　　A. GTR　　　　　　B. MOSFET　　　　　C. IGBT。
3. 比较而言,下列半导体器件中输入阻抗最大的是(　　)。
　　A. GTR　　　　　　B. MOSFET　　　　　C. IGBT
4. 比较而言,下列半导体器件中输入阻抗最小的是(　　)。

A. GTR　　　　　　B. MOSFET　　　　C. IGBT

5. 电力电子器件一般工作在(　　)状态。
　　A. 开关　　　　　　B. 线性　　　　　C. 直流

6. 下列器件中属于电压驱动的全控型器件的是(　　)。
　　A. 电力二极管　　　　　　　　　B. 晶闸管(SCR)
　　C. 门极可关断晶闸管(GTO)　　　D. 电力场效应晶体管(电力 MOSFET)

7. 下列器件中不属于全控型器件的是(　　)。
　　A. 绝缘栅双极型晶体管(IGBT)　　B. 晶闸管(SCR)
　　C. 门极可关断晶闸管(GTO)　　　D. 电力场效应晶体管(电力 MOSFET)

8. 下列器件中不属于电流驱动型器件的是(　　)。
　　A. 绝缘栅双极型晶体管(IGBT)　　B. 晶闸管(SCR)
　　C. 门极可关断晶闸管(GTO)　　　D. 电力晶体管(GTR)

9. 具有自关断能力的电力半导体器件称为(　　)。
　　A. 全控型器件　　B. 半控型器件　　C. 不控型器件　　D. 触发型器件

二、填空题

1. GTO 的全称是_____,图形符号为_____;GTR 的全称是_____,图形符号为_____;P-MOSFET 的全称是_____,图形符号为_____;IGBT 的全称是_____,图形符号为_____。

2. GTO 的关断是靠门极加_____出现门极_____来实现的。

3. 电力晶体管简称_____,通常指耗散功率_____以上的晶体管。

4. 按照驱动电路加在电力电子器件控制端和公共端之间的性质,可将电力电子器件分为_____和_____两类。

三、简答题

1. 与 GTR、MOSFET 相比,IGBT 有何特点?
2. 绝缘栅门极晶体管的特点有哪些?
3. 试简述电力场效应晶体管在应用中的注意事项。

任务二　直流斩波(DC/DC 变换)电路调试

任务描述

直流斩波(DC/DC 变换)电路是开关电源的核心技术,是将直流电压变换成固定的或可调的直流电压。分为降压斩波(buck)电路、升压斩波(boost)电路、升降压斩波(boost-buck)电路、库克式(cuk)斩波电路。本任务利用电力电子实验装置调试降压斩波(buck)电路,先连接与调试 PWM 控制电路,然后再连接与调试主电路。

任务分析

完成本任务需要循序渐进学习降压斩波(buck)电路、升压斩波(boost)电路、升降压斩波(boost-buck)电路、库克式(cuk)斩波电路的组成及工作原理,以及 PWM 控制电路的组成及调试方法。

相关知识

直流斩波(DC/DC 变换)电路广泛应用于开关电源、无轨电车、地铁列车、蓄电池供电的机车车辆的无级变速以及 20 世纪 80 年代兴起的电动汽车的调速及控制。

最基本的直流斩波电路如图 2-11(a)所示,输入电压为 U_d,负载为纯电阻 R。当开关 S 闭合时,负载电压 $u_o = U_d$,并持续时间 T_{on};当开关 S 断开时,负载上电压 $u_o = 0$ V,并持续时间 t_{off},则 $T_s = T_{on} + T_{off}$ 为斩波电路的工作周期,直流斩波电路的输出电压波形如图 2-11(b)所示。若定义直流斩波电路的占空比 $D = \dfrac{T_{on}}{T_s}$,则由波形图上可得输出电压的平均值为

$$U_0 = \frac{T_{on}}{T_{on} + T_{off}} U_d = \frac{T_{on}}{T_s} U_d = D U_d \tag{2-1}$$

只要调节 D,即可调节负载的平均电压。

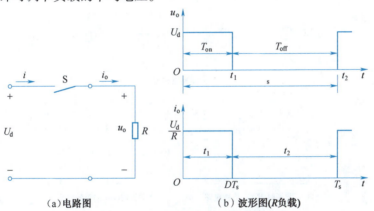

(a)电路图　　　　　(b)波形图(R负载)

图 2-11　基本斩波电路及其波形

常见的 DC/DC 变换电路有非隔离型(又称直接型)电路、隔离型(又称间接型)电路。非隔离型电路即各种直流斩波电路,根据电路形式的不同可以分为降压斩波(buck)电路、升压斩波(boost)电路、升降压斩波(boost-buck)电路、库克式(cuk)斩波电路。其中降压斩波电路、升压斩波电路是基本形式,升降压式和库克式是它们的组合。

一、降压斩波(buck)电路

1. 电路的结构

降压斩波电路是一种输出电压的平均值低于输入直流电压的电路。它主要用于直流稳压电源和直流电机的调速。降压斩波电路的原理图如图 2-12(a)所示,图 2-12(b)、(c)为其等效电路,工作波形图如图 2-12(d)所示。图中,U_d 为固定电压的输入直流电源,VT 为晶体管开关管(可以是电力晶体管,也可以是电力场效应晶体管),R 为负载,为在 VT 关断

时给负载中的电感电流提供通道,还设置了续流二极管 VD。

2. 电路的工作原理

$t=0$ 时刻,驱动 S 导通,电源 U_d 向负载供电,忽略 S 的导通压降,负载电压 $U_o = U_d$,负载电流按指数规律上升。

$t=t_1$ 时刻,撤去 S 的驱动使其关断,因感性负载电流不能突变,负载电流通过续流二极管 VD 续流,忽略 VD 导通压降,负载电压 $U_o = 0$ V,负载电流按指数规律下降。为使负载电流连续且脉动小,一般需串联较大的电感 L,L 又称平波电感。

$t=t_2$ 时刻,再次驱动 S 导通,重复上述工作过程。

由于电感电压在稳态时为 0,即一个周期内的平均值必须为 0,因此可推导出:

$$\frac{1}{T_s}\int_0^{T_s} u_L(t)\,dt = 0 \Rightarrow \frac{1}{T_s}[(U_d - U_o)DT_s + (-U_o)(1-D)T_s] = 0 \tag{2-2}$$

因此得到

$$U_o = DU_d \tag{2-3}$$

只要调节 D,即可调节负载的平均电压。

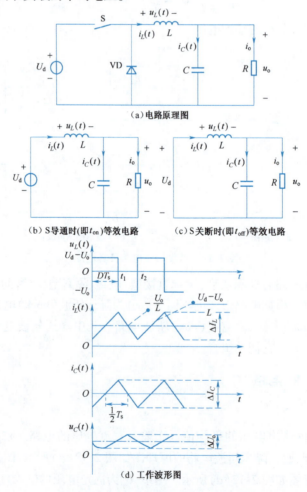

图 2-12 降压斩波电路及其工作波形图

二、升压斩波(boost)电路

1. 电路的结构

升压斩波电路的输出电压总是高于输入电压。升压斩波电路与降压斩波电路最大的不同点是,斩波控制开关S与负载呈并联形式连接,储能电感L与负载呈串联形式连接,升压斩波电路的原理图如图2-13(a)所示,图2-12(b)、(c)为其等效电路,工作波形图如图2-13(d)所示。

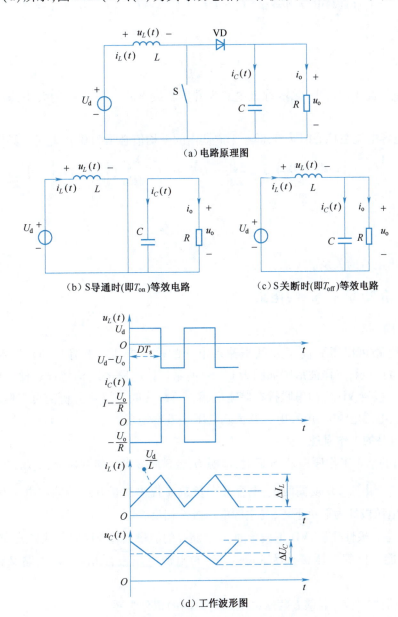

图2-13 升压斩波电路及其工作波形图

2. 电路的工作原理

当 S 导通时（T_{on}），能量储存在 L 中。由于 VD 截止，所以 T_{on} 期间负载电流由 C 供给。在 T_{off} 期间，S 截止，储存在 L 中的能量通过 VD 传送到负载和 C，其电压的极性与 U_d 相同，且与 U_d 相串联，提供一种升压作用。

由于电感电压在稳态时为 0，即一个周期内的平均值必须为 0，因此可推导出：

$$\frac{1}{T_s}\int_0^{T_s} u_L(t)\,dt = 0 \Rightarrow \frac{1}{T_s}[U_d \cdot DT_s + (U_d - U_o)(1-D)T_s] = 0 \tag{2-4}$$

可得

$$U_o = \frac{1}{1-D}U_d \tag{2-5}$$

式(2-5)中输出电压高于电源电压，故称该电路为升压斩波电路。调节 D 的大小，即可改变输出电压 U_o 的大小。

同理，由于电容电流在稳态时为 0，即一个周期内的平均值必须为 0，因此可推导出：

$$\frac{1}{T_s}\int_0^{T_s} i_C(t)\,dt = 0 \Rightarrow \frac{1}{T_s}\left[-\frac{U_o}{R}\cdot DT_s + \left(I - \frac{U_o}{R}\right)(1-D)T_s\right] = 0 \tag{2-6}$$

可得

$$I = \frac{U_o}{(1-D)R} = \frac{I_o}{1-D} \tag{2-7}$$

即输入电流与输出电流的关系。

三、升降压斩波（boost-buck）电路

1. 电路的结构

升降压斩波电路可以得到高于或低于输入电压的输出电压。升降压斩波电路的原理图如图 2-14(a)所示，工作波形图如图 2-14(b)所示。该电路的结构特征是储能电感与负载并联，续流二极管 VD 反向串联接在储能电感与负载之间。电路分析前可先假设电路中电感 L 很大，使电感电流 i_L、电容电压及负载电压 u_o 基本稳定。

视频
升降压斩波电路分析

2. 电路的工作原理

电路的基本工作原理是：S 通时，电源 U_d 经 S 向 L 供电使其储能，此时二极管 VD 反偏，流过 S 的电流为 i_1。由于 VD 反偏截止，电容 C 向负载 R 提供能量并维持输出电压基本稳定，负载 R 及电容 C 上的电压极性为上负下正，与电源电压极性相反。

S 关断时，电感 L 极性变反，VD 正偏导通，L 中储存的能量通过 VD 向负载释放，电流为 i_2，同时电容 C 被充电储能。负载电压极性为上负下正，与电源电压极性相反，该电路又称反极性斩波电路。

稳态时，一个周期 T_s 内，电感 L 两端电压 u_L 对时间的积分为零，即

$$\int_0^{T_s} u_L\,dt = 0 \tag{2-8}$$

当 S 处于导通期间，$u_L = U_d$；而当 S 处于关断期间，$u_L = -u_o$。于是有

$$U_d T_{on} = U_o T_{off} \qquad (2\text{-}9)$$

所以,输出电压为

$$U_o = \frac{T_{on}}{T_{off}} U_d = \frac{T_{on}}{T_s - T_{on}} U_d = \frac{D}{1-D} U_d \qquad (2\text{-}10)$$

式(2-10)中,若改变占空比 D,则输出电压既可高于电源电压,也可低于电源电压。

由此可知,当 $0 < D < 1/2$ 时,斩波器输出电压低于直流电源输入,此时为降压斩波器;当 $1/2 < D < 1$ 时,斩波器输出电压高于直流电源输入,此时为升压斩波器。

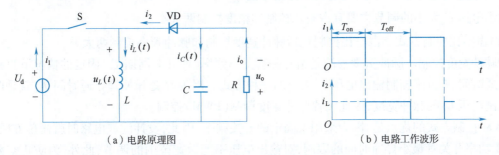

图 2-14 升降压斩波电路及其工作波形

四、库克式(cuk)斩波电路

图 2-15(a)所示为 cuk 斩波电路的原理图。

S 导通时,E—L_1—S 回路和 R—L_2—C—S 回路分别流过电流。

S 关断时,E—L_1—C—VD 回路和 R—L_2—VD 回路分别流过电流;输出电压的极性与电源电压极性相反。等效电路如图 2-15(b)所示。

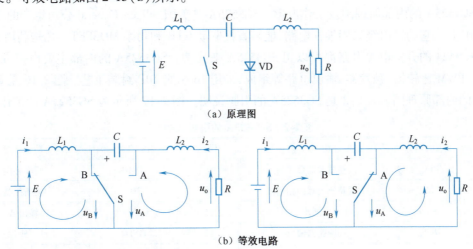

图 2-15 cuk 斩波电路的原理图及等效电路

输出电压为

$$U_o = \frac{T_{on}}{T_{off}} E = \frac{T_{on}}{T_s - T_{on}} E = \frac{D}{1-D} E \qquad (2\text{-}11)$$

若改变占空比 D,则输出电压可以比电源电压高,也可以比电源电压低。当 $0<D<1/2$ 时为降压,当 $1/2<D<1$ 时为升压。这一输入与输出关系与升降压斩波电路时的情况相同。但与升降压斩波电路相比,输入电源电流和输出负载电流都是连续的,且脉动很小,有利于对输入、输出进行滤波。

五、直流斩波电路的驱动电路

直流斩波电路的输出电压 U_o 的调节由驱动电路实现。

1. 直流斩波电路输出电压 U_o 的调节方式分类

输出电压 U_o 大小的调节主要有占空比控制和幅度控制两大类。

(1)占空比控制方式。占空比控制包括脉冲宽度控制和脉冲频率控制两大类。

①脉冲宽度控制。脉冲宽度控制是指开关管工作频率(即开关周期 T_s)固定的情况下直接通过改变导通时间(T_{on})来控制输出电压 U_o 大小的一种方式。因为改变开关管导通时间 T_{on} 就是改变开关管控制电压 U_C 的脉冲宽度,因此又称脉冲宽度调制(PWM)控制。

PWM 控制方式的优点是,因为采用了固定的开关频率,因此,设计滤波电路时就简单方便;其缺点是,受功率开关管最小导通时间的限制,对输出电压不能做宽范围的调节,此外,为防止空载时输出电压升高,输出端一般要接假负载(预负载)。目前,集成开关电源大多采用 PWM 控制方式。

②脉冲频率控制。脉冲频率控制是指开关管控制电压 U_C 的脉冲宽度(即 T_{on})不变的情况下,通过改变开关管的工作频率(改变单位时间的脉冲数,即改变 T_s)而达到控制输出电压 U_o 大小的一种方式,又称脉冲频率调制(PFM)控制。

(2)幅度控制方式。即通过改变开关管的输入电压 U_d 的幅值来控制输出电压 U_o 大小的控制方式,但要配以滑动调节器。

2. 电压型 PWM 控制器 SG3525A

(1)SG3525A 的内部原理图及工作波形。SG3525A 是美国 Silicon General 公司生产的单片集成 PWM 控制芯片,它的输出级采用推挽电路,能够直接驱动 GTR 和功率 MOSFET。凡是利用 SG1524/SG2524/SG3524 的开关电源电路都可以用 SG3525A 来代替。SG3525A 的内部主要由基准电源、误差放大器、PWM 比较器、触发器、输出电路等组成,采用 16 引脚 DIP 封装工艺。图 2-16 是 SG3525A 系列产品的内部原理图。表 2-2 是 SG3525A 的引脚说明。图 2-17 所示为 SG3525A 的工作波形。

表 2-2　SG3525A 的引脚说明

引脚号	引脚名称	功　能	引脚号	引脚名称	功　能
1	IN_	误差放大器反相输入	9	COMP	频率补偿
2	IN_+	误差放大器同相输入	10	SD	关断控制
3	SYNC	同步	11	OUT$_A$	输出 A
4	OUT$_{OSC}$	振荡器输出	12	GND	地
5	C_T	定时电容器	13	V_C	集电极电压
6	R_T	定时电阻器	14	OUT$_B$	输出 B
7	DIS	放电	15	V_i	输入电压
8	SS	软启动	16	V_{REF}	参考电压

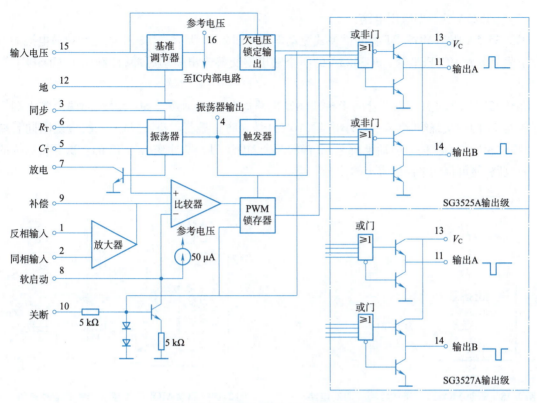

图 2-16　SG3525A 系列产品的内部原理图

图 2-16 的右上角是 SG3525A 系统产品的输出级,右下角是 SG3527A 系列产品的输出级。除输出级以外,SG3527A 与 SG3525A 完全相同。SG3525A 的输出是正脉冲,而 SG3527A 的输出是负脉冲。

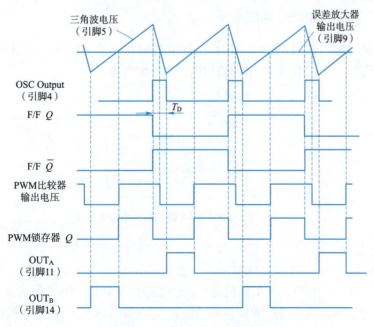

图 2-17　SG3525A 的工作波形

(2) SG3525A 的典型应用电路：

①SG3525A 驱动 MOSFET 管的推挽式驱动电路如图 2-18 所示。其输出幅度和拉灌电流能力都适合于驱动电力 MOSFET 管。SG3525A 的两个输出端交替输出驱动脉冲，控制两个 MOSFET 管交替导通。

②SG3525A 驱动 MOSFET 管的半桥式驱动电路如图 2-19 所示。SG3525A 的两个输出端接脉冲变压器 T1 的一次绕组，串入一个小电阻（10 Ω）是为防止振荡。T1 的两个二次绕组因同名端相反，以相位相反的两个信号驱动半桥上、下臂的两个 MOSFET。脉冲变压器 T2 的二次侧接后续的整流滤波电路，便可得到平滑的直流输出。

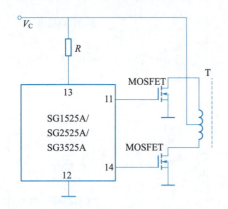 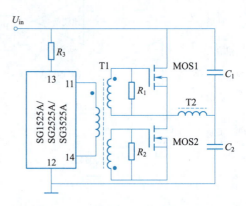

图 2-18　驱动 MOSFET 管的推挽式驱动电路　　图 2-19　驱动 MOSFET 管的半桥式驱动电路

一、SG3525 控制与驱动电路的调试

本任务的 PWM 控制器采用 SG3525 控制芯片，其控制与驱动电路原理接线图如图 2-20 所示。图 2-21 为实物接线图。11 引脚和 14 引脚输出两路互补的方波。

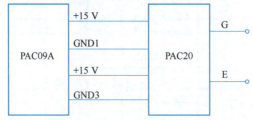

图 2-20　SG3525 控制与驱动电路原理接线图

(1) 按图 2-21 接线。

(2) 调节 PWM 脉宽调节电位器改变 1 点和 6 点间的电压 U_r（1.4 V、2.0 V、2.5 V），用双踪示波器分别观测 SG3525 的 11 引脚与 14 引脚的波形，观测输出 PWM 信号的变化情况。

(3) 用示波器分别观测 A、B 和 PWM 信号的波形，记录其波形类型、频率和幅值。

(4) 用双踪示波器的两个探头同时观测 11 引脚和 14 引脚的输出波形，调节 PWM 脉宽调节电位器,观测两路输出的 PWM 信号,测出两路信号的相位差,并测出两路 PWM 信号之间最小的"死区"时间。

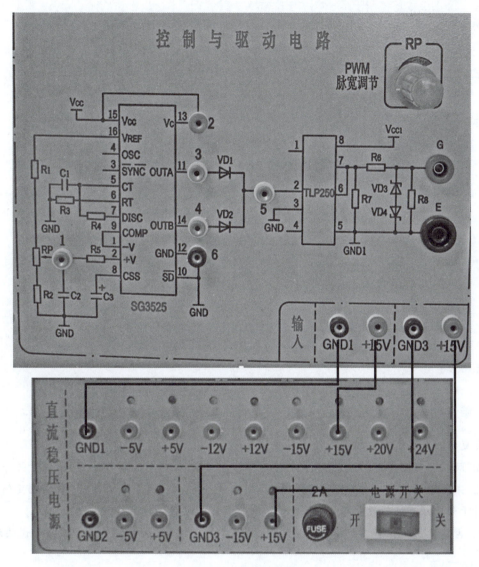

图 2-21 实物接线图

二、降压斩波电路的调试

(1) 按照图 2-22(a)所示降压斩波电路的原理图接线,图 2-22(b)所示实物部件与图 2-21 实物进行连接。

(2) 用示波器观测 PWM 信号的波形、U_{GE} 的电压波形、U_{CE} 的电压波形及输出电压 U_o 和二极管两端电压 U_D 的波形,注意各波形间的相位关系。

(3) 调节 PWM 脉宽调节电位器,改变 U_r(1.4 V、2.0 V、2.5 V),观测在不同占空比(D)时,U_i、U_o 和 D 的数值,画出 $U_o=f(D)$ 的关系曲线。

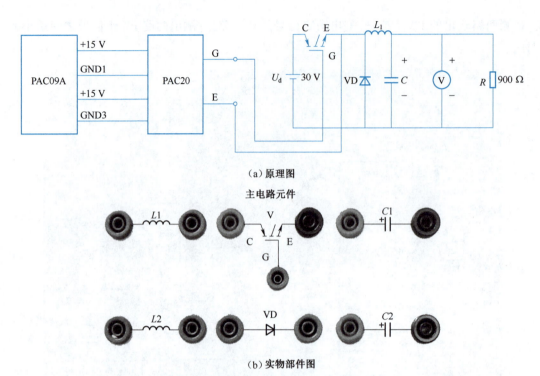

(a) 原理图

(b) 实物部件图

图 2-22　降压斩波电路的原理图和实物部件图

一、单选题

1. 变更斩波电路占空比最常用的一种方法是（　　）。
   A. 既改变斩波周期，又改变开关关断时间　　B. 保持斩波周期不变，改变开关导通时间
   C. 保持开关导通时间不变，改变斩波周期　　D. 保持开关断开时间不变，改变斩波周期

2. 对于升降压直流斩波电路，当其输出电压小于其电源电压时，则有（　　）。
   A. 占空比 D 无法确定　　B. $0.5<D<1$　　C. $0<D<0.5$　　D. 以上说法均错误

二、填空题

1. 由普通晶闸管组成的直流斩波电路通常有 ＿＿＿＿式、＿＿＿＿式和 ＿＿＿＿式三种工作方式。

2. 直流斩波电路的工作方式中，保持开关周期 T 不变，调节开关导通时间 T_{on}，称为 ＿＿＿＿ 控制方式。

3. 开关型 DC/DC 变换电路的三个基本元件是 ＿＿＿＿、＿＿＿＿ 和 ＿＿＿＿。

4. 常见的非隔离型 DC/DC 变换电路有 ＿＿＿、＿＿＿、＿＿＿ 和 ＿＿＿。

5. 占空比等于 ＿＿＿ 与 ＿＿＿ 之比。

6. 直流斩波电路中开关频率表示为 ＿＿＿，截止频率表示为 ＿＿＿。

三、分析题

1. 降压斩波电路，已知 $E = 200$ V，$R = 10$ Ω，L 值极大。采用脉宽调制控制方式，当控制周期 $T = 50$ μs，全控开关 S 的导通时间 $T_{on} = 20$ μs，试完成：

(1) 画出降压斩波电路图。

(2) 计算稳态时输出电压的平均值 U_o、输出电流的平均值 I_o。

2. 如图 2-12(a) 所示降压斩波电路，直流电源电压 $E = 100$ V，斩波频率 $f = 1$ kHz。若要求输出电压 u_d 的平均值在 25～75 V 范围内可调，试计算斩波电路占空比 D 的变化范围以及相应的斩波电路的导通时间 T_{on} 的变化范围。

3. 升压斩波电路，输入电压为 $27 \times (1 \pm 10\%)$ V，输出电压为 45 V，输出功率为 750 W，效率为 95%，若等效电阻 $R = 0.05$ Ω。

(1) 求最大占空比；

(2) 如果要求输出 60 V，是否可能？为什么？

四、简答题

试说明直流斩波电路主要有哪几种电路结构？并写出各自的输入与输出电压关系表达式。

任务三　半桥型开关稳压电源电路调试

任务描述

直流斩波电路的另一种类型是非隔离型电路，包括正激电路、反激电路、推挽电路、半桥电路和全桥电路。本任务利用电力电子实验装置调试半桥型开关稳压电源，先连接与调试 PWM 控制与驱动电路，再连接与调试半桥型开关直流稳压电源。

任务分析

完成本任务需要循序渐进学习正激电路、反激电路、推挽电路、半桥电路和全桥电路的组成及工作原理，PWM 控制与驱动电路的组成及调试方法。

相关知识

直流斩波电路分为隔离与非隔离两种。非隔离的直流斩波电路在任务二中已介绍，下面介绍隔离型直流斩波电路。

一、正激电路

正激电路包含多种不同结构，典型的单开关正激电路原理图及理想化波形如图 2-23 所示。

视频
正激电路分析

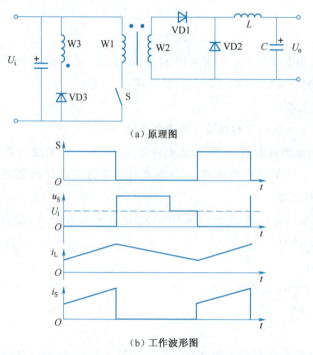

(a) 原理图

(b) 工作波形图

图 2-23 典型的单开关正激电路原理图及理想化波形

电路的简单工作过程：开关 S 开通后，变压器绕组 W1 两端的电压为上正下负，与其耦合的绕组 W2 两端的电压也是上正下负。因此 VD1 导通，VD2 截止，电感上的电流逐渐增加；S 断开后，电感 L 通过 VD2 续流，VD1 截止，L 的电流逐渐下降。S 断开后，变压器的励磁电流经绕组 W3 和 VD3 流回电源，所以 S 断开后承受的电压为

$$u_S = \left(1 + \frac{N_1}{N_3}\right) U_i \tag{2-12}$$

式中　N_1——变压器绕组 W1 的匝数；
　　　N_3——变压器绕组 W3 的匝数。

变压器中各物理量的变化过程如图 2-24 所示。

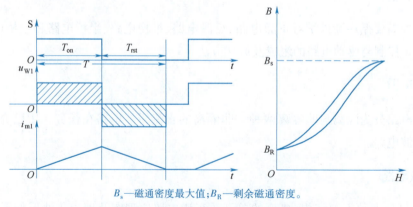

B_S—磁通密度最大值；B_R—剩余磁通密度。

图 2-24 变压器中各物理量的变化过程

开关 S 导通后，变压器的励磁电流 i_{m1} 由零开始，随着时间的增加而线性增加，直到 S 断开。S

断开后到下一次再导通的一段时间内,必须设法使励磁电流降回零,否则下一个开关周期中,励磁电流将在本周期结束时的剩余值基础上继续增加,并在以后的开关周期中依次累积起来,变得越来越大,从而导致变压器的励磁电感饱和。励磁电感饱和后,励磁电流会更加迅速地增加,最终损坏电路中的开关器件。因此,在 S 断开后使励磁电流降回零是非常重要的,这一过程称为变压器的磁芯复位。

在正激电路中,变压器的绕组 W3 和二极管 VD3 组成复位电路。下面简单分析其工作原理。

开关 S 断开后,变压器励磁电流通过绕组 W3 和 VD3 流回电源,并逐渐线性下降为零。从 S 断开到绕组 W3 的电流下降到零所需的时间为

$$T_{rst} = \frac{N_3}{N_1}T_{on} \tag{2-13}$$

S 处于断开的时间必须大于 T_{rst},以保证 S 下次闭合前励磁电流能够降为零,使变压器磁芯可靠复位。

在输出滤波电感电流连续的情况下,即 S 闭合时,电感 L 的电流不为零,输出电压与输入电压比为

$$\frac{U_o}{U_i} = \frac{N_2}{N_1}\frac{T_{on}}{T} \tag{2-14}$$

如果输出滤波电感电流不连续,输出电压 U_o 将高于式(2-14)的计算值,并随负载减小而升高,在负载为零的极限情况下,有

$$U_o = \frac{N_2}{N_1}U_i \tag{2-15}$$

二、反激电路

反激电路原理图及理想化波形如图 2-25 所示。

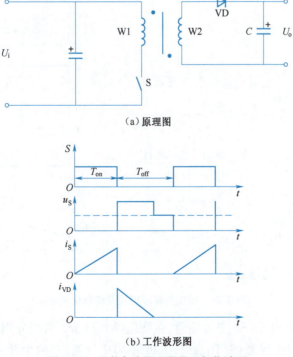

(a) 原理图

(b) 工作波形图

图 2-25 反激电路原理图及理想化波形

与正激电路不同,反激电路中的变压器起着储能元件的作用,可以看作一对相互耦合的电感。S 闭合后,VD 处于断态,绕组 W1 的电流线性增长,电感储能增加;S 断开后,绕组 W1 的电流被切断,变压器中的磁场能量通过绕组 W2 和 VD 向输出端释放。S 断开后承受的电压为

$$u_S = \left(U_i + \frac{N_1}{N_2}\right)U_o \qquad (2\text{-}16)$$

反激电路可以工作在电流断续和电流连续两种模式:
(1) 如果当 S 闭合时,绕组 W2 中的电流尚未下降到零,则称电路工作于电流连续模式。
(2) 如果 S 闭合前,绕组 W2 中的电流已经下降到零,则称电路工作于电流断续模式。
当工作于电流连续模式时:

$$\frac{U_o}{U_i} = \frac{N_2}{N_1}\frac{T_{on}}{T_{off}} \qquad (2\text{-}17)$$

当电路工作在断续模式时,输出电压高于式(2-17)的计算值,并随负载减小而升高,在负载电流为零的极限情况下,$U_o \to \infty$,这将损坏电路中的器件,因此反激电路不应工作于负载开路状态。

三、推挽电路

推挽电路原理图及理想化波形如图 2-26 所示。

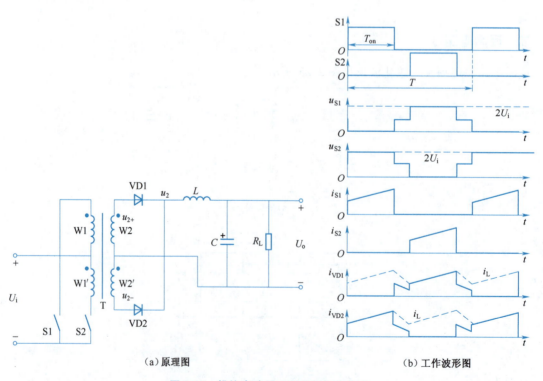

图 2-26 推挽电路原理图及理想化波形

推挽电路中两个开关 S1 和 S2 交替导通,在绕组 W1 和 W2 两端分别形成相位相反的交流电压。S1 闭合时,二极管 VD1 导通;S2 闭合时,二极管 VD2 导通,当两个开关都断开时,VD1 和 VD2

导通,各分担一半的电流。S1 或 S2 闭合时,电感 L 的电流逐渐上升,两个开关都断开时,电感 L 的电流逐渐下降。S1 和 S2 断开时承受的峰值电压均为 $2U_i$。

如果 S1 和 S2 同时闭合,就相当于变压器一次绕组短路,因此应避免两个开关同时闭合,每个开关各自的占空比不能超过 50%,还要留有死区。

当滤波电感 L 的电流连续时,有

$$\frac{U_o}{U_i} = \frac{N_2}{N_1}\frac{2T_{on}}{T} \tag{2-18}$$

如果滤波电感的电流不连续,输出电压 U_o 将高于式(2-18)中的计算值,并随负载减小而升高,在负载电流为零的极限情况下,有

$$U_o = \frac{N_2}{N_1}U_i \tag{2-19}$$

四、半桥电路

半桥电路原理图及理想化波形如图 2-27 所示。

在半桥电路中,变压器一次绕组两端分别连接在电容 C_1、C_2 的中点和开关 S1、S2 的中点。电容 C_1、C_2 的中点电压为 $U_i/2$。S1 与 S2 交替闭合,使变压器一次侧形成幅值为 $U_i/2$ 的交流电压。改变开关的占空比,就可改变二次整流电压 U_d 的平均值,也就改变了输出电压 U_o。

S1 闭合时,二极管 VD1 导通;S2 闭合时,二极管 VD2 导通;当两个开关都断开时,变压器绕组 W1 中的电流为零。根据变压器磁动势平衡方程,绕组 W2 和 W3 中的电流大小相等、方向相反,所以 VD1 和 VD2 导通,各分担一半的电流。S1 或 S2 闭合时,电感上的电流逐渐上升;两个开关都断开时,电感上的电流逐渐下降。S1 和 S2 断开时承受的峰值电压均为 U_i。

由于电容的隔直作用,半桥电路对由于两个开关导通时间不对称而造成的变压器一次电压的直流分量有自动平衡作用,因此不容易发生变压器的偏磁和直流磁饱和。

为了避免上下两开关在换流的过程中发生短暂的同时导通现象而造成短路,损坏开关器件,每个开关各自的占空比不能超过 50%,并应留有裕量。

当滤波电感 L 的电流连续时,有

$$\frac{U_o}{U_i} = \frac{N_2}{N_1}\frac{T_{on}}{T} \tag{2-20}$$

如果输出电感电流不连续,输出电压 U_o 将高于式(2-20)中的计算值,并随负载减小而升高,在负载电流为零的极限情况下:

$$U_o = \frac{N_2}{N_1}\frac{U_i}{2} \tag{2-21}$$

五、全桥电路

全桥电路原理图及理想化波形如图 2-28 所示。

全桥电路中互为对角的两个开关同时闭合,而同一侧半桥上下两开关交替闭合,将直流电压变成幅值为 U_i 的交流电压,加在变压器一次侧。改变开关的占空比,就可以改变 U_d 的平均值,也就改变了输出电压 U_o。

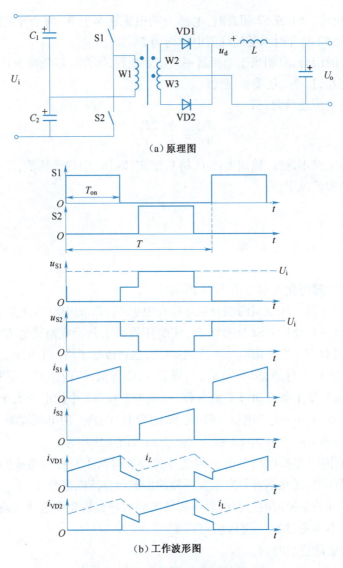

(a) 原理图

(b) 工作波形图

图 2-27 半桥电路原理图及理想化波形

当 S1 与 S4 闭合后，二极管 VD1 和 VD4 导通，电感 L 的电流逐渐上升；S2 与 S3 闭合后，二极管 VD2 和 VD3 导通，电感 L 的电流也上升。当四个开关都断开时，四个二极管都导通，各分担一半的电感电流，电感 L 的电流逐渐下降。S1 和 S4 断开时承受的峰值电压均为 U_i。

若 S1、S4 与 S2、S3 的闭合时间不对称，则交流电压 u_T 中将含有直流分量，会在变压器一次电流中产生很大的直流分量，并可能造成磁路饱和，因此全桥电路应注意避免电压直流分量的产生，也可以在一次回路电路中串联一个电容，以阻断直流电流。

为了避免同一侧半桥中上、下两开关在换流的过程中发生短暂的同时导通现象而损坏开关，每个开关各自的占空比不能超过 50%，并应留有一定裕量。

当滤波电感 L 的电流连续时，有

$$\frac{U_o}{U_i} = \frac{N_2}{N_1}\frac{2T_{on}}{T}\tag{2-22}$$

如果滤波电感的电流不连续,输出电压 U_o 将高于式(2-22)中的计算值,并随负载减小而升高,在负载电流为零的极限情况下,有

$$U_o = \frac{N_2}{N_1} U_i \tag{2-23}$$

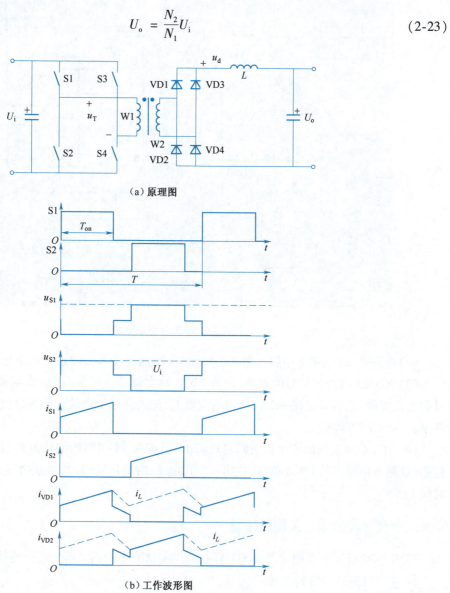

图 2-28 全桥电路原理图及理想化波形

任务实施

一、调试 PWM 控制与驱动电路

实验装置 PAC23 挂箱面板上的控制与驱动电路实物图如图 2-29 所示。
(1)接通 PAC23 电源。

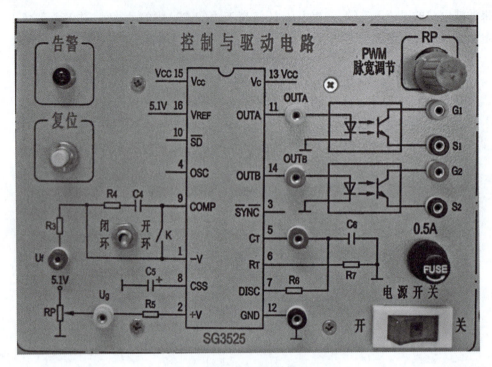

图 2-29　控制与驱动电路实物图

(2) 将 SG3525 的第 1 引脚与第 9 引脚短接(接通开关 K),使系统处于开环状态。

(3) SG3525 各引脚信号的观测:调节 PWM 脉宽调节电位器,用示波器观测 5、11、14 测试点信号的变化规律,然后调定在一个较典型的位置上,记录各测试点的波形参数(包括波形类型、幅度 A、频率 f、占空比和脉宽 t)。

(4) 用双踪示波器的两个探头同时观测 11 引脚和 14 引脚的输出波形,调节 PWM 脉宽调节电位器,观测两路输出的 PWM 信号,找出占空比随 U_g 的变化规律,并测量两路 PWM 信号之间的死区时间 $t_{dead} = $ _____。

二、调试半桥型开关稳压电源

按图 2-30 线路原理图将图 2-31 与图 2-30 实物图中的相关信号进行连接。

1. 主电路开环特性的测试

(1) 按面板上主电路的要求在逆变输出端装入 220 V/15 W 的白炽灯,在直流输出两端接入负载电阻,并将主电路接至 MEC01 的一相交流可调电压(0~250 V)输出端。

(2) 逐渐将输入电压 U_i 从 0 调到约 50 V,使白炽灯有一定的亮度。调节 U_g(1.3 V、2.0 V、3.0 V),即调节占空比,用示波器的一个探头分别观测两只 MOSFET 的栅-源电压和直流输出电压的波形。用双踪示波器的两个探头同时观测变压器二次侧及两个二极管两端的波形,改变脉宽,观察这些波形的变化规律。记录相应的占空比、U_i、U_o 的值。

(3) 将输入交流电压 U_i 调到 200 V,用示波器的一个探头分别观测逆变桥的输出变压器二次侧和直流输出的波形,记录波形参数及直流输出电压 U_o 中的纹波。

项目二 开关电源的分析与调试

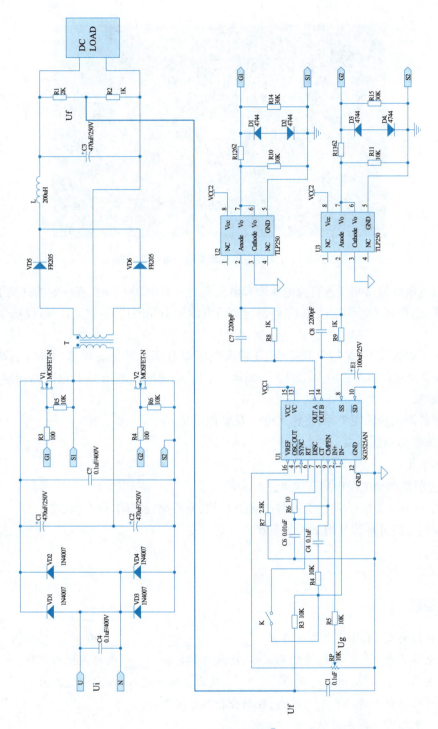

图 2-30 线路原理图[①]

---

①本图为仿真软件原图,其图形符号与国家标准符号不符,其中 ▲ 标准符号为 ▲,▸◂ 标准符号为 ▯,⏚ 标准符号为 ⏚,标准符号为 ⊥,标准符号为 ⫝。

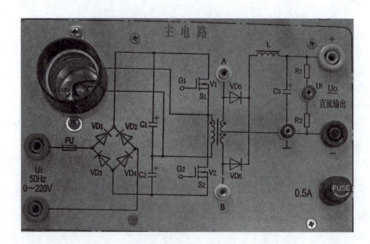

图 2-31　半桥型开关直流稳压电源实物图

（4）在直流电压输出侧接入直流电压表和电流表。在 $U_i=200\text{ V}$ 时，在一定的脉宽下，进行电源的负载特性测试，即调节可调电阻负载 R，测定直流电源输出端的伏安特性：$U_o=f(I)$；令 $U_g=2.2\text{ V}$（参考值）。

（5）在一定的脉宽下，保持负载不变，使输入电压 U_i 在 200 V 左右调节（100 V、120 V、140 V、160 V、180 V、200 V、220 V、240 V、250 V），测量占空比、直流输出电压 U_o 和电流 I，测定电源电压变化对输出的影响。

（6）上述各调试步骤完毕后，将输入电压 U_i 调回零位。

2. 主电路闭环特性测试

（1）准备工作：

①断开控制与驱动电路中的开关 K；

②将主电路的反馈信号 U_f 接至控制电路的 U_f 端，使系统处于闭环控制状态。

（2）重复主电路开环特性测试的各步骤。

练　习

一、填空题

1. 常见的隔离型 DC/DC 变换电路有_____、_____、_____、_____和_____。
2. 正激电路是由_____电路演化而来的，反激电路是由_____电路演化而来的。
3. 正激电路的输入/输出表达式为_____，反激电路的输入/输出表达式为_____。
4. 反激电路不应工作在_____状态，否则会损坏电路器件。
5. _____电路需要磁芯复位。

二、简答题

1. 画出经典的正激斩波主电路图。
2. 画出经典的反激斩波主电路图。

3. 画出经典的半桥斩波主电路图。
4. 画出经典的全桥斩波主电路图。

拓 展 应 用

一、开关电源

计算机开关电源的发展经过了 AT、ATX、ATX12V 三个发展阶段。开关电源电路按其组成功能分为：交流输入整流滤波电路、脉冲半桥功率变换电路、辅助电源电路、脉宽调制控制电路、PS-ON 和 PW-OK 产生电路、自动稳压与保护控制电路、多路直流稳压输出电路。ATX 电源电路原理图如图 2-32 所示。

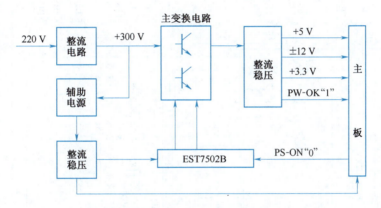

图 2-32　ATX 电源电路原理图

开关电源就是通过电路控制开关管进行高速的导通与截止，将直流电转化为高频率交流电（脉冲信号）提供给变压器进行变压，从而产生所需要的一组或多组低压直流电压。转化为高频交流电的原因是高频交流在变压器变压电路中的效率要比 50 Hz 高很多。所以，开关变压器可以做得很小，而且工作时不是很热，成本也很低。开关电源的工作原理可简述如下：

(1) 交流电源输入经整流滤波成直流，交流电源输入时一般要经过扼流圈等，过滤掉电网上的干扰，同时也过滤掉电源对电网的干扰。

(2) 通过高频 PWM 信号控制开关管，将直流加到开关变压器一次侧上，在功率相同时，开关频率越高，开关变压器的体积越小，对开关管的要求越高。

(3) 开关变压器二次侧感应出高频电压，经整流滤波供给负载，开关变压器的二次侧可以有多个绕组或一个绕组有多个抽头，以得到需要的输出。

(4) 输出部分通过一定的电路反馈给控制电路，控制 PWM 占空比，以达到稳定输出的目的，一般还应该增加一些保护电路，比如空载、短路等保护，否则可能会烧毁开关电源。

图 2-33 为 IBM PC/XT 系列计算机的开关电源电路，是自激式开关稳压电源，交流输入经过整流滤波得到高压直流电，再由 PWM 控制电路控制开关管导通与截止，将直流电变成脉冲信号，再经过变压器隔离降压后输出多路低压直流电。

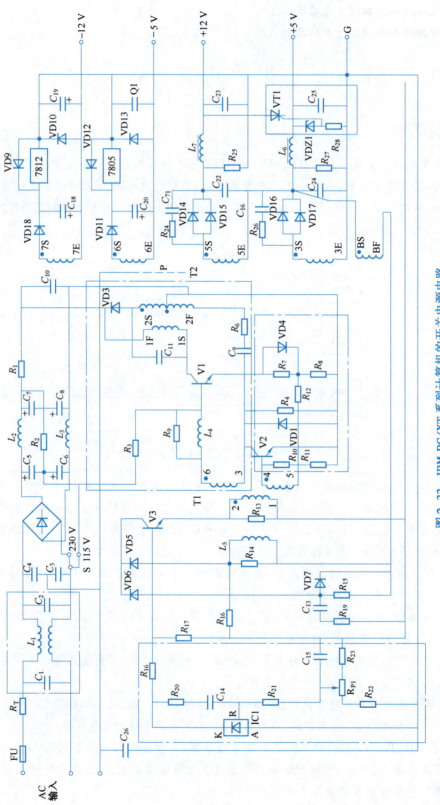

图 2-33 IBM PC/XT 系列计算机的开关电源电路

二、电力电子整流电路的保护

整流电路的保护主要是晶闸管的保护。晶闸管元件有许多优点,但与其他电气设备相比,过电压、过电流能力差,短时间的过电流、过电压都可能造成元件损坏。为使晶闸管装置能正常工作而不损坏,只靠合理选择元件还不够,还要设计完善的保护环节。具体保护电路主要有以下一些:

1. 过电压保护

过电压保护有交流侧保护、直流侧保护和器件保护。过电压保护设置如图2-34所示。

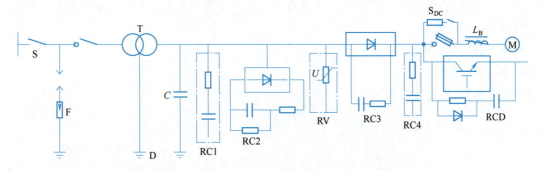

F—避雷器;D—变压器静电屏蔽层;C—静电感应过电压抑制电容;
RC1—阀侧浪涌过电压抑制用 RC 电路;RC2—阀侧浪涌过电压抑制用反向阻断式 RC 电路;
RV—压敏电阻过电压抑制器;RC3—阀器件换相过电压抑制用 RC 电路;
RC4—直流侧 RC 抑制电路;RCD—阀器件关断过电压抑制用 RCD 电路。

图2-34 过电压保护设置图

电力电子装置可视具体情况只采用其中的几种。其中,RC3 和 RCD 为抑制内因过电压的措施,属于缓冲电路范畴。外因过电压抑制措施中,RC 过电压抑制电路最为常见。RC 过电压抑制电路可接于供电变压器的两侧(供电网一侧称为网侧,电力电子电路一侧称为阀侧),或电力电子电路的直流侧。下面分类介绍过电压保护。

1) RC 吸收回路(操作过电压、换相过电压、关断过电压)

(1)器件侧。晶闸管关断引起的过电压,可达工作电压峰值的5~6倍,由线路电感(主要是变压器漏感)释放能量而产生。一般情况采用的保护方法是在晶闸管的两端并联 RC 吸收电路,如图2-35所示。

阻容保护的数值一般根据经验选定,见表2-3。

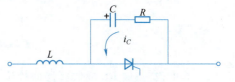

图2-35 用阻容吸收抑制晶闸管关断过电压

表2-3 阻容保护的经验数据

晶闸管额定电流/A	10	20	50	100	200	500	1 000
电容/μF	0.1	0.15	0.2	0.25	0.5	1	2
电阻/Ω	100	8	40	20	10	5	2

电容耐压可选加在晶闸管两端工作电压峰值 U_m 的 1.1~1.5 倍。

电阻功率 P_R 为

$$P_R = fCU_m^2 \times 10^{-6} \tag{2-24}$$

式中　f——电源频率，Hz；

　　　C——与电阻串联电容值，mF；

　　　U_m——晶闸管工作电压峰值，V。

目前阻容保护参数计算还没有一个比较理想的公式，因此在选用阻容保护元件时，在根据上述介绍公式计算出数据后，还要参照以往用得较好且相近的装置中的阻容保护元件参数进行确定。

(2) 网侧 (变压器前)。

(3) 交流侧或阀侧 (变压器后)。

(4) 直流侧 (整流后)。

网侧、交流侧、直流侧的位置如图 2-36 所示。

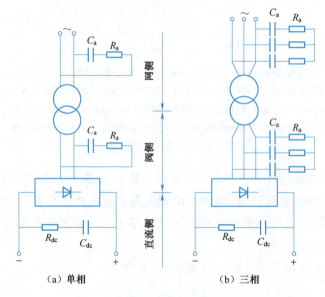

图 2-36　RC 过电压抑制电路联结方式

其中，交流侧 RC 吸收回路的接法如图 2-37 所示。网侧 RC 吸收回路的接法类似。

阻容吸收保护简单可靠，应用较广泛，但会发生雷击或从电网侵入很大的浪涌电压，对于能量较大的过电压不能完全抑制。根据稳压管的稳压原理，目前较多采用非线性元件吸收装置，接入整流变压器二次侧，以吸收较大的过电压能量。常用的非线性元件有硒堆和压敏电阻等。

2) 硒堆 (吸收浪涌过电压)

通常用的硒堆就是成组串联的硒整流片。单相时，用两组对接后再与电源并联；三相时，用三组对接成星形或用六组接成三角形，如图 2-38 所示。

采用硒堆保护的优点是它能吸收较大的浪涌能量，缺点是硒堆的体积大，反向伏安特性不陡，并且长期放置不用会产生"储存老化"，即正向电阻增大，反向电阻降低，性能变坏，失去效用。使用前必须先经过"化成"，才能复原。"化成"的方法是：先加 50% 的额定交流电压 10 min，再加额定交流电压 2 h。由此可见,硒堆并不是一种理想的保护元件。

(a) 单相连接　(b) 三相星形连接　(c) 三相三角形连接　(d) 三相整流连接

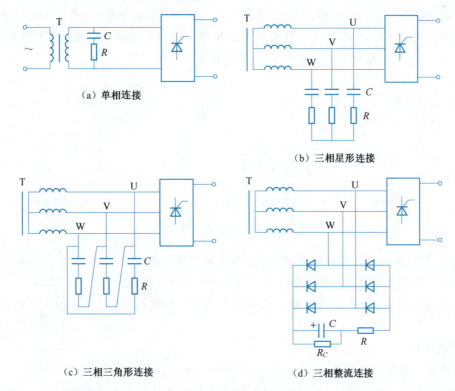

图 2-37　交流侧 *RC* 吸收回路的接法

(a) 单相　(b) 三相星形连接　(c) 三相三角形连接

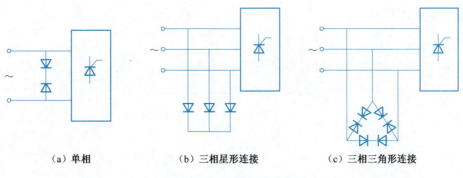

图 2-38　硒堆保护的接法

3)压敏电阻(吸收浪涌过电压)

金属氧化物压敏电阻是一种过电压保护元件。它在电路中的文字符号为 RV 或 R,图 2-39 是其图形符号。它是由氧化锌、氧化铋等烧结制成的非线性电阻元件,在每一颗氧化锌晶粒外面裹着一层薄的氧化铋,构成类似硅稳压管的半导体结构,具有正反向都很陡的稳压特性。

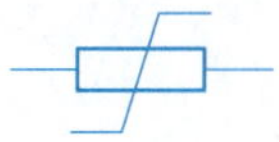

图 2-39　压敏电阻图形符号

正常工作时,压敏电阻没有击穿,漏电流极小(微安级),故损耗小;遇到尖峰过电压时,可通过高达数千安的放电电流,因此抑制过电压的能力强。此外,还具有反应快、体积小、价格便宜等优点,是一种较理想的保护元件,目前已逐步取代硒堆保护。

由于压敏电阻正反向特性对称,因此在单相电路中用一个压敏电阻,而在三相电路中用三个压敏电阻接成星形或三角形,常用的几种接法如图2-40所示。压敏电阻的主要缺点是平均功率太小,仅有数瓦,一旦工作电压超过它的额定电压,很短时间内就会被烧毁。

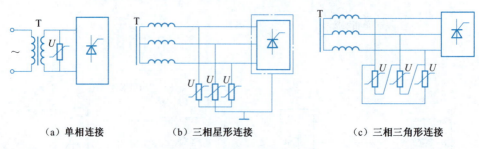

(a) 单相连接　　(b) 三相星形连接　　(c) 三相三角形连接

图 2-40　压敏电阻保护的接法

需要注意的是,直流侧保护可采用阻容保护和压敏电阻保护。但采用阻容保护易影响系统的快速性,并且会造成 di/dt 加大。因此,一般不采用阻容保护,而只用压敏电阻作为过电压保护,如图2-41所示。

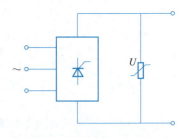

图 2-41　直流侧压敏电阻保护电路的接法

2. 过电流保护

由于电力电子器件管芯体积小、热容量小,特别在高电压、大电流应用时,结温必须受到严格控制。当器件中流过大于额定值的电流时,热量来不及散发,使得器件温度迅速升高,最终烧坏器件。通常采用的保护措施如图2-42所示。

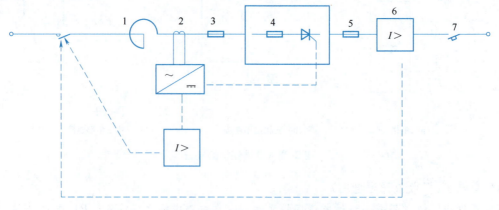

1—进线电抗器;2—电流检测和过电流继电器;
3、4、5—快速熔断器;6—过电流继电器;7—直流快速开关。

图 2-42　晶闸管装置可采用的过电流保护措施

1) 电抗器保护

在交流进线中串接电抗器(称为交流进线电抗)或采用漏抗较大的变压器是限制短路电流以保护晶闸管的有效办法,缺点是在有负载时要损失较大的电压降。

2)灵敏过电流继电器保护

继电器可装在交流侧或直流侧,在发生过电流故障时动作,使交流侧自动开关或直流侧接触器跳闸。由于过电流继电器和自动开关或接触器动作需几百毫秒,故只能保护由于机械过载引起的过电流,或在短路电流不大时,才能对晶闸管起保护作用。

3)直流快速开关保护

在大容量、要求高、经常容易短路的场合,可采用装在直流侧的直流快速开关作直流侧的过载与短路保护。这种直流快速开关经特殊设计,它的开关动作时间只有 2 ms,全部断弧时间仅 25～30 ms,目前国内生产的直流快速开关为 DS 系列。从保护角度看,快速开关的动作时间和切断整定电流值应该和限流电抗器的电感相协调。

4)快速熔断器保护

熔断器是最简单有效的保护元件,针对晶闸管、硅整流元件过电流能力差,专门制造了快速熔断器,简称快熔。与普通熔断器相比,它具有快速熔断特性,通常能做到当电流为 5 倍额定电流时,熔断时间小于 0.02 s,在流过通常的短路电流时,快熔能保证在晶闸管损坏之前,切断短路电流,故适用于短路保护场合。快熔可以安装在直流侧、交流侧和直接与晶闸管串联,如图 2-43 所示。

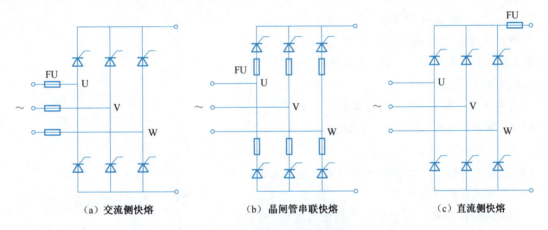

(a) 交流侧快熔　　　　(b) 晶闸管串联快熔　　　　(c) 直流侧快熔

图 2-43　快速熔断器的接法

其中,以图 2-43(b)接法时保护晶闸管最为有效;图 2-43(c)只能在直流侧过载、短路时起作用,图 2-43(a)对交流、直流侧过电流均起作用,但正常运行时通过快熔的有效值电流往往大于流过晶闸管中的有效值电流,故在产生过电流时对晶闸管的保护作用就差一些,使用时可根据实际情况选用其中的一两种甚至三种全用上。

3. 电压与电流上升率的限制

1)电压上升率 du/dt 的限制

正向电压上升率 du/dt 较大时,会使晶闸管误导通。因此作用于晶闸管的正向电压上升率应有一定的限制。

造成电压上升率 du/dt 过大的原因一般有两点:

(1)由电网侵入的过电压。

(2)由于晶闸管换相时相当于线电压短路,换相结束后线电压又升高,每一次换相都可能造成

du/dt 过大。

限制 du/dt 过大可在电源输入端串联电感和在晶闸管每个桥臂上串联电感,利用电感的滤波特性,使 du/dt 降低。串联电感后的电路如图 2-44、图 2-45 所示。

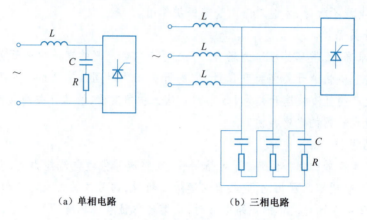

（a）单相电路　　　　　（b）三相电路

图 2-44　串联进线电感直接接入电网

2）电流上升率 di/dt 的限制

导通时电流上升率 di/dt 太大,则可能引起门极附近过热,造成晶闸管损坏。因此,对晶闸管的电流上升率 di/dt 必须有所限制。

造成电流上升率 di/dt 过大的原因一般有三点:

(1) 晶闸管导通时,与晶闸管并联的阻容保护元件中的电容突然向晶闸管放电。

(2) 交流电源通过晶闸管向直流侧保护电容充电。

(3) 直流侧负载突然短路。

限制 di/dt,除在阻容保护中选择合适的电阻外,也可采用与限制 du/dt 相同的措施,即在每个桥臂上串联一个电感。

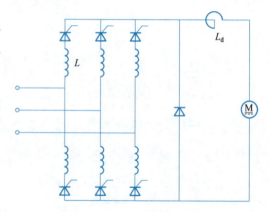

图 2-45　晶闸管串接桥臂电抗器

限制 du/dt 和 di/dt 的电感,可采用空心电抗器,要求 $L \geqslant 20 \sim 30 \, \mu H$;也可采用铁芯电抗器,$L$ 值可偏大一些。在容量较小的系统中,也可把接晶闸管的导线绕上一定圈数,或在导线上套一个或几个磁环来代替桥臂电抗器。

项目三 龙门刨床工作台直流调速系统分析与调试

项目描述

某龙门刨床如图3-1所示,主要由机座、工作台及其拖动电动机、左右垂直刀架、立柱、横梁等组成,通常用来刨削各种平面、斜面、槽等大型工件。其主运动是工作台带着待加工的工件通过门式框架做直线往复运动;工作台的直线往复运动由直流电动机拖动,电动机的速度调节常采用转速电流双闭环直流调速系统来实现。

本项目先是认识直流调速系统,然后再依次分析并调试开环直流调速系统、转速负反馈直流调速系统,最后再分析测试转速电流双闭环直流调速系统的特性。

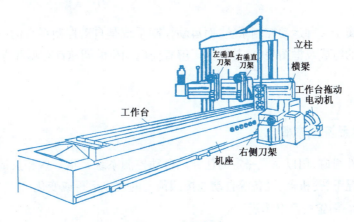

图3-1 龙门刨床

视频

龙门刨床工作过程

项目目标

1. 知识目标

(1)了解直流调速系统的组成及应用;
(2)掌握开环直流调速系统的工作原理及特点;
(3)掌握单闭环直流调速系统的工作原理及特点;
(4)了解双闭环直流调速系统的组成及特点。

2. 能力目标

(1) 会测试开环直流调速系统机械特性；

(2) 会测试单闭环直流调速系统机械特性；

(3) 会分析比例(P)调节器、比例积分(PI)调节器及调节器参数对系统静特性的影响。

3. 素质目标

(1) 通过引入"中国率先研发出航母中压直流电力系统"小故事，激发学生民族自豪感和树立爱岗敬业精神；

(2) 通过开环和闭环直流调速系统特性的比较，培养学生精益求精的学习和工作态度；

(3) 通过系统性能指标的分析，培养学生辩证看待问题的思维方式。

思政小故事：中国率先研发出航母中压直流电力系统

任务一　认识直流调速系统

任务描述

直流调速系统的被控制对象是直流电动机，被控量是电动机转速，根据系统是否包含对"被控量转速"进行检测反馈的环节，分为开环系统和闭环系统。本任务用功能框图的方法来分析和比较开环和闭环直流调压调速系统。

任务分析

直流调速系统属于一种运动控制系统，而运动控制系统是自动控制系统的一个类别，接下来先了解自动控制系统的组成及框图表示，其次再了解直流电动机的调速都有哪些方法。

相关知识

一、自动控制系统基本概念

系统由一些部件组成，用以完成一定的任务。自动控制系统是指一些相关部件组合在一起，在人不直接参与的情况下，使机器、设备等自动地按照预定的规律运行或变化。

1. 自动控制系统的组成及框图表示

1) 自动控制系统的组成

图 3-2 是用功能框图表示的自动控制系统，表达了控制系统各组成功能部件之间的相互关系，每个功能部件(如调节器、执行器、被控对象、检测元件)用一个方框表示，箭头表示信号的输入/输出通

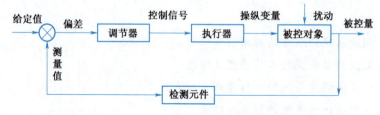

图 3-2　自动控制系统功能框图

道,"⊗"表示比较环节,对指向该环节的所有输入信号进行代数运算后输出一路信号,最右边的方框习惯于表示被控对象,其输出信号即为被控量,而系统的总输入量包括给定值、外部干扰及测量值。

自动控制系统常用术语如下:

(1)环节:是系统的一个组成部分,它由控制系统中的一个或多个部件组成,其任务是完成系统工作过程中的部分功能。例如,图3-2中的调节器、执行器、被控对象等。

(2)被控对象:由一些器件组合而成的设备,即被控制物体。

(3)被控量:与被控对象相关的工艺参数。

(4)给定值:由给定装置提供的被控变量的预设值。

(5)测量值:由检测元件对被控量进行检测后反馈到输入端的值。

(6)偏差:给定值与测量值比较后的差值。

(7)调节器:将测量值和给定值进行比较,得出偏差之后,根据一定的调节规律,对偏差信号进行放大、积分等运算处理,输出控制信号,推动执行机构动作。

(8)执行器:驱动被控对象的环节。

(9)操纵变量:受执行器操纵,使被控变量保持设定值。

(10)扰动:给定信号以外,作用在控制系统上一切会引起被控量变化的因素,如果扰动产生于系统内部,称为内扰;如果来自系统外部,称为外扰。

(11)负反馈控制:在有扰动作用等的情况下,减小系统输出量与给定输入量之间产生偏差的控制作用称为负反馈控制。

2)自动控制系统的分类

(1)按信号传递方向是单向或双向,或看是否存在反馈控制,系统可分为开环和闭环控制系统。

开环控制系统:系统的输出量对系统的控制作用没有直接影响。在开环控制系统中,由于不存在输出对输入的反馈,因此没有任何闭合回路。

闭环控制系统:系统的输出量对系统的控制作用有直接影响。在闭环控制系统中,系统的输出量经测量后反馈到输入端,形成了闭合回路。

(2)按控制对象不同,系统可分为运动控制系统和过程控制系统。

运动控制系统:控制对象是由电动机驱动的工作台、输送带、机械臂等生产过程中运动的物体,被控量是运动物体的速度、位移、加速度等。比如龙门刨工作台速度和位移的控制、机械臂速度和位移的控制等。

过程控制系统:控制对象是如液位槽、反应罐、锅炉等工业生产过程中盛放液体等过程量的容器,被控量是容器内的液位、温度、酸碱度等。比如精馏塔中化工产品的生产控制、锅炉中的蒸汽温度的控制等。过程控制系统的执行元件是调节阀。

2. 自动控制系统的性能指标

自动控制系统基本要求是:稳、快、准;通过系统的稳定性、动态性能和稳态性能体现。

1)系统的稳定性

控制系统的输出量在$0 \sim t_1$间处于某一稳定值,如图3-3所示,当施加某扰动作用(或给定值发生变化)时,输出量将会偏离原来的稳定值(或跟随给定值),但由于反馈环节的作用,系统回到(或接近)原来的稳定值而稳定下来,如图3-3(a)所示,该系统称为稳定系统;反之,使系统输出量出现发散,则为不稳定系统,如图3-3(b)所示。还可能出现一种情况,即系统最终既不能返回原来的平衡状态,也不是无限地偏离原来的状态,如输出为等幅振荡成为某一常量,这种情况系统是处在稳定边界。对任何自动控制系统,首要的条件是系统能稳定运行。稳定性的判别方法较多,通常可以采用劳斯判据来判定系统稳定性。

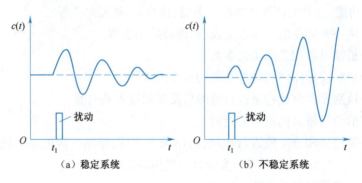

图 3-3　稳定系统和不稳定系统

2) 系统的动态性能

当系统突加给定信号(或系统输入量发生变化)时,系统的输出量随时间变化的规律。图3-4所示为系统突加给定信号的动态响应曲线。

表征这个动态性能的指标通常有:最大超调量(σ)、调整时间(t_s)和振荡次数(N)。

(1) 最大超调量(σ)。最大超调量是输出量 $c(t)$ 与稳态值 $c(\infty)$ 的最大偏差 Δc_{max} 与稳态值 $c(\infty)$ 之比,即 $\sigma = \dfrac{\Delta c_{max}}{c(\infty)} \times 100\%$,反映系统动态稳定性能。最大超调量越小,则说明系统瞬态过程进行得越平稳。不同的控制系统,对最大超调量的要求也不同,例如,对一般调速系统,可允许 σ 为 10%~35%;轧钢机的初轧机要求 σ 小于10%;

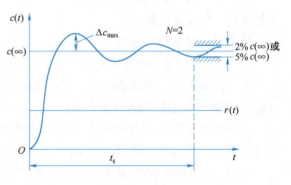

图 3-4　系统对突加给定信号的动态响应曲线

连轧机则要求 σ 小于2%~5%;张力控制的卷绕机和造纸机等,则不允许有超调量。

(2) 调整时间(t_s)。调整时间 t_s 是指系统输出响应进入并一直保持在离稳态值 $c(\infty)$ 允许误差带内所需要的最短时间。在实际应用中,允许误差带 $\delta_c(\infty)$ 通常取 2% $c(\infty)$ 或 5% $c(\infty)$,如图3-4所示。调整时间用来表征系统的瞬态过程时间,反映系统的快速性。调整时间 t_s 越小,系统快速性越好。如连轧机 t_s 为 0.2~0.5 s,造纸机为 0.3 s。

(3) 振荡次数(N)。振荡次数是指在调整时间 t_s 内,输出量在稳态值上下摆动的次数。如图3-4所示的系统,振荡次数为2次。振荡次数越少,表明系统动态稳定性能越好。例如,普通机床一般可允许振荡 2~3 次,龙门刨床与轧钢机允许振荡 1 次,而造纸机则不允许有振荡。

3) 系统的稳态性能

表征稳态性能的指标是稳态误差 e_{ss}。当系统进入稳定运行状态后,系统的实际输出与期望输出的接近程度可表示为 $t\to\infty$ 时，$e(t)$ 的值，e_{ss} 可采用相关文献所提的静态误差系数法计算。e_{ss} 用来反映系统的稳态精度。稳态误差 e_{ss} 越小，则系统的稳态精度越高。当 $e_{ss}=0$ 时，系统为无静差系统，如图 3-5(a)所示；当 $e_{ss}\neq0$ 时，系统为有静差系统，如图 3-5(b)所示。

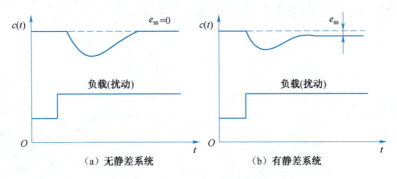

图 3-5 自动控制系统的稳态性能

实际情况中，系统的输出量进入并一直保持在某个允许的足够小的误差范围（误差带）内，就认为系统进入了稳定运行，此误差带的数值即看作系统的稳态误差。

一般说来，在同一个系统中上述指标往往是相互矛盾的，这就需要根据具体对象所提出的要求，对其中的某些指标有所侧重，同时又要注意统筹兼顾。因此，在确定技术性能指标要求时，既要保证能满足实际工程的需要（并留有一定的裕量），又要考虑系统成本，因为过高的性能指标要求意味着昂贵的价格。

二、直流电动机调速基础

1. 直流调速方法

运动控制系统中，往往需要调节被控对象的速度。当被控对象是直流电动机，从其转速方程 $n=\dfrac{U-IR}{C_e\Phi}$ 可以看出，调节直流电动机的转速有三种方法：调节电枢供电电压 U 调速；调节电枢回路电阻 R 调速；调节励磁磁通 Φ 调速。

上述转速方程中，n 为转速(r/min)；U 为电枢电压(V)；I 为电枢电流(A)；R 为电枢回路总电阻(Ω)；Φ 为励磁磁通(Wb)；C_e 为由直流电动机结构决定的电动势常数。

1) 调压调速

调节电枢供电电压调速分析：保持励磁磁通 $\Phi=\Phi_N$；保持电阻 $R=R_a$（额定电阻）。降低电压 U_a（额定电压）→ $U\downarrow\to n\downarrow$，调压调速特性曲线如图 3-6 所示。转速从额定转速开始下降，机械特性曲线平行下移。

2) 调阻调速

调节电枢回路电阻调速分析：保持励磁磁通 $\Phi=\Phi_N$；保持电压 $U=U_N$；增加电阻 $R_a\to R\uparrow\to n\downarrow$，调阻调速特性曲线如图 3-7 所示。转速下降，机械特性曲线斜率增大，即

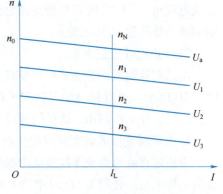

图 3-6 调压调速特性曲线

特性变软。

3）调磁调速

调节励磁磁通调速分析：保持电压 $U = U_N$；保持电阻 $R = R_a$；减小励磁磁通 $\Phi_N \to \Phi \downarrow \to n \uparrow$，调磁调速特性曲线如图 3-8 所示。转速上升，机械特性曲线变软。

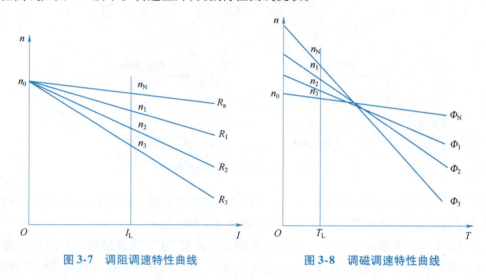

图 3-7　调阻调速特性曲线　　　　图 3-8　调磁调速特性曲线

三种调速方法的性能比较：对于要求在一定范围内无级平滑调速的系统来说，以调节电枢供电电压的方式为最好。改变电枢回路电阻只能有级调速；减弱励磁磁通虽然能够平滑调速，但调速范围不大，往往只是配合调压方案，在基速（即电动机额定转速）以上做小范围的弱磁升速。因此，自动控制的直流调速系统往往以调压调速为主。

2. 直流调压电源

直流调压调速系统中采用的调压电源来源于：旋转变流机组，静止式可控整流器，直流斩波器或脉宽调制变换器。

1）旋转变流机组

由交流电动机和直流发电机组成机组，也称旋转变流机组，可以获得可调的直流电压，如图 3-9 所示。由原动机（柴油机、交流异步或同步电动机）拖动直流发电机 G 实现变流，由 G 给需要调速的直流电动机 M 供电，调节 G 的励磁电流 i_f 即可改变其输出电压 U，从而调节电动机的转速 n。这样的调速系统简称 G-M 系统。

2）静止式可控整流器

由晶闸管组成的静止式可控整流电路，也称静止式可控整流器，可以获得可调的直流电压，如图 3-10 所示。通过调节触发装置 GT 的控制电压 U_{ct} 来移动触发脉冲的相位，即可改变输出电压 U_{d0}，从而实现平滑调速。这样的调速系统简称 V-M 系统。

3）直流斩波器或脉宽调制变换器

用恒定直流电源或不控整流电源供电，利用电力电子开关器件斩波或进行脉宽调制，以产生可变的平均电压。在图 3-11（a）中，VT 表示电力电子开关器件，VD 表示续流二极管。当 VT 导通时，直流电源电压 U_s 加到电动机上；当 VT 关断时，直流电源与电动机脱开，电动机电枢经 VD 续流，两端电压接近于零。如此反复,电枢端电压波形如图3-11(b)所示,好像是电源电压 U_s 在 T_{on} 时间内被接上,又在 $T-T_{on}$ 时间内被斩断,故称为"斩波"。直流斩波器具体内容见项目二。

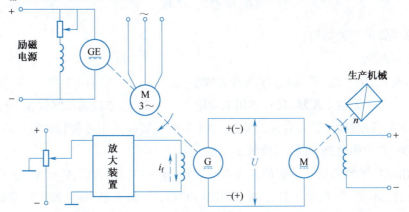

图3-9　旋转变流机组调速示意图

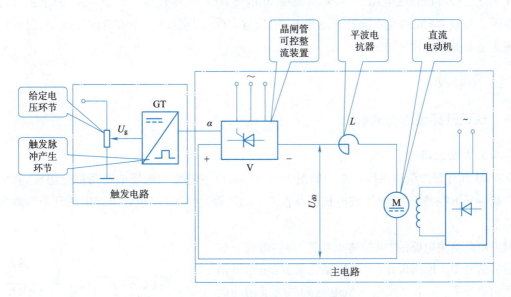

图3-10　静止式可控整流装置调速示意图

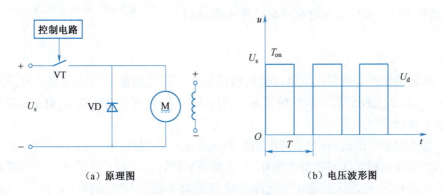

（a）原理图　　　　　　　　　　（b）电压波形图

图3-11　直流斩波器调速系统的原理图和电压波形

电动机得到的平均电压为

$$U_d = \frac{T_{on}}{T} U_s = D U_s$$

式中　T——晶闸管的开关周期；

　　　T_{on}——开通时间；

　　　D——占空比，$D = T_{on}/T = T_{on}f$（f 为开关频率）。

为了节能，并实现无触点控制，现在多用电力电子开关器件，如快速晶闸管、GTO、IGBT 等。

采用简单的单管控制时，称为直流斩波器，后来逐渐发展成采用各种脉冲宽度调制（pulse width modulation，PWM）开关的电路，即脉宽调制变换器。

根据对输出电压平均值进行调制的方式不同划分，有三种控制方式：T 不变，变 T_{on}，称为脉冲宽度调制（PWM）；T_{on} 不变，变 T，称为脉冲频率调制（PFM）；T_{on} 和 T 都可调，改变占空比，称为混合型调制。

在上述三种可控直流电源中，V-M 系统在 20 世纪 60~70 年代得到广泛应用，目前主要用于大容量系统。直流 PWM 调速系统发展迅速，应用日益广泛，特别在中、小容量的系统中，已取代 V-M 系统成为主要的直流调速方式。

任务实施

一、认识开环直流调速系统

1. 认识系统组成

某 V-M 开环直流调速系统示意图如图 3-10 所示，由主电路和触发电路两部分组成，其中主电路包含晶闸管可控整流装置、平波电抗器及直流电动机等，触发电路包含给定电压环节和触发脉冲产生环节。

触发电路给主电路的"可控整流装置"提供可调节的触发脉冲信号 U_g（控制角 α），"可控整流装置"输出可调节的直流电压 U_{d0} 供给直流电动机电枢。系统采用功能框图表示如图 3-12 所示，由晶闸管直流调压装置和被控对象直流电动机组成。被控量为电动机的转速 n，系统的给定电压值为 U_g。

图 3-12　开环直流调速系统框图

2. 分析系统功能

视频
开环直流调速系统认识

系统的任务是控制直流电动机的转速达到预期给定值。当给定电压环节外加控制电压 U_g 一定时，晶闸管直流调压装置输出电压 U_{d0} 供给直流电动机电枢，直流电动机以期望的转速 n 运行。

当系统中出现扰动（如直流电动机调速系统中负载转矩 T_L 的变化及电源电压的波动等）时，电动机的实际转速发生变化，与之前期望的转速之间产生误差。开环系统自身不能减小此误差，一旦此误差超出了允许范围，系统将不能满足实际控制要求。

3. 开环直流调速系统的特点

（1）结构较简单、成本低。

（2）系统不能实现自动调节作用，对扰动引起的误差不能自行修正，故控制精度不高。

二、认识转速负反馈直流调速系统

1. 认识系统组成

某 V-M 转速负反馈直流调速系统框图如图 3-13 所示，与开环直流调速系统框图相比，增加了放大器（也称速度调节器）和测速发电机。

其中测速发电机，对电动机的转速信号 n 进行测量并转换成电压信号 U_{fn} 反馈至放大器的输入端，构成负反馈，形成速度闭环控制，该系统也称为闭环直流调速系统。

2. 分析系统功能

实际输出转速对应的测量值 U_{fn} 与给定值 U_g 进行比较运算，得出偏差信号 ΔU_n，经放大器放大，输出控制电压 U_{ct}，调节晶闸管直流调压装置输出电压 U_{d0}，从而调节直流电动机的转速 n。

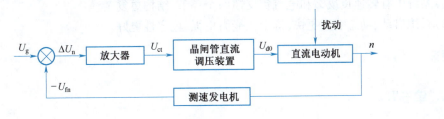

图 3-13 转速负反馈直流调速系统框图

比如当系统中出现扰动（如直流电动机调速系统中负载转矩 T_L 的变化及电源电压的波动等），电动机转速会偏离期望的转速 n 运行，此时系统会进行自动调节，调节过程如下：

如果负载转矩 T_L 增大，此时由于电磁转矩 $T <$ 负载转矩 T_L，故电动机带不动负载，电动机转速降低，测速发电机的转速 n 也随之下降，其输出电压（即反馈电压）U_{fn} 减小。由于给定电压 U_g 一定，偏差电压（即放大器的输入电压）为 $\Delta U_n = U_g - U_{fn}$，因此 ΔU_n 增大，放大器的输出电压 U_{ct} 增大，U_{d0} 增加，电动机转速 n 便随之升高，从而使由于负载增大而丢失的转速得到补偿。

3. 转速负反馈直流调速系统的特点

（1）系统中增加了负反馈环节，结构复杂、成本高。

（2）系统采用负反馈，对系统中参数变化所引起的扰动和系统外部的扰动，均有一定的抗干扰能力，提高了控制精度。

三、认识转速电流双闭环直流调速系统

1. 认识系统组成

某 V-M 转速电流双闭环直流调速系统框图如图 3-14 所示，与转速负反馈直流调速系统框图相比，增加了电流调节器和电流检测环节。该系统包含速度反馈和电流反馈，故称为双闭环直流调速系统。

2. 分析系统功能

"测速发电机环节"将反映转速变化的电压信号反馈到"速度调节器"的输入端,与"给定环节"的给定电压比较得到偏差信号,经速度调节器进行运算后,得到的信号,再与"电流检测环节"的反馈信号比较得到偏差信号,经电流调节器进行运算,得到移相控制电压,改变"晶闸管直流调压装置"的输出电压,进而改变电动机的速度。

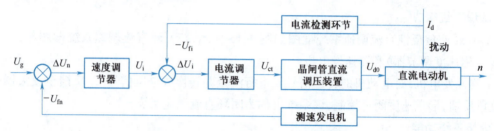

图 3-14 转速电流双闭环直流调速系统

3. 双闭环直流调速系统的特点

(1) 系统中有转速负反馈和电流负反馈两个环节,结构更复杂。
(2) 系统启动、动态响应更快,抗干扰能力更强,稳定性更好。

一、单选题

1. 下列( )反映了自动控制系统的稳态精度,该指标越小,则说明系统的稳态精度越高。
   A. 最大超调量(σ)　　B. 调整时间(t_s)　　C. 振荡次数(N)　　D. 稳态误差(e_{ss})
2. 下列不能表征系统动态性能的指标是( )。
   A. 最大超调量(σ)　　B. 调整时间(t_s)　　C. 振荡次数(N)　　D. 稳态误差(e_{ss})
3. 下列( )可用来检测直流调速系统中电动机的转速。
   A. 直流测速发电机　　B. 电流互感器　　C. 脉宽调制器　　D. 可控整流器

二、填空题

1. 对任意自动控制系统的要求可概括为_____、_____和_____。
2. 单回路控制系统又称简单控制系统,它是由_____、_____、_____、_____等组成的一个闭合回路的反馈控制系统。
3. 直流电动机的调速方法有_____、_____和_____。
4. 直流调压调速常用装置有_____、_____和_____。
5. 所谓闭环控制系统是指系统的_____对系统的控制作用有直接影响。在闭环控制系统中,系统的_____经测量后反馈到输入端,形成了闭合回路。

三、问答题

1. 与开环直流调速系统相比,转速负反馈直流调速系统的特点是什么?
2. 与转速负反馈直流调速系统相比,转速电流双闭环直流调速系统的特点是什么?

任务二 开环直流调速系统机械特性测试

任务描述

图 3-15 所示为开环直流调速系统原理图,主电路包含电源、三相桥式全控整流电路、平波电抗器、电动机-发电机组等。触发电路包含给定电压装置、触发电路、功放电路等。

按照图 3-15 开环直流调速系统原理图在相关实验装置上连接电路,并测试其机械特性:当减小直流发电机回路的电阻 R 时,电动机转速 n 随负载 I_1 变化而变化的特性。

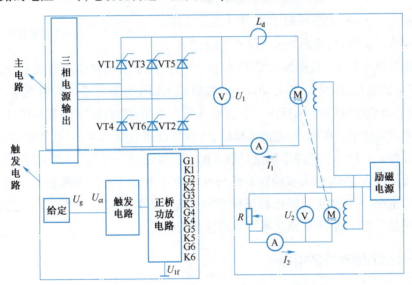

图 3-15 开环直流调速系统原理图

任务分析

完成本任务需要学习开环直流调速系统机械特性以及直流调速特性分析方法及指标。

相关知识

一、开环直流调速系统的机械特性

图 3-15 所示开环直流调速系统调速原理:当主电路负载不变,调节控制电压(又称转速给定电压)U_g,这里指调节控制电压 U_{ct},改变晶闸管触发电路的控制角(又称移相角)α,便能调节晶闸管装置的空载整流电压 U_{d0}(图 3-15 中为 U_1),也即调节电动机的理想空载转速 n_0,达到调速的目的。调速特性曲线如图 3-16 所示。

开环直流调速系统机械特性 $n = f(I_d)$ 可表示为

$$n = \frac{U_{d0} - I_d R_\Sigma}{C_e \Phi} = \frac{U_g K_s - I_d R_\Sigma}{C_e \Phi} = \frac{U_g K_s}{C_e \Phi} - \frac{I_d R_\Sigma}{C_e \Phi} = n_0 - \Delta n \tag{3-1}$$

式中　U_g——给定装置的给定电压；
　　　K_s——晶闸管整流器及触发装置电压放大系数；
　　　U_{d0}——晶闸管的理想空载输出电压；
　　　R_Σ——电枢回路总电阻；
　　　C_e——电动机电动势系数；
　　　Φ——励磁磁通，Wb。

由式(3-1)可知，当电动机轴上增加机械负载时，电枢回路就产生相应的电流 I_d，此时即产生 $\Delta n = \dfrac{I_d R_\Sigma}{C_e \Phi}$ 的转速降，如图 3-16 所示。Δn 的大小反映了机械特性的硬度，Δn 越小，硬度越大。显然，由于系统开环运行，Δn 的大小

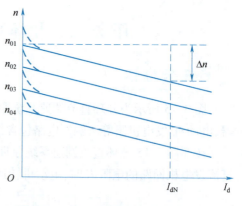

图 3-16　开环系统调压调速特性曲线

完全取决于电枢回路电阻 R_Σ 及所加的负载大小。另外，由于晶闸管整流装置的输出电压是脉动的，相应的负载电流也是脉动的。当电动机负载较轻或主回路电感量不足的情况下，就造成了电流断续。这时，随着负载电流的减小，反电动势急剧升高。使理想空载转速比图 3-16 中的相应 n_0 高得多，如图 3-16 中虚线所示。可见，当电流连续时，特性较硬而且呈线性；当电流断续时，特性较软而且呈显著的非线性。一般当主回路电感量足够大时，电动机又有一定的空载电流时，近似认为电动机工作在电流连续段内，并且把机械特性曲线与纵轴的直线交点 n_0 作为理想空载转速。对于断续特性比较显著的情况，可以改用另一段较陡的直线来逼近断续段特性。所以，从总体看来，开环系统的机械特性仍然是很软的，一般满足不了对调速系统的要求。

二、调速系统的静态性能指标

1. 调速系统的静态性能指标简介

任何一台需要转速控制的设备，其生产工艺对控制性能都有一定的要求。例如，精密机床要求加工精度达到百分之几毫米甚至几微米；重型铣床的进给机构需要在很宽的范围内调速，快速移动时最高速度达到 600 mm/min，而精加工时最低速度只有 2 mm/min，最高和最低速度相差 300 倍；又如，在轧钢工业中，巨型的年产数百万吨钢锭的现代化初轧机在不到 1 s 的时间内就能完成从正转到反转的全部过程；在造纸工业中，日产新闻纸 400 t 以上的高速造纸机，速度达到 1 000 m/min，要求稳速误差小于 ±0.01%。所有这些要求，都是生产设备量化了的技术指标，经过一定折算，可以转化成电气自动控制系统的稳态或动态性能指标，作为设计系统时的依据。

对于调速系统的转速控制要求归纳起来，有以下三方面：

(1) 调速：在一定的最高转速和最低转速的范围内，分挡(有级)或平滑(无级)调节转速。

(2) 稳速：以一定的精度在所需转速上稳定运行，在各种可能的干扰下不允许有过大的转速波动，以确保产品质量。

(3) 加、减速：频繁启动、制动的设备要求尽量快地加、减速以提高生产率，不宜经受剧烈速度变化的机械则要求启动、制动尽量平稳。

以上三方面有时都须具备，有时只要求其中一项或两项，特别是调速和稳速两项，常常在各种

场合下都碰到,可能还是相互矛盾的。为了进行定量的分析,可以针对这两项要求先定义两个调速指标,即调速范围 D 和静差率 s。这两项指标合在一起又称调速系统的稳态(静态)性能指标。

1)调速范围

生产机械要求电动机提供的最高转速 n_{max} 和最低转速 n_{min} 之比称为调速范围,用字母 D 表示,即

$$D = \frac{n_{max}}{n_{min}} \tag{3-2}$$

式中,n_{max} 和 n_{min} 一般都指电动机额定负载时的转速,对于少数负载很轻的机械,如精密磨床,也可用实际负载时的转速。

2)静差率

当系统在某一转速下运行时,负载由理想空载增加到额定值时所对应的转速降 Δn_N,与理想空载转速 n_0 之比,称为静差率 s,即

$$s = \frac{\Delta n_N}{n_0} \tag{3-3}$$

或用百分数表示,即

$$s = \frac{\Delta n_N}{n_0} \times 100\% \tag{3-4}$$

式中,$\Delta n_N = n_0 - n_N$。

显然,静差率是用来衡量调速系统在负载变化下转速稳定度的。它和机械特性的硬度有关,机械特性越硬,静差率越小,转速的稳定度就越高。

2. 静差率与机械特性硬度的区别

一般调压调速系统在不同转速下的机械特性是互相平行的。如图 3-17 中的特性 a 和 b,两者的硬度相同,额定转速降 $\Delta n_{Na} = \Delta n_{Nb}$,但它们的静差率却不同,因为理想空载转速不一样,根据式(3-4)的定义,由于 $n_{0a} > n_{0b}$,所以 $s_a < s_b$,这就是说,对于同样硬度的特性,理想空载转速越低时,静差率越大,转速的相对稳定度也就越差。调速系统的静差率指标应以最低转速时所能达到的数值为准。

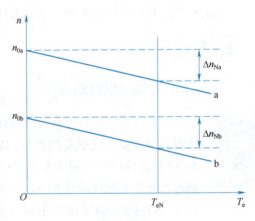

图 3-17 不同转速下的静差率

因此,调速范围和静差率这两项指标并不是彼此孤立的,必须同时提及才有意义。

3. 调压调速系统中调速范围、静差率和额定转速降之间的关系

在直流电动机调压调速系统中,常以电动机的额定转速 n_N 为最高转速,若带额定负载时的转速降为 Δn_N,则按照以上分析的结果,该系统的静差率应该是最低转速时的静差率,即

$$s = \frac{\Delta n_N}{n_{0min}} = \frac{\Delta n_N}{n_{min} + \Delta n_N}$$

而调速范围为

$$D = \frac{n_{\max}}{n_{\min}} = \frac{n_N}{n_{\min}}$$

将上面两式消去 $n_{\min}$,可得

$$D = \frac{n_N s}{\Delta n_N (1-s)} \tag{3-5}$$

式(3-5)表示调压调速系统的调速范围、静差率和额定转速降之间所应满足的关系。对于同一个调速系统,Δn_N 值一定,如果对静差率要求越严,即要 s 值越小时,则系统能够允许的调速范围也越小。

例 3-1 某龙门刨床工作台拖动采用直流电动机,其额定数据如下:60 kW、220 V、305 A、1 000 r/min,采用 V-M 开环系统,主电路总电阻为 0.18 Ω,电动机电动势系数为 0.2 V/(r/min)。如果要求调速指标的调速范围 $D=20$,静差率为 $s\leqslant 5\%$,采用开环调速能否满足该指标要求?

解 当电流连续时,V-M 开环系统的额定转速降为

$$\Delta n_N = \frac{I_{dN} R}{C_e} = \frac{305 \times 0.18}{0.2} \text{r/min} = 275 \text{ r/min}$$

如果要求 $D=20$,$s\leqslant 5\%$,则由式(3-5)可知

$$\Delta n_N = \frac{n_N s}{D(1-s)} \leqslant \frac{1\,000 \times 0.05}{20 \times (1-0.05)} \text{r/min} = 2.63 \text{ r/min}$$

由例 3-1 可以看出,开环调速系统的额定转速降是 275 r/min,而生产工艺的要求却只有 2.63 r/min,几乎相差百倍。

由此可见,开环调速已不能满足要求,可采用反馈控制的闭环调速系统来解决这个问题。

任务实施

一、连接与调试触发电路

视频
三相集成触发电路调试

视频
三相全控整流电路主电路调试

测试开环直流调速系统机械特性时,需要先保证触发电路能正常提供触发脉冲。本任务触发脉冲由集成触发器提供,具体电路组成如图 3-18 所示,内部由三片 KC04 和一片 KC41 组成,KC04 和 KC41C 均为 16 引脚双列直插式集成元件,每片 KC04 的 1 引脚和 15 引脚输出两个单窄脉冲给 KC41,由 KC41 的 10~15 引脚输出双窄脉冲,再经过功放电路,输出 1~6 路间隔 60°的双窄脉冲去触发晶闸管 VT1~VT6,正常发脉冲时,KC41 的 7 脚需对地短接。u_{SU}、u_{SV}、u_{SW} 外接同步输入信号,确保触发脉冲与主电路同步。U_c 和 U_b 均使用 0~15 V 可调电压,调节触发脉冲位置,即改变控制角,其中偏置电压 U_b 可通过串联可调电阻调节,用以调节确定触发脉冲初始位置($U_d=0$),控制电压 U_c 来自外部给定信号 U_g,用以移相(改变 U_d 的值)。

二、连接与调试主电路

1. 连接三相桥式全控整流电路,并测试在整流状态下给定的限幅值

按图 3-19 连接三相桥式全控整流电路主电路。三相全控桥可采用 DJK02 的"三相正桥主电路",将 VT1、VT3、VT5 三个晶闸管阴极相连,VT4、VT6、VT2 三个晶闸管阳极相连,三相全控桥的三

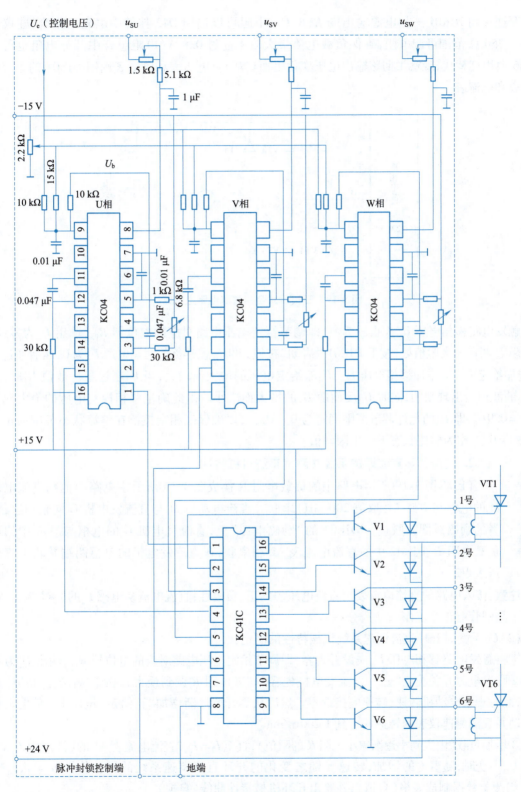

图 3-18 三相全控桥集成触发器内部电路

个桥臂连接到 DJK01 三相电源输出端 A、B、C。电阻可以选用 D42 挂件中电阻的组合,建议选用 450～2 250 Ω 范围可调电阻,确保负载电流最大时不超过 0.8 A(电阻组合中部分电阻也可选用 DJK06 白炽灯替代,观察主回路输出电压变化更加直观)。电压表和电流表选用 DJK01 的直流数字电压表和电流表。

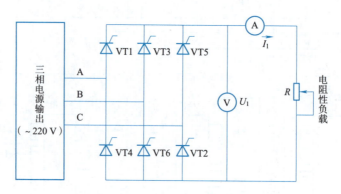

图 3-19　三相桥式全控整流电路主电路

触发电路移相电压 U_{ct} 先设置为零,即调节给定电压电路对应的电位器 R_{P1},输出 U_g 为零;将负载电阻 R 调在最大阻值处,按下 DJK01"启动"按钮,此时,观察负载两端电压 U_d 为 0,然后通过调节 R_{P1} 增加给定 U_g,即增加移相电压 U_{ct},U_d 随给定电压的增大而增大,当 U_g 超过某一数值 U'_g 时,观察到 U_d 的波形会出现缺相,同时 U_d 反而随 U_g 的增大而减小。由此确定移相控制电压的最大允许值 $U_{ctmax}=0.9U'_g$,即 U_g 的允许调节范围确定为 $0\sim U_{ctmax}$,以确保三相全控桥在整流状态范围内正常工作,即将 U_{ctmax} 作为整流状态下输出限幅值。

视频

开环直流调速系统主电路连接

2. 连接开环直流调速系统并测试系统机械特性

(1)将图 3-19 所示电路中的负载电阻 R 换成图 3-15 所示主电路中他励直流电动机 M 的电枢与电感 L_d(取值 200 mH)串联。直流电动机 M 与直流发电机 G 同轴相连,将两者的励磁线圈并联接在 DJK01 的"励磁电源"上,直流发电机 G 的电枢与 D42 中的可调负载电阻 R、DJK02 中的直流电流表 A2 相串联,在直流发电机的电枢两端并联上直流电压表 V2。

注意:接入电路的直流电流表及直流电压表的正、负极性;直流电流从电感 L_d 的"＊"端流入;确保六个晶闸管能正常工作。

(2)U_{ct} 不变时开环直流调速系统机械特性的测定:

①将触发电路移相电压 U_{ct} 先设置为零,即调节给定电压电路对应的电位器 R_{P1},输出 U_g 为零。

②励磁电源开关拨至"开",直流发电机先轻载(即电阻 R 调到最大),按下"电源控制屏"启动按钮,此时观察电动机转速,转速应接近零。然后从零开始逐渐增加"正给定"电压 U_g,使电动机慢慢启动并观测测速仪表的转速 n 达到 1 200 r/min。

③增加负载(由大到小逐渐减小电阻 R 的阻值),直至 $I_d=I_{ed}$(直流电流表 A1 的读数为 0.6 A),测出在 U_{ct} 不变时,随着 I_d 的增加,转速 n 随之变化的开环直流调速系统的机械特性 $n=f(I_d)$,取 6～8 组测量数据制成表格(自拟),并绘出开环机械特性曲线(自拟)。

④将"正给定"电压 U_g 调回到零,再按"停止"按钮,结束测定。

(3) U_d 不变时开环直流调速系统机械特性的测定：

①、②同(2)。

③增加负载，直至 $I_d = I_{ed}$（直流电流表 A1 的读数为 0.6 A），监视三相全控整流输出的直流电压 U_d（直流电压表 V1 的读数），保持 U_d 不变（通过不断调节"正给定"电压 U_g 补偿来实现），测出在 U_d 不变时开环直流调速系统的机械特性 $n = f(I_d)$，取 6~8 组测量数据制成表格（自拟），并绘出开环机械特性曲线（自拟）。

④将"正给定"电压 U_g 调回到零，再按"停止"按钮，结束测定。

为了便于分析 U_{ct} 不变时的直流电动机开环外特性和 U_d 不变时直流电动机开环外特性的优劣，要求在测量数据时，电流 I_d 的测试点一致。

一、选择题

1. 当理想空载转速 n_0 一定时，机械特性越硬，静差率 s（　　）。
   A. 越小　　　　B. 越大　　　　C. 不变　　　　D. 可以任意确定

2. 当系统的机械特性硬度一定时，如要求的静差率 s 越小，调速范围（　　）。
   A. 越大　　　　B. 越小　　　　C. 不变　　　　D. 可大可小

3. 调速系统的调速范围和静差率这两个指标（　　）。
   A. 互不相关　　B. 相互制约　　C. 相互补充　　D. 相互平等

二、计算题

某 V-M 开环系统，已知：$P_N = 2.8$ kW，$U_N = 220$ V，$I_N = 15.6$ A，$n_N = 1\,500$ r/min，$R_a = 1.5\ \Omega$，$R_{rec} = 1\ \Omega$，$K_s = 37$。

(1) 求开环工作时，转速降的值；

(2) 现要求调速指标的 $D = 30$、$s = 10\%$，该开环系统能否满足此指标要求？

任务三　转速负反馈直流调速系统静特性测试

任务描述

按照图 3-20 在相关实验装置上连接转速负反馈直流调速系统电路并测试其静特性，比较开环机械特性、采用 P 控制的闭环静特性及采用 PI 调节的闭环静特性的区别。

任务分析

转速负反馈直流调速系统与开环系统相比较，增加了"速度调节器"和"测速发电机 TG 及速度变换"两个环节。根据调节器采用的调节规律不同，系统可分为有静差系统和无静差系统。接下来首先了解调节器有哪些调节规律，然后再分别介绍有静差和无静差直流调速系统的静特性。

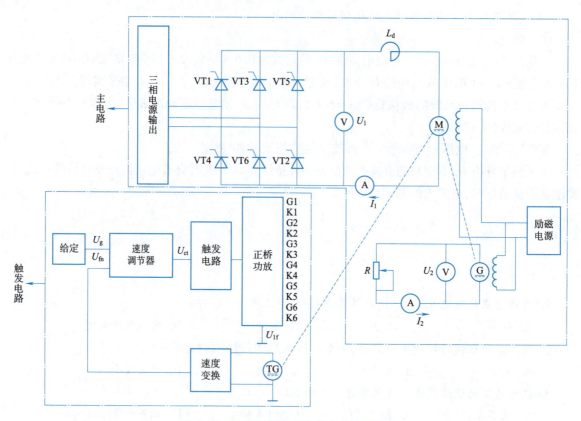

图 3-20 转速负反馈直流调速系统原理图

相关知识

一、调节器的调节规律

调节器(也称控制器)是自动控制系统的核心环节。调节器所采用的调节规律(控制规律)是否得当,直接影响控制质量。

视频
调节器的调节规律

调节规律是指调节器的输出量与输入量(给定值与反馈值之间的偏差值)之间的函数关系。在生产过程的常规控制系统中,采用的基本调节规律主要有比例(P)控制、积分(I)控制、微分(D)控制。

1. 比例控制

在图 3-2 中,若调节器输出的控制信号与输入的偏差成比例关系,称为比例控制,简称 P 控制。该调节器称为比例调节器,输入与输出关系用数学式表示为

$$\mu = K_\mathrm{P} e \tag{3-6}$$

式中　μ——调节器输出的控制信号;

e——调节器的输入信号,即被控量的偏差;

K_P——调节器的比例增益或比例放大倍数。

放大倍数 K_P 可以大于1,也可以小于1。也就是比例作用可以是放大,也可以是缩小,所以比例调节器实际上是一个放大倍数可调的放大器。

图 3-21 所示为比例调节器的输入/输出动态特性,调节器的输入信号 e 为阶跃信号。在被控量偏差一定时,K_P 越大,调节器输出的控制信号越大,控制作用越强。因此,K_P 的大小表示了比例控制作用的强弱,它是比例调节器的一个特性参数。

实际工作中,为了方便地确定比例作用的范围,习惯上用比例度 δ 来表示比例控制作用的特性。

比例度是调节器输入的相对变化量与输出的相对变化量之比的百分数。用数学式可表示为

$$\delta = \frac{\dfrac{e}{(z_{max}-z_{min})}}{\dfrac{\Delta \mu}{(\mu_{max}-\mu_{min})}} \times 100\% \tag{3-7}$$

式中 $z_{max}-z_{min}$——调节器输入信号的全量程,即其输入量上限值与下限值之差;

$\mu_{max}-\mu_{min}$——调节器输出信号的全量程,即其输出量上限值与下限值之差。

式(3-7)中,对于一个具体的比例调节器,其指示值的刻度范围 $z_{max}-z_{min}$ 及输出工作范围 $\mu_{max}-\mu_{min}$ 是固定的,可用常数 K 表示为

$$K = \frac{\mu_{max}-\mu_{min}}{z_{max}-z_{min}}$$

比例度 δ 与比例放大倍数 K_P 的关系为

$$\delta = \frac{K}{K_P} \times 100\% \tag{3-8}$$

由于 K 为常数,因此控制器的比例度 δ 与比例放大倍数 K_P 成反比关系。

因此,比例度 δ 和比例放大倍数 K_P 一样,都是用来表示调节器调节作用强弱的特性参数。δ 小时,比例放大倍数 K_P 大,控制作用强,过程波动大,不易稳定;当 δ 小到一定程度,系统将出现等幅振荡,这时的比例度称为临界比例度,δ 再小就会出现发散振荡;若 δ 大,K_P 小,控制作用弱;若 δ 太大,则调节器输出变化很小,被控量变化缓慢,比例控制就没有发挥作用。δ 的大小适当时,控制过程稳定得快,控制时间也短。

图 3-22 所示为由理想运放构成的比例调节器。其输出信号 U_o 与输入信号 U_i 成比例关系。

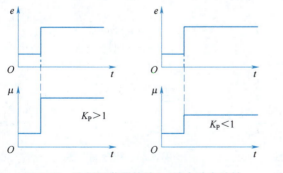

图 3-21 比例调节器的输入/输出动态特性

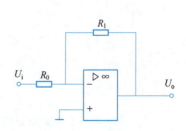

图 3-22 比例调节器

比例控制的特点：

优点：比例控制作用及时、快速、控制作用强。

弱点：有静差（或称稳态偏差）。当有扰动作用时，通过比例控制，系统虽然能达到新的稳定，但是永远回不到原来的给定值上。

2. 积分控制

在图 3-2 中，若调节器输出的控制信号的变化率与偏差信号成正比的关系，称为积分控制，简称 I 控制。该调节器称为积分调节器，输入与输出关系用数学式表示为

$$\frac{d\mu}{dt} = K_I e \tag{3-9}$$

或

$$\mu = K_I \int_0^t e\,dt \tag{3-10}$$

式中 $\dfrac{d\mu}{dt}$——调节器输出的控制信号的变化率；

e——调节器的输入信号，即被控量的偏差；

K_I——积分控制的比例常数（称为积分速度）。

从式（3-9）可见，只要偏差（静差，又称稳态偏差）e 存在，$\dfrac{d\mu}{dt} \ne 0$，执行元件就不会停止动作；偏差越大，执行元件动作速度越快；当偏差为零时，$\dfrac{d\mu}{dt}=0$，执行元件停止动作，被控量稳定下来。

积分控制的动态特性如图 3-23 所示，输入信号（偏差信号）e 为阶跃信号，由于 K_I 为常数，所以式（3-10）为线性方程。在偏差 e 不为零时，调节器的输出为一条倾斜的直线段，其斜率就是 K_I，折线段与横坐标之间的面积，即表征积分作用的大小。显然，K_I 越大，积分作用越强，所以 K_I 是反映积分作用强弱的一个参数。

和比例度类似，习惯上用 K_I 的倒数 T_I 来表示积分作用的强弱，即 $T_I = \dfrac{1}{K_I}$。其中，T_I 称为积分时间。T_I 越小，表示积分作用越强；T_I 越大，表示积分作用越弱。

图 3-24 所示为由理想运放构成的积分调节器。其输出信号 U_o 与输入信号 U_i 成积分关系。

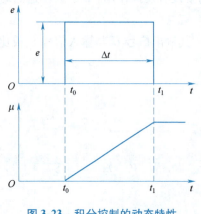

图 3-23 积分控制的动态特性

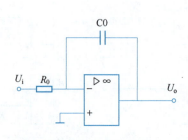

图 3-24 积分调节器

积分控制的特点：

优点:能实现无静差控制。

弱点:积分动作在控制过程中会造成过调现象,乃至引起被控参数的振荡。原因主要是执行元件动作速度 $\dfrac{d\mu}{dt}$ 的大小及方向,主要决定于偏差 e 的大小及正负,而不考虑偏差变化速度的大小及方向,这是积分动作在控制过程中形成过调的根本原因。

积分控制的另一个缺点是作用不及时,控制过程缓慢。原因是积分作用是随着时间的积累而逐渐增强的,当被控参数突然出现一个偏差时,积分调节器的输出信号总是落后于输入偏差信号的变化(又称相位滞后),所以它的调节作用缓慢。

3. 微分控制

在图 3-2 中,若调节器输出的控制信号与被控量的偏差变化率成正比的关系,称为微分控制,简称 D 控制。该调节器称为微分调节器,输入与输出这种关系用数学式表示为

$$\mu = T_D \dfrac{de}{dt} \tag{3-11}$$

式中　μ ——调节器输出的控制信号;

　　　$\dfrac{de}{dt}$——被控量的偏差变化率;

　　　T_D——微分时间。

从式(3-11)可知,偏差变化率 $\dfrac{de}{dt}$ 越大,微分时间 T_D 越长,则调节器输出信号越大,即微分作用就越强。若偏差固定不变,不管这个偏差有多大,由于它的变化率为零,调节器的输出信号即为零,微分作用为零。

微分控制的动态特性如图 3-25 所示,输入信号(偏差信号) e 为阶跃信号,在输入信号加入的瞬间($t=t_0$),偏差变化率相当于无穷大,从理论上讲,这时微分调节器的输出 μ_0 也应为无穷大,在此之后,由于输入不再变化,输出 μ_0 立即降到零。但实际上这种控制作用是无法实现的,故称为理想微分调节作用。实际的微分调节作用如图 3-25(c)所示,在阶跃输入发生时,输出突然上升到某个有限高度,然后逐渐下降到零,这是一种近似的微分作用。

图 3-26 所示为由理想运放构成的微分调节器。其输出信号 U_o 与输入信号 U_i 成微分关系。

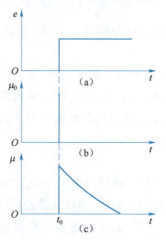

图 3-25　微分控制的动态特性

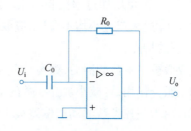

图 3-26　微分调节器

微分调节器能在偏差信号出现或变化的瞬间,立即根据变化的趋势,产生强烈的调节作用,使偏差尽快地消除于萌芽状态之中。但对静态偏差毫无抑制能力,因此不能单独使用,总要和比例或比例积分调节规律结合起来,组成 PD 调节器或 PID 调节器。

实际微分调节器的输出由比例作用和近似微分作用两部分组成,简称 PD 控制。

在幅值为 A 的阶跃信号作用下,实际微分调节器的输出为

$$\mu_{PD} = \mu_P + \mu_D = A + A(K_D - 1)e^{-\frac{K_D}{T_D}t} = A[1 + (K_D - 1)e^{-\frac{K_D}{T_D}t}] \tag{3-12}$$

式中　μ_{PD}——实际微分调节器的输出;

μ_P——比例作用部分输出;

μ_D——近似微分作用部分输出;

A——实际微分调节器阶跃输入的大小;

K_D——微分放大倍数;

e——自然对数的底数;

T_D——微分时间。

实际微分调节器的动态特性如图 3-27 所示。由图 3-27 可见,当输入阶跃信号 A 后,输出立即升高了 A 的 K_D 倍,然后逐渐下降到 A,最后只剩下比例作用。微分调节器的 K_D 都是在设计时就已经确定了的。

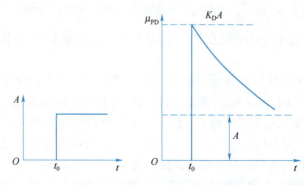

图 3-27　实际微分调节器的动态特性

微分时间 T_D 是表示微分作用的另一个参数。实际的微分调节器中,K_D 是固定不变的,T_D 则是可以调节的,因此 T_D 的作用更为重要。

T_D 愈大,微分作用愈强,静态偏差愈小,会引起被控参数大幅度变动,使过程产生振荡,增加了系统的不稳定性;T_D 愈小,微分作用愈弱,静态偏差愈大,动态偏差也大,波动周期长,但系统稳定性增强;T_D 适当,不但可增加过程控制的稳定性,而且在适当降低比例度的情况下,还可减小静差。因此,微分时间 T_D 过大或过小均不合适,应取适当数值。

微分控制的特点:

优点:克服被控参数的滞后,微分作用的方向总是阻止被控参数的变化,力图使偏差不变。因此,适当加入微分作用,可减小被控参数的动态偏差,有抑制振荡、提高系统稳定性的效果。采用 PD 调节器调节,由于被控参数的动态偏差很小,静态偏差也不大,控制过程结束得也快,所以调节效果是比较好的。

弱点:不允许被控参数的信号中含有干扰成分,因为微分动作对干扰的反应是敏感的、快速的,很容易造成执行元件的误动作,其应用受到限制。

4. 比例积分控制

比例积分调节器的调节规律是比例与积分两种调节规律的结合,简称 PI 控制,其数学表达式为

$$\mu_{PI} = \mu_P + \mu_I = \frac{1}{\delta}e + K_I\int edt = \frac{1}{\delta}\left(e + \frac{1}{T_I}\int edt\right) \tag{3-13}$$

式中,$T_I = \frac{1}{\delta K_I}$,称为比例积分调节器的积分时间。

PI 控制的动态特性如图 3-28 所示,当输入为一阶跃信号时,PI 调节器的输出特性为比例与积分的叠加。

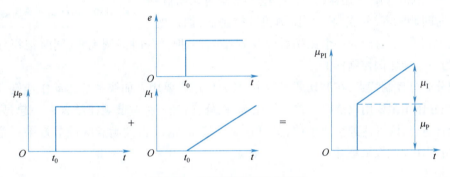

图 3-28　PI 调节器的动态特性

PI 调节器的调节过程与参数 δ 和 T_I 有关。当 δ 不变时,T_I 太小,积分作用太强。也就是说,消除静态偏差的能力很强,同时动态偏差也有所下降,被控参数振荡加剧,稳定性降低。T_I 太大,积分作用不明显,消除静态偏差的能力很弱,使过渡过程时间长,同时动态偏差也增大,但振荡减缓,稳定性提高。$T_I \to \infty$,比例积分调节器就没有积分作用,这时的调节器就变成一个纯比例调节器,有静态偏差存在。因为积分作用会加强振荡,对于滞后大的对象更为明显。因此,调节器的积分时间 T_I 应按被控对象的特性来选择。对于管道压力、流量等滞后不大的对象,T_I 可选得小些;温度对象的滞后较大,T_I 可选得大些。

图 3-29 所示为由理想运放构成的比例积分调节器。其输出信号 U_o 与输入信号 U_i 成比例积分关系。

比例积分控制的特点:

比例积分控制规律既具有比例控制作用及时、快速的特点,又具有积分控制能消除余差的性能,因此是生产上常用的控制规律。

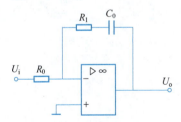

图 3-29　比例积分调节器

5. 比例积分微分控制

比例积分微分调节器的控制规律是比例、积分与微分三种控制规律的结合,简称 PID 控制。其表达式为

$$\mu = \mu_P + \mu_I + \mu_D = \frac{1}{\delta}\left(e + \frac{1}{T_I}\int edt + T_D\frac{de}{dt}\right) \tag{3-14}$$

PID 调节器的动态特性如图 3-30 所示。当输入为一阶跃变化信号时,PID 调节器的输出为三种

控制的结合,即三条虚线叠加。

开始时,微分作用的输出变化最大,使总的输出大幅度变化,产生强烈的"超前"控制作用,这种控制作用可看成"预调"。然后,微分作用逐渐消失,积分作用的输出逐渐占主导地位,只要余差存在,积分输出就不断增加,这种控制作用可看成"细调",一直到余差完全消失,积分作用才有可能停止。而在PID控制器的输出中,比例作用的输出是自始至终与偏差相对应的,它一直是一种最基本的控制作用。在实际PID控制器中,微分环节和积分环节都具有饱和特性。

对于一个实际的PID控制器,δ、T_I、T_D 的参数均可以调整。如果把微分时间调到零,就成为一个比例积分控制器;如果把积分时间放大到最大,就成为一个比例微分控制器;如果把微分时间调到零,同时把积分时间放到最大,就成为一个纯比例控制器了。

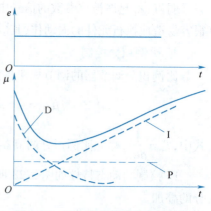

图 3-30　PID 调节器的动态特性

比例积分微分控制特点:在 PID 调节器中,微分作用主要用来加快系统的动作速度,减小超调,克服振荡;积分作用主要用以消除静差。将比例、积分、微分三种调节规律结合在一起,只要三项作用的强度配合适当,既可达到快速敏捷,又可达到平稳准确,可得到满意的调节效果。尤其对大延迟对象,采用 PID 控制效果更好。

二、有静差转速负反馈直流调速系统

1. 有静差转速负反馈直流调速系统的静特性

若图 3-20 中的速度调节器采用比例控制,则构成有静差转速负反馈直流调速系统,原理图如图 3-31 所示。调节器采用了由理想运放构成的比例(P)调节器,根据比例调节器特点,转速偏差 $\Delta n \neq 0$,该系统进入稳态后,各组成环节输入/输出的关系可用稳态结构图表示,如图 3-32 所示。

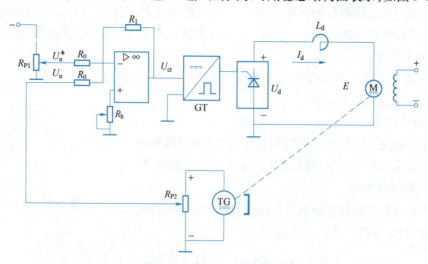

图 3-31　有静差转速负反馈直流调速系统原理图

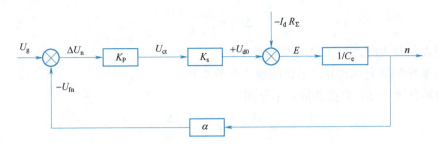

图 3-32 有静差转速负反馈直流调速系统的稳态结构图

图 3-32 中各环节分别为

电压比较环节 $\Delta U_n = U_g - U_{fn}$。

P 调节器（放大器）$U_{ct} = K_P \Delta U_n$。

晶闸管整流器及触发装置 $U_{d0} = K_s U_{ct}$。

直流电动机 $n = \dfrac{U_{d0} - I_d R_\Sigma}{C_e \Phi}$。

测速反馈环节 $U_n = \alpha n$。

以上各环节中，K_P 为比例放大倍数；K_s 为晶闸管整流器及触发装置电压放大倍数；α 为转速反馈系数，V/(r/min)；U_{d0} 为晶闸管的理想空载输出电压；R_Σ 为电枢回路总电阻。

由以上各环节中，消去中间变量可得到系统的静特性方程为

$$n = \dfrac{K_P K_s U_g - R_\Sigma I_d}{C_e \Phi (1 + K_P K_s \alpha / C_e)} = \dfrac{K_P K_s U_g}{C_e \Phi (1 + K)} - \dfrac{R_\Sigma I_d}{C_e \Phi (1 + K)} = n_{0cl} - \Delta n_{cl} \tag{3-15}$$

式中　K——闭环系统的开环放大倍数，$K = K_P K_s \alpha / C_e$，它是系统中各环节放大倍数的乘积；

　　n_{0cl}——闭环系统的理想空载转速；

　　Δn_{cl}——闭环系统的稳态转速降。

闭环调速系统的静特性表示闭环系统电动机转速与负载电流（或转矩）的稳态关系，在形式上它与开环机械特性相似，但在本质上二者有很大不同，故定名为闭环系统的"静特性"，以示区别。

2. 闭环系统的静特性与开环系统机械特性的比较

将闭环系统的静特性与开环系统的机械特性进行比较，就能清楚地看出闭环控制的优越性。

如果断开转速反馈回路（令 $\alpha = 0$，则 $K = 0$），则上述系统呈开环系统，其机械特性为

$$n = \dfrac{U_{d0} - R_\Sigma I_d}{C_e \Phi} = \dfrac{K_P K_s U_g}{C_e \Phi} - \dfrac{R_\Sigma I_d}{C_e \Phi} = n_{0op} - \Delta n_{op} \tag{3-16}$$

式中，n_{0op} 和 Δn_{op} 分别为开环系统的理想空载转速和稳态转速降。

比较式（3-15）和式（3-16）可以得出如下结论：

(1) 闭环系统静特性比开环系统机械特性硬得多。

证明：在同样的负载下，两者的稳态转速降分别为

$$\Delta n_{op} = \dfrac{R_\Sigma I_d}{C_e \Phi} \quad \text{和} \quad \Delta n_{cl} = \dfrac{R_\Sigma I_d}{C_e \Phi (1 + K)}$$

它们的关系是

$$\Delta n_{\mathrm{cl}} = \frac{\Delta n_{\mathrm{op}}}{1+K} \tag{3-17}$$

显然,当 K 值较大时,Δn_{cl} 比 Δn_{op} 要小得多。

(2)闭环系统的静差率比开环系统的静差率小得多。

证明:闭环系统和开环系统的静差率分别为

$$s_{\mathrm{cl}} = \frac{\Delta n_{\mathrm{cl}}}{n_{0\mathrm{cl}}} \quad \text{和} \quad s_{\mathrm{op}} = \frac{\Delta n_{\mathrm{op}}}{n_{0\mathrm{op}}}$$

当 $n_{0\mathrm{cl}} = n_{0\mathrm{op}}$ 时,则有

$$s_{\mathrm{cl}} = \frac{s_{\mathrm{op}}}{1+K} \tag{3-18}$$

显然,当 K 值较大时,s_{cl} 比 s_{op} 要小得多。

(3)当要求的静差率一定时,闭环系统的调速范围可以大大提高。

证明:如果电动机的最高转速都是 n_{N},且对最低转速的静差率要求相同,则开环时 $D_{\mathrm{op}} = \frac{n_{\mathrm{N}}s}{\Delta n_{\mathrm{op}}(1-s)}$,闭环时 $D_{\mathrm{cl}} = \frac{n_{\mathrm{N}}s}{\Delta n_{\mathrm{cl}}(1-s)}$。所以

$$D_{\mathrm{cl}} = (1+K)D_{\mathrm{op}} \tag{3-19}$$

由以上分析可以看出,上述三条结论体现闭环系统优越性,是建立在 K 值足够大的基础上。由系统的开环放大倍数($K = K_{\mathrm{P}}K_{\mathrm{s}}\alpha/C_{\mathrm{e}}\varPhi$)可看出,若要增大 K 值,只能增大 K_{P} 和 α 值,在闭环系统中,引入转速负反馈电压 U_{fn} 后,ΔU_{n} 很小,所以必须设置放大器来增大 K_{P},才能获得足够的控制电压 U_{ct},才能使系统正常工作。且闭环系统的开环放大倍数 K 越大,静特性就越硬,在保证一定静差率要求下,其调速范围越大。

例 3-2 在例 3-1 中,若采用 $\alpha = 0.015 \text{ V}/(\text{r/min})$ 转速负反馈闭环系统,问放大器的放大倍数为多大时该闭环系统才能满足例 3-1 中的调速指标要求?

解 在例 3-1 中已经求得

$$\Delta n_{\mathrm{op}} = 275 \text{ r/min}, \Delta n_{\mathrm{cl}} = 2.63 \text{ r/min}$$

由式(3-17)可得

$$K = \frac{\Delta n_{\mathrm{op}}}{\Delta n_{\mathrm{cl}}} - 1 \geqslant \frac{275}{2.63} - 1 = 103.6$$

$$K_{\mathrm{P}} = \frac{K_{\mathrm{n}}}{K_{\mathrm{s}}\alpha/C_{\mathrm{e}}\varPhi} \geqslant \frac{103.6}{30 \times 0.015/0.2} = 46$$

可见只要放大器的放大倍数大于或等于 46,转速负反馈闭环系统就能满足要求。

3. 有静差转速负反馈直流调速系统的特征

1)有静差

从前面对静特性的分析中可以看出,闭环系统的稳态转速降为 $\Delta n_{\mathrm{cl}} = \frac{R_{\Sigma}I_{\mathrm{d}}}{C_{\mathrm{e}}\varPhi(1+K)}$,只有当 $K \to \infty$ 时,才能使 $\Delta n_{\mathrm{cl}} = 0$,即实现无静差。实际上,不可能获得无穷大的 K 值,况且过大的 K 值将导致系统不稳定。

从控制作用上看,放大器输出的控制电压 U_{ct} 与转速偏差电压 ΔU_{n} 成正比,假设实现无静差,

$\Delta n_{cl}=0$,则转速偏差电压 $\Delta U_n=0$,$U_{ct}=0$,控制系统就不能产生控制作用,系统将停止工作。所以,假设不成立,这种系统是以偏差存在为前提的,反馈环节只是检测偏差,减小偏差,而不能消除偏差,因此采用比例控制的负反馈直流调速系统是有静差系统。

2)闭环系统对包围在环内的一切主通道上的扰动作用都能有效抑制

当给定电压 U_g 不变时,把引起被调量转速发生变化的所有因素称为扰动。图 3-33 画出了各种扰动作用,包括交流电源电压波动、电动机励磁电流的变化、放大器放大倍数的漂移、由温度变化引起的主电路电阻的变化等,它们均会引起对应环节放大倍数的变化从而影响转速。电流 I_d 变化代表负载扰动,也会影响转速变化。但这些在负反馈环内主通道(前向通道)上的扰动都会被检测环节检测出来,通过反馈控制作用减小它们对转速的影响。

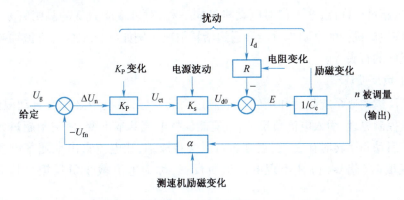

图 3-33　反馈控制系统给定作用和扰动作用

上述闭环系统能减小扰动对转速的影响,也即影响稳态转速降 Δn 的实质是什么?

在闭环系统中,当电动机的转速 n 由于某种原因(如机械负载转矩的增加)而下降时,除了电动机内部的自动调节过程外;另一个则是由于转速负反馈环节的调节作用,如图 3-34 所示。

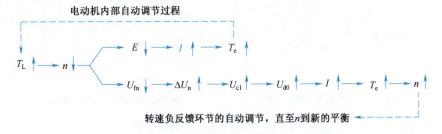

图 3-34　具有转速负反馈的直流调速系统的自动调节过程

电动机内部的调节,主要是通过电动机反电动势 E 下降,使电流增加;而转速负反馈环节的调节,则主要通过对反馈闭环控制系统被调量的偏差电压 ΔU_n 进行控制。n 下降,则通过转速负反馈电压 U_{fn} 下降,使偏差电压 ΔU_n 增加,经过放大后 U_{ct} 增大,整流装置输出的电压 U_{d0} 上升,电枢电流增加,从而电磁转矩增加,转速 n 回升。直至 $T_e=T_L$,调节过程才结束。

3)反馈控制系统对于给定电源和检测装置中的扰动是无法抑制的

由于被调量(转速)紧紧跟随给定电压的变化,当给定电压发生波动,转速也随之变化。反馈控制不起作用,因此高精度的调速系统需要更高精度的给定稳压电源。另外,由于反馈检测环节本身的误差引起被调量的偏差,反馈控制系统也无法抑制,比如图 3-33 中测速发电机的励磁电流发生变化,则转速反馈电压 U_{fn} 必然改变,通过系统的反馈调节,反而使转速离开了原应保持的数值。因此,高精度的系统还必须有高精度的反馈检测元件作为保证。

三、电流截止负反馈环节的工作原理

1. 问题提出

上述转速负反馈直流调速系统存在两个问题。问题一:直流电动机全压启动时会产生很大的冲击电流。给转速负反馈直流调速系统突加给定电压时,由于机械惯性,转速不可能立即建立起来,反馈电压仍为零,加在调节器上的输入偏差电压($\Delta U_n = U_g$)很大,整流电压 U_{d0} 立即达到最高值,电枢电流远远超过允许值,这不仅对电动机换向不利,对过载能力低的晶闸管来说也是不允许的。问题二:有些生产机械的电动机可能会遇到堵转情况。例如,由于故障,机械轴被卡住,或挖土机工作时遇到坚硬的石头等。

2. 电流截止负反馈环节

为了解决负反馈调速系统起动和堵转时电流过大的问题,系统中必须有自动限制电枢电流的环节。根据反馈控制原理,引入电流负反馈,就应能保持电流基本不变,使它不超过允许值。但是,这种作用只应在启动和堵转时存在,在正常运行时又得取消,让电流自由地随着负载增减,这种当电流大到一定程度时(临界值)才出现的电流负反馈,称为电流截止负反馈。其电路如图 3-35 所示。

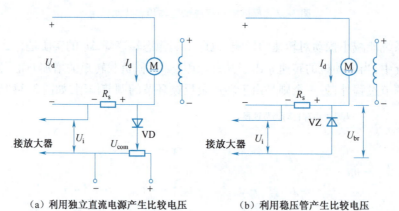

(a)利用独立直流电源产生比较电压　　(b)利用稳压管产生比较电压

图 3-35　电流截止负反馈环节

图 3-35 中电流反馈信号取自串联在电枢回路的小电阻 R_s 两端,$I_d R_s$ 正比于电枢电流。设 I_{dcr} 为临界截止电流,为了实现电流截止负反馈,引入比较电压 $U_{com} = I_{dcr} R_s$,并将其与 $I_d R_s$ 反向串联,如图 3-35(a)所示。

若忽略二极管正向压降的影响时:

当 $I_d R_s \leq U_{com}$ 时,即 $I_d \leq I_{dcr}$,二极管截止,电流反馈被切断,此时系统就是一般的闭环调速系统,其静特性很硬;

当 $I_d R_s > U_{com}$ 时,即 $I_d > I_{dcr}$,二极管导通,电流反馈信号 $U_i = I_d R_s - U_{com}$ 加至放大器的输入端,此

时偏差电压 $\Delta U = U_n^* - U_n - U_i$，$U_i$ 随 I_d 的增大而增大，使 ΔU 下降，从而 U_{d0} 下降，抑制 I_d 上升。此时系统静特性较软。电流负反馈环节起主导作用时的自动调节过程如图 3-36 所示。

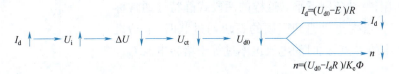

图 3-36　电流负反馈环节起主导作用时的自动调节过程（电枢电流大于截止电流）

调节 U_{com} 的大小，即可改变临界截止电流 I_{dcr} 的大小。从而实现了系统对电流截止负反馈的控制要求。图 3-35（b）是利用稳压管 VZ 的击穿电压 U_{br} 作为比较电压，线路简单，但不能平滑调节临界截止电流值，且调节不便。

应用电流截止负反馈环节后，虽然限制了最大电流，但在主回路中，为防止短路还必须接入快速熔断器。为防止在截止环节出故障时把晶闸管烧坏，在要求较高的场合，还应增设过电流继电器。

3. 带电流截止负反馈的转速负反馈直流调速系统

在转速闭环调速系统的基础上，增加电流截止负反馈环节，就可构成带有电流截止负反馈环节的转速负反馈直流调速系统，如图 3-37 所示。

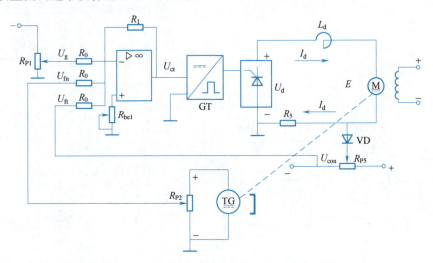

图 3-37　带电流截止负反馈的转速负反馈直流调速系统

当 $I_d R_s \leqslant U_{com}$ 时，即电流截止负反馈不起作用，系统的闭环静特性方程为

$$n = \frac{K_P K_s U_n^*}{C_e(1+K)} - \frac{R I_d}{C_e(1+K)} = n_0 - \Delta n \tag{3-20}$$

当 $I_d R_s > U_{com}$ 时，即电流截止负反馈起作用，其静特性方程为

$$n = \frac{K_P K_s U_n^*}{C_e(1+K)} - \frac{K_P K_s}{C_e(1+K)}(R_s I_d - U_{com}) - \frac{R I_d}{C_e(1+K)}$$

$$= \frac{K_P K_s (U_n^* + U_{com})}{C_e(1+K)} - \frac{(R + K_P K_s R_s) I_d}{C_e(1+K)} = n_0' - \Delta n' \tag{3-21}$$

由上述两式画静特性曲线如图 3-38 所示。式(3-20)对应于图 3-38 中的 n_0A 段,它就是静特性较硬的闭环调速系统。式(3-21)对应于图 3-38 中的 AB 段,此时电流负反馈起作用,特性急剧下垂。这样的两段式静特性通常称为"挖土机特性"。当挖土机遇到坚硬的石块而过载时,电动机停下,如图 3-38 中的 B 点,此时的电流也不过等于堵转电流 I_{dbl}。

四、带 PI 调节器的无静差直流调速系统

将图 3-37 中的比例调节器换成由理想运放构成的比例积分(PI)调节器,如图 3-39 所示。只要适当选择比例度(或比例放大倍数)和积分时间常数,则可以消除 Δn,因此称该系统为无静差直流调速系统。

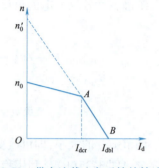

图 3-38 带电流截止负反馈的转速闭环调速系统的静特性曲线

当系统负载由稳定转为突增时的动态过程曲线如图 3-40 所示。

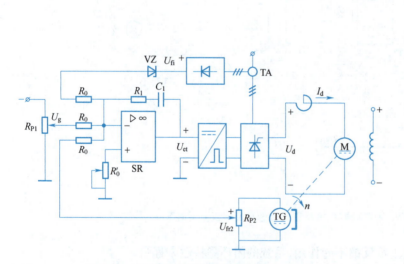

图 3-39 带 PI 调节器的无静差直流调速系统

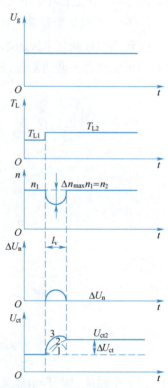

图 3-40 系统负载突增时的动态过程曲线

系统开始时处于稳态,图 3-40 中显示 PI 调节器输入偏差电压 $\Delta U_n = 0$。

当负载由 T_{L1} 增至 T_{L2} 时,转速下降,U_{fn} 下降,使偏差电压 $\Delta U_n \neq 0$,PI 调节器输出电压 U_{ct} 出现了增量 ΔU_{ct},该增量分为两部分:在调节过程的初始阶段,比例部分立即输出 $\Delta U_{ct1} = K_P \Delta U_n$,波形与 ΔU_n 相似,见弯曲的虚曲线 1;积分部分 ΔU_{ct2} 波形为 ΔU_n 对时间的积分见虚线 2。比例积分为虚曲线 1 和虚线 2 相加,如曲线 3。在初始阶段,由于 $\Delta n(\Delta U_n)$ 较小,积分作用的虚线上升较慢。比例部

分正比于 ΔU_n，虚曲线 1 上升较快。当 $\Delta n(\Delta U_n)$ 达到最大值时，比例部分输出 ΔU_{ct1} 达到最大值，积分部分的输出电压 ΔU_{ct2} 增长速度最大。此后，转速开始回升，ΔU_n 开始减小，比例部分 ΔU_{ct1} 曲线转为下降，积分部分 ΔU_{ct2} 继续上升，直至 ΔU_n 为零。此时积分部分起主要作用。可以看出，在调节过程的初、中期，比例部分起主要作用，保证了系统的快速响应；在调节过程的后期，积分部分起主要作用，最后消除偏差，即实现无静差。

任务实施

先连接与测试各个环节单元电路，再连接与调试整个系统电路。具体如下：

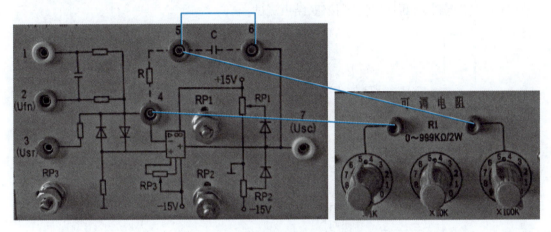

图 3-41　速度调节器及电路连接图

一、连接与测试速度调节器（速度调节器调零及其限幅值调节）

1. 速度调节器的调零

速度调节器及电路连接图如图 3-41 所示。将图中所有输入端"1""2""3"接地，选取阻值为 40 kΩ 的电阻 R_1 接到"速度调节器"的"4"和"5"两端，用导线将"5"和"6"短接，使"速度调节器"成为 P 调节器。调节面板上的调零电位器 R_{P3}，用万用表的毫伏挡测量电流调节器"7"端的输出，使调节器的输出电压尽可能接近于零。

2. 速度调节器的正负限幅值的调整

将图 3-41 中"速度调节器"的"5"和"6"短接线去掉，选容值为 0.47 μF 的电容接入"5"和"6"两端，使调节器成为 PI 调节器，然后将给定电压 U_g（在面板 DJK04）接到转速调节器的"3"端，当"正给定"电压调到 +5 V 时，调整负限幅电位器 R_{P2}，使之输出电压"7"端值接近 0；当"负给定"电压调到 -5 V 时，调整正限幅电位器 R_{P1}，使速度调节器的"7"端输出正限幅为 U_{ctmax}（见本项目任务二任务实施中"连接与调试主电路"相关内容）。

二、连接与测试速度变换环节（整定测速发电机变换环节的转速反馈系数）

（1）转速反馈系数的整定电路按图 3-42 接线，与开环直流调速系统相比较增加了测速发电机与速度变换环节,其中速度变换环节电路连接图如图 3-43 所示,将与发电机同轴相连的测速仪表的电压输出端子接到"速度变换"环节的输入端子上。

(2)将"正给定"电压 U_g 调到零。

(3)励磁电源开关拨至"开",直流发电机先轻载(即电阻 R_1 调到最大),按下"电源控制屏"启动按钮,输出三相交流电,此时观察电动机转速,转速应接近零,若不为零,通过调节 U_b 修正以接近零,然后从零开始逐渐增加"正给定"电压 U_g,使电动机慢慢启动并观测测速仪表的转速达到 1 500 r/min。调节图 3-43"速度变换"转速反馈电位器 R_{P1},使得该转速时输出的反馈电压 U_{fn}("3"端子上的电压)= +6 V,这时对应的转速反馈系数 $\alpha = U_{fn}/n = 0.004$ V/(r/min)。

(4)"正给定"退到零,再按"停止"按钮,结束测试。

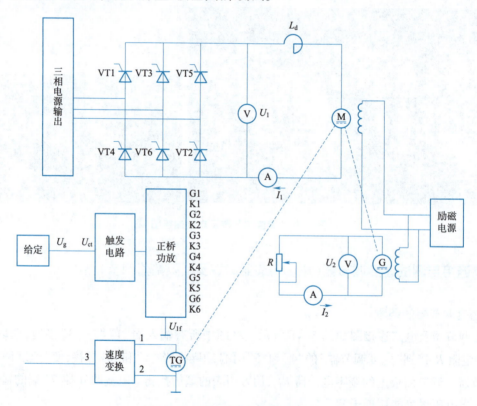

图 3-42 转速反馈系数的整定电路

三、系统电路调试(转速负反馈直流调速系统的连接与静特性测试)

(1)按照图 3-20 连接电路。特别注意:速度调节器与速度变换环节的连接,将电压 U_g 拨在"负给定"位置,连接到图 3-41 所示速度调节器的"3"(Usr)端,图 3-43 所示速度变换环节的输出"3"端,连接到图 3-41 所示速度调节器的"2"(Ufn)端,速度调节器的"7"端与触发器(DJK02-1)的移相控制电压端子相连。

(2)有静差转速负反馈直流调速系统静特性测试:

①按照图 3-41 将"速度调节器"接成 P 调节器,$R_1 = 40$ kΩ。

②"负给定"电压 U_g 调到零,励磁电源开关拨至"开",直流发电机先轻载(即电阻 R 调到最大),按下启动按钮。从零开始逐渐增加"负给定"电压 U_g,使电动机慢慢启动并使转速达到 1 200 r/min。

③调节直流发电机负载(由大到小改变电阻 R),直至 $I_d = I_{ed}$(额定负载时的电流),测出在 U_{ct} 不变时,随着 I_d 的增加,转速 n 随之变化的系统静特性 $n = f(I_d)$,取 6~8 组测量的数据制成表格(自拟),并绘出开环机械特性曲线(自拟)。

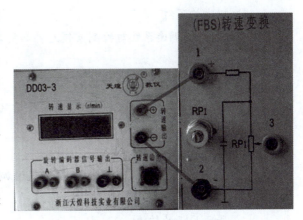

图 3-43 速度变换环节电路连接图

④适当增加速度调节器的比例放大倍数,即增加 $R1$ 值(比如取值 100 kΩ),重复步骤②和步骤③观察转速变化。

⑤将"负给定"退到零,再按"停止"按钮,结束测试。

(3)无静差转速负反馈直流调速系统静特性测试:

①将"速度调节器"接成 PI 调节器。即图 3-41 中速度调节器的"5"和"6"短接线去掉,选容值为 0.47 μF 的电容接入"5"和"6"两端,即 $R1 = 40$ kΩ, $C = 0.47$ μF。

②励磁电源开关拨至"开",直流发电机先轻载(即电阻 R 调到最大),按下启动按钮。从零开始逐渐增加"负给定"电压 U_g,使电动机慢慢启动并使转速达到 1 200 r/min。(若系统不稳定,可适当调节速度调节器的 $R1$ 和 C 值,来改善系统的稳定性,只要系统转速稳定在正负 1 转范围内即可)。

③调节直流发电机负载(由大到小改变电阻 R),直至 $I_d = I_{ed}$,测出在 U_{ct} 不变时,随着 I_d 的增加,转速 n 随之变化的系统静特性 $n = f(I_d)$,取 6~8 组测量的数据制成表格(自拟),并绘出开环机械特性曲线(自拟)。

④将"负给定"退到零,再按"停止"按钮,结束测试。

练 习

一、单选题

1. 无静差调速系统中必须有(   )。
   A. 比例环节　　　B. 积分环节　　　C. 微分环节　　　D. 惯性环节
2. (   )越大,越有利于提高系统的稳态精度,但不利于系统的稳定。
   A. 开环增益　　　B. 稳态误差　　　C. 振荡次数　　　D. 最大超调量
3. PID 控制规律中,(   )。
   A. K_P 越大,比例作用越强; T_I 越大,积分作用越强; T_D 越大,微分作用越强
   B. K_P 越小,比例作用越强; T_I 越小,积分作用越强; T_D 越小,微分作用越强
   C. K_P 越大,比例作用越强; T_I 越小,积分作用越强; T_D 越大,微分作用越强

D. 以上均不对

4. 转速负反馈调速系统对检测反馈元件和给定电压造成的转速扰动（　　）补偿能力。
   A. 没有
   B. 有
   C. 对前者有补偿能力，对后者无
   D. 对前者无补偿能力，对后者有

5. 调试时，若将比例积分（PI）调节器的反馈电容短接，则该调节器将成为（　　）。
   A. 比例调节器
   B. 积分调节器
   C. 比例微分调节器
   D. 比例积分微分调节器

6. 转速负反馈有静差调速系统中，当负载增加以后，转速要下降，系统自动调速以后，可以使电动机的转速（　　）。
   A. 等于原来的转速
   B. 低于原来的转速
   C. 高于原来的转速
   D. 以恒转速旋转

7. 在转速负反馈系统中，闭环系统的静态转速降减为开环系统静态转速降的（　　）倍。
   A. $1+K$
   B. $1+2K$
   C. $1/(1+2K)$
   D. $1/(1+K)$

二、填空题

1. 微分控制的主要作用是克服被控参数的_____。
2. 在 PID 控制中，_____控制能及时克服扰动影响，_____能消除静差，改善系统静态性能，_____能减小超调、克服振荡、加速系统过渡过程。
3. 电流截止负反馈环节的作用是_____。
4. 如图 3-44 所示电路，输入信号 U_i 为单位阶跃信号时，试画出输出信号 U_o 的响应曲线。

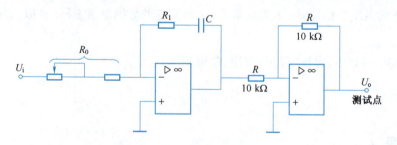

图 3-44　某电路原理图

三、简答题

1. 试回答下列问题：
   （1）在转速负反馈单闭环有静差调速系统中，突减负载后又进入稳定运行状态，此时晶闸管整流装置的输出电压 U_d 较之负载变化前是增加、减少还是不变？
   （2）在无静差调速系统中，突加负载后进入稳态时转速 n 和整流装置的输出电压 U_d 是增加、减少还是不变？
2. 转速负反馈的极性如果接反会产生什么现象？

任务四　转速电流双闭环直流调速系统静特性测试

任务描述

按照图 3-45 在实验装置上连接转速电流双闭环直流调速系统并测试其静特性。

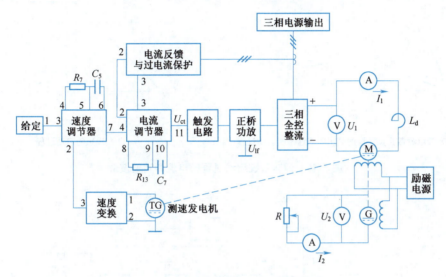

图 3-45　转速电流双闭环直流调速系统

任务分析

无静差转速负反馈直流调速系统既能实现无静差调速，又能限制启动时的最大电流。对一般要求不太高的调速系统，基本上已满足了要求。但是由于电流截止负反馈限制了最大电流，加上电动机反电动势随转速的上升而增加，使电流到达最大值时又迅速降下来，电磁转矩也随之减小，必然影响了启动的快速性（即启动时间较长），如图 3-46（a）所示。

实际生产中，有些调速系统，如龙门刨床、轧钢机等经常处于正反转状态。为提高生产效率和加工质量，要求尽量缩短正反转过渡过程时间，因此可以在晶闸管和电动机所允许的过载范围内，使启动电流保持在最大值上，获取最大启动转矩，以使转速迅速直线上升，减少启动时间。图 3-46（b）所示为理想的启动过程。为此，工程上常采用转速电流双闭环调速系统，启动时电流保持最大值，转速迅速达到给定值。

相关知识

一、转速电流双闭环直流调速系统的工作原理及静特性

图 3-47 所示的转速电流双闭环直流调速系统中，速度调节器 ASR 和电流调节器 ACR 均为 PI 调节器，其输入/输出均设有限幅电路。ACR 输出限幅值为 U_{ctm}，它限制了晶闸管整

视频●
转速电流双闭
环直流调速系
统结构与特性
分析

流器输出电压 U_{dm} 的最大值。ASR 输出限幅值为 U_{im}^*，它决定了主回路中的最大允许电流 I_{dm}。其对应的稳态结构图如图 3-48 所示。ACR 和 ASR 的输入、输出量的极性，主要视触发电路对控制电压的要求而定。若触发器要求 ACR 的输出 U_{ct} 为正极性，由于调节器均为反相输入，所以，ASR 输入的转速给定电压 U_n^* 要求为正极性，它的输出 U_i^* 应为负极性。

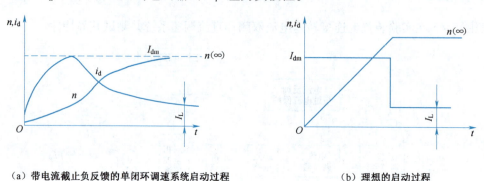

（a）带电流截止负反馈的单闭环调速系统启动过程　　（b）理想的启动过程

图 3-46　调速系统启动过程的电流和转速波形

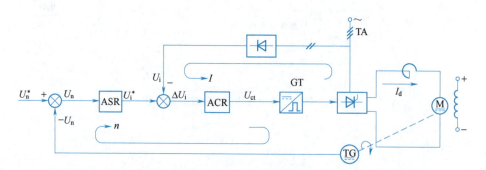

图 3-47　双闭环调速系统电路原理框图

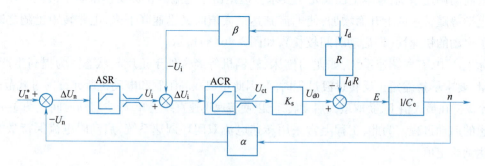

图 3-48　双闭环调速系统稳态结构图

由于 ACR 为 PI 调节器，稳态时，输入偏差电压 $\Delta U_i = -U_i^* + U_i = -U_i^* + \beta I_d = 0$，即 $I_d = U_i^*/\beta$。当 U_i^* 为一定时，由于电流负反馈的调节作用，使整流装置的输出电流保持在 U_i^*/β 数值上。当 $I_d > U_i^*/\beta$ 时，自动调节过程如图 3-49 所示。

同理，ASR 也为 PI 调节器，稳态时输入偏差电压 $\Delta U_n = U_n^* - \alpha n = 0$，即 $n = U_n^*/\alpha$，当 U_n^* 为一定

值时,转速 n 将稳定在 U_n^*/α 数值上。当 $n < U_n^*/\alpha$ 时,其自动调节过程如图 3-50 所示。

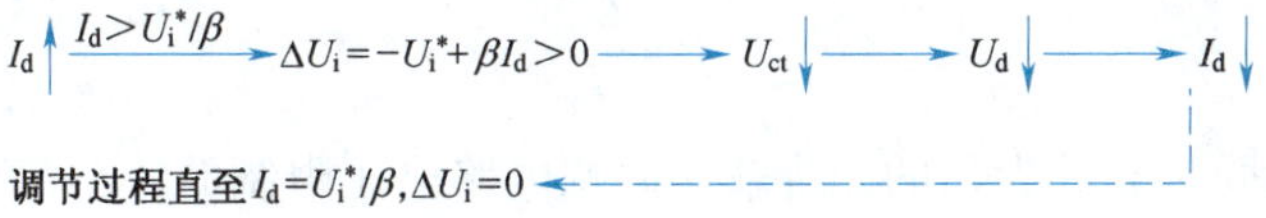

$$I_d \downarrow \xrightarrow{I_d > U_i^*/\beta} \Delta U_i = -U_i^* + \beta I_d > 0 \longrightarrow U_{ct} \downarrow \longrightarrow U_d \downarrow \longrightarrow I_d \downarrow$$

调节过程直至 $I_d = U_i^*/\beta, \Delta U_i = 0$

图 3-49　电流环的自动调节过程

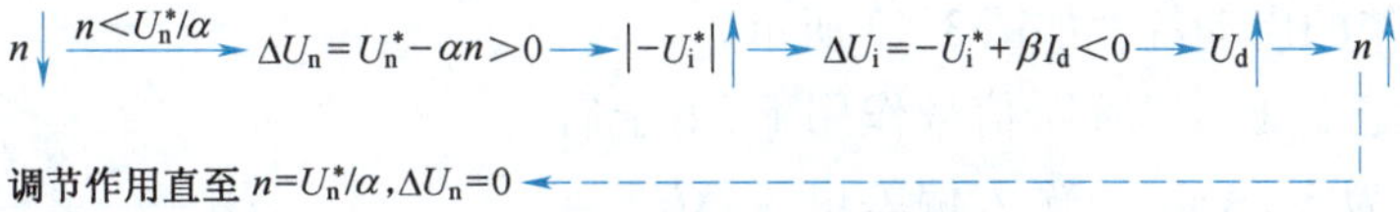

$$n \downarrow \xrightarrow{n < U_n^*/\alpha} \Delta U_n = U_n^* - \alpha n > 0 \longrightarrow |-U_i^*| \uparrow \longrightarrow \Delta U_i = -U_i^* + \beta I_d < 0 \longrightarrow U_d \uparrow \longrightarrow n \uparrow$$

调节作用直至 $n = U_n^*/\alpha, \Delta U_n = 0$

图 3-50　转速环的自动调节过程

二、双闭环调速系统的静特性及稳态参数的计算

分析双闭环调速系统静特性的关键是掌握转速调节器 PI 的稳态特征,它一般存在两种状况:一是饱和,此时输出达到限幅值,输入量的变化不再影响输出,除非有反相的输入信号使转速调节器退饱和,这时转速环相当于开环;二是不饱和,此时输出未达到限幅值,转速调节器使输入偏差电压 ΔU_n 在稳态时总是零。

当转速 PI 调节器线性调节输出未达到限幅值,则 $U_i^* < U_{im}^*, I_d < I_{dm}$,同前面讨论的相同,由于积累作用使 $\Delta U_n = 0$,即 $n = U_n^*/\alpha$ 保持不变,直到 $I_d = I_{dm}$,如图 3-51 中 $n_0 A$ 所示。

当转速 PI 调节器饱和输出为限幅值 U_{im}^*,转速外环的输入量极性不改变,转速的变化对系统不再产生影响,转速 PI 调节器相当于开环运行,这样双闭环变为单闭环电流负反馈系统,系统由恒转速调节变为恒电流调节,从而获得极好的下垂特性,如图 3-51 中的 AB 段所示。

由上面分析可见,转速环要求电流迅速响应转速 n 的变化,而电流环则要求维持电流不变。这不利于电流对转速变化的响应,有使静特性变软的趋势。但由于转速环是外环,电流环的作用只相当转速环内部的一种扰动作用而已,不起主导作用。只要转速环的开环放大倍数足够大,最后仍然能靠 ASR 的积分作用,消除转速偏差。因此,双闭环系统的静特性具有近似理想的"挖土机特性"(见图 3-51 中虚线)。当两个调节器都不饱和且系统处于稳态工作时,由前面讨论可知,$n = U_n^*/\alpha$ 和 $I_d = U_i^*/\beta$。由于稳态时两个 PI 调节器输入偏差电压 $\Delta U_n = 0$,给定电压与反馈电压相等,可得参数为

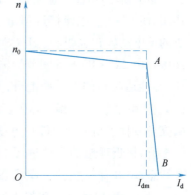

图 3-51　双闭环系统的静特性

控制电压为

$$U_{ct} = \frac{U_{d0}}{K_s} = \frac{C_e n + I_d R}{K_s} = \frac{C_e U_n^*/\alpha + I_d R}{K_s} \tag{3-22}$$

转速反馈系数为

$$\alpha = \frac{U_{nm}^*}{n_{max}} \tag{3-23}$$

电流反馈系数为

$$\beta = \frac{U_{im}^*}{I_d} \tag{3-24}$$

其中,U_{nm}^* 和 U_{im}^* 是受运算放大器的允许输入限幅电路电压限制的。

三、双闭环调速系统的启动特性

双闭环调速系统的启动特性如图 3-52 所示。

在突加转速给定电压 U_n^* 阶跃信号作用下,由于启动瞬间电动机转速为零,ASR 的输入偏差电压 $\Delta U_{nm} = U_{nm}^*$ 而饱和,输出限幅值为 U_{nm}^*,ACR 的输出 U_{ct}、电动机电枢电流 I_d 和转速 n 的动态响应过程可分为三个阶段:

第 I 阶段:电流从零增至截止值。启动初,n 为零,则 $\Delta U_n = U_n^* - \alpha n$ 为最大,它使速度调节器 ASR 的输出电压 $|-U_i^*|$ 迅速增大,很快达到限幅值 U_{im}^*,如图 3-52 (a)、(b) 所示。此时,U_{im}^* 为电流调节器的给定电压,其输出电流迅猛上升,当 $I_d = I_{dL}$(A 点)时,n 才开始上升,由于电流调节器的调节作用,很快使 $I_d \approx I_{dm}$(B 点)。标志电流上升过程结束,如图 3-52(c)、(d) 所示。在这阶段,ASR 迅速达到饱和状态,不再起调节作用。因 $T_L < T_M$,U_i 比 U_n 增长快,这使 ACR 的输出不饱和,起主要调节作用;同时,$U_{im}^* \approx \beta I_{dm}$,$\beta = U_i^*/I_{dm}$。

第 II 阶段:恒流升速阶段。由于电流调节器的调节作用,使 $I_d \approx I_{dm}$,电流接近恒量,随着转速的上升,电动机的反电动势 E 也跟着上升($E \propto n$),电流将从 I_{dm} 有所回落。由 $\Delta U_i < 0$,电流调节器输出电压上升,使电枢电压 U_d 能适应 E 的上升而上升,并使电流接近保持最大值 I_{dm}。由于电流 PI 调节器的无静差调节,使 $I_{dm} \approx U_{im}^*/\beta$,充分发挥了晶闸管元件和电动机的过载能力,转速直线上升,接近理想的启动过程。在这阶段,ASR 保持饱和状态,ACR 保持线性工作状态;同时 $|U_{im}^*| > U_i$,$\Delta U = -U_{im}^* + U_i < 0$,$U_{ct}$ 线性上升,很快使 $U_n^* = U_n = \alpha n$(C 点)。

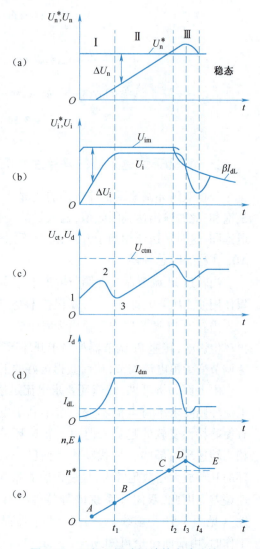

图 3-52 双闭环调速系统的启动特性

第 III 阶段:转速调节。由于转速 n 的不断上升,又由于 ASR 的积分作用,转速调节器仍将保持在限幅值,则电流 I 保持在最大值,电动机转速继续上升,从而出现了转速超调现象。当转速 $n > n^*$ 时,$\Delta U_n = U_n^* - \alpha n < 0$,转速调节器的输入信号反向,$n$ 到达峰值后(D 点),输出值下降,ASR 退出饱和。经 ASR 的调节最终使 $n = n^*$。而 ACR 调节使 $I_d = I_{dL}$(E 点),如图 3-52(e) 所示。在这阶段,ASR 退出饱和状态,速度环开始调节,n 跟随 U_n^* 变化,ACR 保持在不饱和状态,I_d 跟随 U_i^* 变化;进

入稳态后，$\Delta U_n = U_n^* - \alpha n = 0$，$\Delta U_i = -U_i^* + U_i = 0$，$U_{ct} = (C_e^* n + R I_{dL})/K_s$。

总之，分析图 3-52，要抓住这样几个关键：

$$I_d > I_{dL}, \frac{dn}{dt} > 0, n\ 升速$$

$$I_d < I_{dL}, \frac{dn}{dt} < 0, n\ 降速$$

$$I_d = I_{dL}, \frac{dn}{dt} = 0, n = 常数$$

可以看出，转速调节器在电动机启动过程的初期由不饱和到饱和、中期处于饱和状态、后期处于退饱和到线性调节状态；而电流调节器始终处于线性调节状态。

双闭环调速系统中转速调节器的作用：使转速 n 跟随给定电压 U_n^* 变化，稳态无静差；对负载变化起抗扰作用；其输出限幅值决定允许的最大电流。

双闭环调速系统中电流调节器的作用：电动机启动时，保证获得最大电流，启动时间短，使系统具有较好的动态特性；在转速调节过程中，使电流跟随其给定电压 U_i^* 变化；当电动机过载甚至堵转时，限制电枢电流的最大值，起到安全保护作用。故障消失后，系统能够自动恢复正常；对电网电压波动起快速抑制作用。

任务实施

一、测试转速电流双闭环直流调速系统的特性

利用直流调速实验装置，按图 3-45 连接转速电流双闭环直流调速系统并测试其特性。实施步骤仍是先调试单元电路后系统整体调试。

1. 触发电路的调试

具体内容见任务二任务实施"连接与调试触发电路"。

2. 速度调节器调整

具体内容见任务三任务实施"连接与测试速度调节器"。

3. 转速反馈系数的整定

（1）转速反馈系数的整定电路如图 3-42 所示。直接将"正给定"电压 U_g 接触发器的移相控制电压 U_{ct} 的输入端，将"正给定"电压 U_g 调到零。

（2）"三相全控整流"电路接直流电动机负载，L_d 用 DJK02 上的 200 mH，直流发电机接负载电阻适当大一些。

（3）按下启动按钮，接通励磁电源，从零逐渐增加给定，使电动机提速到 1 500 r/min 时，调节"速度变换"转速反馈电位器 R_{P1}，使得该转速时反馈电压 U_{fn}（"3"端）= −6V，这时的转速反馈系数 $\alpha = U_{fn}/n = 0.004$ V/(r/min)。

（4）"正给定"退到零，再按"停止"按钮，结束整定。

4. 电流调节器的调整

电流调节器原理图如图 3-53 所示。先进行电流调节器调零，再进行正负限幅值调整。

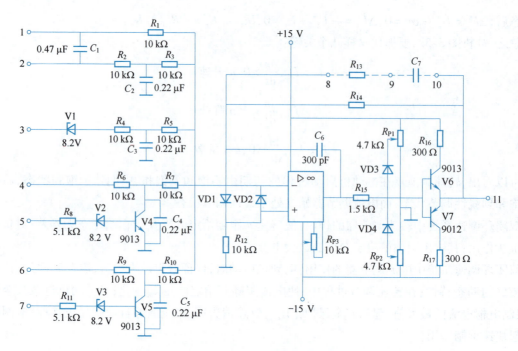

图 3-53 电流调节器原理图

1)电流节器调零

将"电流调节器"所有输入端接地;将可调电阻(可选约 13 kΩ)接到"电流调节器"的"8"和"9"两端。用导线将"9"和"10"两端短接,使"电流调节器"成为 P 调节器;调节面板上的调零电位器 R_{P3},用万用表的毫伏挡测量电流调节器的"11"端,使调节器的输出电压尽可能接近于零。

2)电流调节器的正负限幅值的调整

把"电流调节器"的"9"和"10"两端短接线去掉;将所有输入端接地线去掉;将可调电容(可选约 0.47 μF)接入"9"和"10"两端,使调节器成为 PI 调节器;将给定电压接到电流调节器的"4"端;当加一定的正给定时(如 +5 V),调整负限幅电位器 R_{P2},使之输出电压"11"端接近于 0;当调节器输入端加负给定时(如 -5 V),调整正限幅电位器 R_{P1},使电流调节器的输出"11"端值为 U_{ctmax}。

5. 电流反馈系数的整定

(1)电流反馈单元,不需要再外部进行接线,只要将相应挂件的十芯电源线与插座相连接,当打开挂件电源开关,电流反馈即处于工作状态。

(2)直接将给定电压 U_g 接入触发器移相控制电压 U_{ct} 的输入端,整流桥输出接电阻负载,输出给定调到零。

(3)按下启动按钮;从零增加给定,使输出电压升高,当 $U_d = 220$ V,减小负载的阻值,使得负载电流 I_d 为 1.3 A 左右;调节"电流反馈与过电流保护"上的电流反馈电位器 R_{P1},使得"2"端 I_f 电流反馈电压 $U_{fi} = +6$ V;这时的电流反馈系数 $\beta = U_{fi}/I_d = 4.6$ V/A。

6. 系统整体电路连接与调试

(1)选择给定电压 U_g 为"正给定",给定的输出调到零,连接到速度调节器的输入端子"3"。

(2)将速度调节器、电流调节器都接成 PI 调节器后,按图 3-53 接入系统。

(3) 静态特性 $n = f(I_d)$ 的测定：

① 按下启动按钮，接通励磁电源。

② 直流发电机先轻载(即电阻 R 调到最大)，然后从零开始逐渐增加"正给定"电压 U_g，使电动机慢慢启动并使转速达到 1 200 r/min。

③ 调节直流发电机负载(由大到小改变电阻 R)，直至 $I_d = I_{ed}$，测出电动机的电枢电流 I_d 和电动机的转速 n，记录数据并绘出系统静态特性曲线 $n = f(I_d)$。

④ 重复步骤②和步骤③，再测试 $n = 800$ r/min 时的静态特性曲线，记录数据并绘出系统静态特性曲线 $n = f(I_d)$。

⑤ 简要分析步骤③和步骤④的结果。

⑥ 闭环控制系统 $n = f(U_g)$ 的测定。直流发电机先轻载(即电阻 R 调到最大)，然后从零开始逐渐增加"正给定"电压 U_g，使电动机慢慢启动并使转速达到 1 200 r/min。逐渐减小"正给定"电压 U_g，记录 U_g 和电动机的转速 n，绘出系统闭环控制特性 $n = f(U_g)$。

(4) 系统动态特性的观察：

① 观察电动机启动时的动态特性。突加给定 U_g；用慢扫描示波器观察电动机启动时的电枢电流 I_d("电流反馈与过电流保护"的"2"端)波形；用慢扫描示波器观察电动机启动时转速 n("速度变换"的"3"端)波形。

② 观察电动机负载突变时的动态特性。观察突加额定负载(20% I_{ed} 增加到 100% I_{ed})时，电动机电枢电流波形和转速波形。

③ 观察突降负载(100% I_{ed} 减少到 20% I_{ed})时，电动机的电枢电流波形和转速波形。

④ 观察在不同的系统参数下，电动机的动态特性。用慢扫描示波器观察"速度调节器"的增益和积分电容改变，对动态特性的影响；用慢扫描示波器观察"电流调节器"的增益和积分电容改变，对动态特性的影响。

一、选择题

1. 转速电流双闭环调速系统，在突加给定电压启动过程中第 Ⅰ、Ⅱ 阶段，速度调节器处于(　　)状态。

　　A. 调节　　　　　　B. 零　　　　　　C. 截止　　　　　　D. 饱和

2. 在转速电流双闭环调速系统调试中，当转速给定电压增加到额定给定值，而电动机转速低于所要求的额定值，此时应(　　)。

　　A. 增加转速负反馈电压值　　　　　　B. 减小转速负反馈电压值

　　C. 增加转速调节器输出电压限幅值　　D. 减小转速调节器输出电压限幅值

3. 在转速电流双闭环调速系统中，如要使主回路允许最大电流值减小，应使(　　)。

　　A. 转速调节器输出电压限幅值增加　　B. 电流调节器输出电压限幅值增加

　　C. 转速调节器输出电压限幅值减小　　D. 电流调节器输出电压限幅值减小

4. 转速电流双闭环调速系统中不加电流截止负反馈，是因为其主电路电流的限值(　　)。

　　A. 由比例积分器保证　　　　　　　　B. 由转速环保证

C. 由电流环保证　　　　　　　　D. 由速度调节器的限幅保证

5. 双闭环调速系统中的电流环的输入信号有两个,即(　　　)。

　　A. 主电路反馈的转速信号及转速环的输出信号

　　B. 主电路反馈的电流信号及转速环的输出信号

　　C. 主电路反馈的电压信号及转速环的输出信号

6. 转速电流双闭环调速系统,在负载变化时出现转速偏差,消除此偏差主要靠(　　　)。

　　A. 电流调节器　　　B. 转速调节器　　　C. 转速、电流两个调节器

7. 转速电流双闭环调速系统,在系统过载或堵转时转速调节器处于(　　　)。

　　A. 饱和状态　　　　B. 调节状态　　　　C. 截止状态

二、分析题

分析某龙门刨床工作台双闭环调速系统的组成及工作原理。

拓 展 应 用

数字式直流调速器,如590系列全数字直流调速器,如图3-54所示,可满足最复杂的直流电动机控制要求,且能单点及多点通信运作,构成完整的传动控制方案。广泛应用于冶金、造纸、印刷、包装等行业,主要适合张力与同步控制场合的应用。

功能特点:

(1) 高动力矩:200%扭矩启动,可以设置零时间响应。

(2) 快速制动:有惯性停车、自由停车和程序停车,四象限运行回馈制动程序,停车可以设置成0.1 s(最短)。

(3) 内置PID功能:开放性PID,可以灵活设定成任何物理量,可以单独使用反馈回路而忽略给定值,能够方便实现闭环张力等控制需要。

(4) 内置卷径推算功能:根据角速度和线速度可以灵活推算出当前直径,方便进行力矩等控制,实现收放卷等高精度控制。

(5) 内置多功能加减乘除计算模块,可以实现各种逻辑组合推算电路,满足各种工艺控制要求。

(6) 总线控制:支持PROFIBUS、CAN等常用总线控制。

(7) 可编程功能:各模拟量端口可以设置各种目标和源代码数量,灵活组态各种工艺控制要求,开关量也可以随便组态。

图3-54　欧陆590系列直流数字式调速器

(8) 英文菜单:可以显示具体参数名称,方便记忆,熟悉后不用说明书也可以操作。

(9) 参数自整定:电流环参数自整定功能,可以根据负载自动优化参数。

(10) 面板和计算机写参数:通过CLETE软件可以上传或下载590系列全数字直流调速器的参数,也可以直接通过操作面板四个按键调整任意一种参数。

项目四
变频器认识与操作

项目描述

变频器(见图4-1)能将电网电源交流电变成频率可调的交流电,广泛应用在新能源电力行业的风机、水泵,用在油气钻采行业的气体压缩机、注水泵、抽油机、输油泵、潜水泵,用在建筑行业的粉碎机、鼓风机、抽风机、回转窑、输送机,用在电梯、空调等各种调速场合。

本项目包含变频器认识、通过变频器操作面板实现电动机调速和通过外部开关控制变频器实现电动机调速三个任务。

项目目标

1. 知识目标
(1)掌握变频器的结构和工作原理;
(2)了解逆变器的工作原理、正弦脉宽调制(SPWM)逆变电路的工作原理;
(3)了解变频调速系统的恒转矩调速特性和恒功率调速特性;
(4)了解变频器的基本运行模式;
(5)掌握变频器常用参数含义;
(6)掌握变频器面板调速和多段速调速方法。

2. 能力目标
(1)会通过变频器面板各指示灯观察变频器运行状态;
(2)会使用变频器操作面板修改变频器参数;
(3)会查阅和使用变频器手册;
(4)能熟练使用操作面板控制三菱FR-D700变频器实现电动机调速;
(5)会使用外部开关信号控制三菱FR-D700变频器实现多段速调速。

3. 素质目标
(1)通过使用变频器手册,培养学生阅读专业说明书的能力;

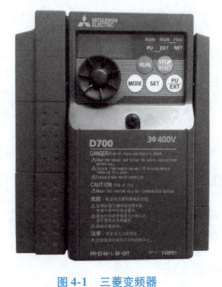

图4-1 三菱变频器

视频
变频器及应用

文本
思政小故事:
国产变频器的竞争力分析

(2) 培养学生理论联系实际的能力,能厘清变频调速与节约能源的关系;
(3) 通过国内外品牌变频器应用现状对比,培养学生热爱专业、科技兴国的热情。

任务一　认识变频器

任务描述

变频调速系统中,最常用的变频器是交-直-交变频器,交-直-交变频调速系统由交-直-交变频器驱动三相异步电动机,电路如图 4-2 所示。本任务要求测试交-直-交变频调速系统的调速特性。

具体要求:根据图 4-2 利用变频调速实验装置搭建电路,测试其变频调速特性,即测试当 SPWM 调制控制电路的输入调制波 u_{rU}、u_{rV} 和 u_{rW} 的频率变化时,变频器输出电压幅值的大小变化,并分析输出电压随频率变化的规律。

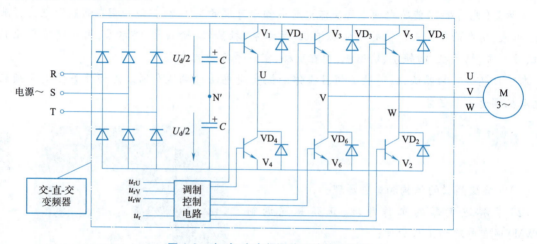

图 4-2　交-直-交变频调速系统的原理图

任务分析

完成本任务需要学习变频器的相关概念,学习交-直-交变频器组成及其工作原理,交-直-交变频器变频调速的特性。

相关知识

一、变频器的功能

先来回顾异步电动机的转速公式:

$$n = 60\frac{f_1(1-s)}{p} \tag{4-1}$$

式中　n——交流电动机的转速;
　　　p——磁极对数;

s——转差率;

f_1——电动机定子电源的频率。

从式(4-1)可以看出,交流电动机的调速可以有三种方法。

方法一:改变交流电动机的磁极对数 p 调速。

由于大部分电动机出厂时磁极对数已固定,此方法仅用于双速电动机等特殊电机,且由于磁极对数只能是正整数,所以调速是阶跃性的。

方法二:改变交流电动机的转差率 s 调速。

改变转差率 s 常用转子回路串接电阻的方法来实现,且只能使用在绕线转子异步电动机上,消耗在电阻上的这部分能量转换成热量就浪费了,且形成环境的污染,调速效率较低。

方法三:改变交流电动机定子电源的频率 f_1 进行调速。

变频器就是用于改变交流电频率的装置。它能将工频 50 Hz 的交流电变换为零到几百赫兹、几千赫兹甚至更高频率的交流电,且连续可调(实现无级调速),变频装置本身基本不消耗能量,节能、运行效率高。因此变频调速应用广泛。

二、变频器的分类

变频器由于内部结构和原理不尽相同,可以分成许多种类。

(1) 按照变流环节不同,可分为交-直-交变频器和交-交变频器。交-直-交变频器变换后的频率是自由的,可以低于或高于转换前的固定频率,交-交变频器一般输出频率不大于输入频率的1/3。在功率容量特别巨大的场合使用较多。

变频器分类

(2) 按控制方式不同,可分为 U/f 控制变频器、转差频率控制变频器、矢量控制变频器。

(3) 按品牌不同,可分为三菱变频器、西门子变频器、ABB 变频器、汇川变频器、施耐德变频器、欧姆龙变频器等。

三、交-直-交变频器

图 4-3 所示为交-直-交变频器内部电路结构示意图,主电路包括整流电路、中间环节(滤波电路、保护电路等)和逆变电路,其中整流电路是将工频交流电(AC)变成直流电(DC),逆变电路是将整流后的直流电(DC)变成频率可调的交流电(AC)输出。控制电路则

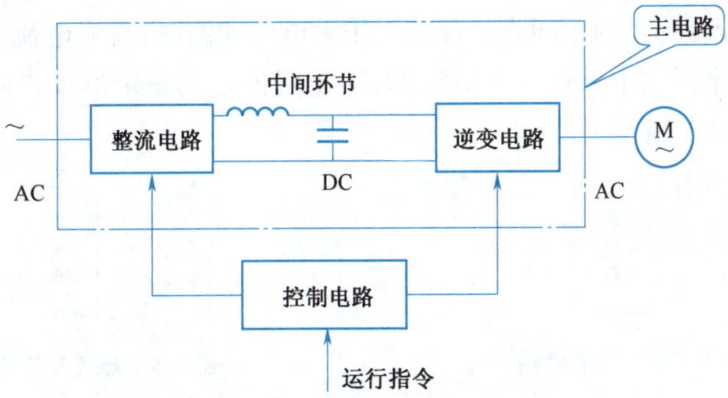

交-直-交变频器内部电路组成

图 4-3 交-直-交变频器内部电路结构示意图

负责控制和驱动主电路内部整流和逆变电路开关管的导通与关断,使变频器输出所需的电压和频率。

1. 主电路内部结构

图 4-4 所示为交-直-交变频器主电路内部原理图。各部分电路组成及功能如下:

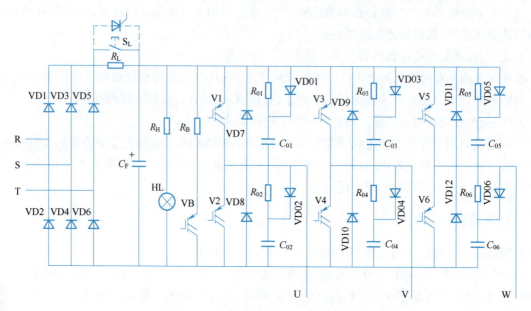

图 4-4　交-直-交变频器主电路内部原理图

1) 整流滤波电路

整流滤波电路将输入的交流电(三相或单相)变成直流电,由整流单元、滤波单元、开启电流吸收回路单元等组成。

(1) 整流单元。图 4-4 中的整流单元是由二极管 VD1~VD6 组成的三相整流桥,实现将工频 380 V 的交流电整流成直流电。

(2) 滤波单元。滤波单元主要对整流单元的输出进行平滑滤波,以保证输出质量较高的直流电源供给逆变电路。当滤波单元采用大电容 C_F 滤波时,输出直流电压波形比较平直,在理想情况下是一个内阻抗为零的恒压源,输出交流电压是矩形波或阶梯波,这类变频器称为电压型变频器,如图 4-5 所示;当交-直-交变频器的中间直流环节采用大电感滤波时,直流电流波形比较平直,因而电源内阻抗很大,对负载来说基本上是一个电流源,输出交流电流是矩形波或阶梯波,这类变频器称为电流型变频器,如图 4-6 所示。

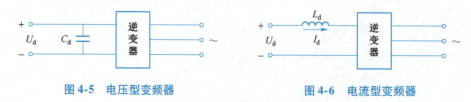

图 4-5　电压型变频器　　　　图 4-6　电流型变频器

(3) 开启电流吸收回路单元。在电压型变频器的二极管整流电路中,由于在电源接通时,C_F 中将有一个很大的充电电流,该电流有可能烧坏二极管,容量较大时还可能形成对电网的干扰。影响同一电源系统的其他装置正常工作,所以在电路中加装了由 R_L、S_L 组成的限流电路。刚开机时,R_L 串入电路,限制 C_F 的充电电流,充电到一定的程度后 S_L 闭合将其切除。

2)逆变电路与缓冲电路

(1)逆变电路。逆变电路由电力晶体管 V1~V6 构成,完成直流到交流的变换,并能实现输出频率和电压的同时调节,常用的逆变管有绝缘栅双极晶体管(IGBT)、大功率晶体管(GTR)、功率场效应晶体管(MOSFET)等电力电子器件。

(2)续流二极管。续流二极管 VD7~VD12 是电压型逆变器所需的反馈二极管,为无功电流、再生电流提供返回直流的通路。

(3)缓冲电路。逆变管 V1~V6 每次由导通状态切换成截止状态的关断瞬间,集电极和发射极之间的电压 U_{CE} 极快地由 0 V 升至直流电压值 U_D,过高的电压增长率会导致逆变管损坏,C_{01}~C_{06} 的作用就是减小电压增长率,此时经 VD01~VD06 给电容充电。V1~V6 每次由截止状态切换到导通状态瞬间,C_{01}~C_{06} 上所充的电压 U_D 将向 V1~V6 放电。该放电电流的初始值是很大的,R_{01}~R_{06} 的作用就是减小 C_{01}~C_{06} 的放电电流。

3)制动部分电路

图 4-4 中,由于整流电路输出的电压和电流极性都不能改变,不能从直流中间电路向交流电源反馈能量。当负载电动机由电动状态转入制动运行时,电动机变为发电状态,其能量通过逆变电路中的反馈二极管流入直流中间电路,使直流电压升高而产生过电压,这种过电压称为泵升电压。为了限制泵升电压,给直流侧电容并联一个由电力晶体管 VB 和能耗电阻 R_B 组成的泵升电压限制电路。当泵升电压超过一定数值时,使 VB 导通,能量消耗在 R_B 上。这种电路可运用于对制动时间有一定要求的调速系统中。

在要求电动机频繁快速加减速的场合,上述带有泵升电压限制电路的变频电路耗能较多,能耗电阻 R_B 也需较大的功率。因此,如果希望在制动时把电动机的动能反馈回电网,这时,需要增加一套有源逆变电路(反组桥),以实现再生制动。

2. 控制电路内部结构

图 4-7 所示为变频器控制电路结构示意图。包含运算电路、U/I 检测电路、驱动电路、I/O 电路、速度检测电路、保护电路等,由于整流电路采用二极管组成的三相整流桥,不需要另外的控制信号,因此这里的控制电路只负责对逆变电路进行控制。

1)运算电路

运算电路将外部的速度、转矩等指令同检测电路的电流、电压信号进行比较运算,决定逆

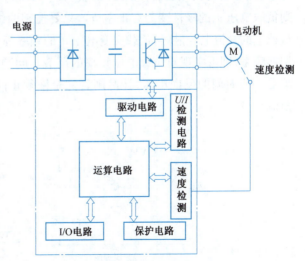

图 4-7 变频器控制电路结构示意图

变器的输出电压、频率。

2) U/I（电压/电流）检测电路

U/I 检测电路与主回路电位隔离,检测电压、电流等。

3) 驱动电路

驱动电路是驱动主电路功率器件的电路。使主电路器件导通或关断,且能将主电路与控制电路隔离。

4) I/O（输入/输出）电路

I/O 电路是为了让变频器更好地进行人机交互。变频器具有多种输入信号（如正反转运行、多段速度运行等）,还有各种内部参数的输出信号（如电流、频率等）。

5) 速度检测电路

速度检测电路将安装在异步电动机轴上的速度检测器（TG、PLG 等）测得的速度信号,送入运算回路,根据指令和运算电路可使电动机按指令速度运转。

6) 保护电路

保护电路是为了实时检测主电路的电压、电流等,当发生过载或过电压等异常时,为了防止逆变器和异步电动机损坏,使逆变器停止工作或抑制电压、电流值。

目前,控制电路基本都是采用集成芯片控制。

四、逆变电路结构及工作原理

从交-直-交变频器内部电路可见,逆变电路的控制非常关键,驱动三相异步电动机的变频器,其内部逆变电路为三相逆变电路,但从单相逆变电路入手分析,能更好地理解三相逆变电路。

1. 单相逆变电路及工作原理

图 4-8 所示单相逆变电路由四只晶闸管构成桥式电路,其工作原理是：当 VT1 和 VT4 触发导通时,负载 R 上得到左正右负的电压 u_o。当 VT2 和 VT3 触发导通时,VT1 和 VT4 承受反向电压关断,则负载电压 u_o 的极性变为右正左负。只要控制两组晶闸管轮流切换,就可将电源的直流电逆变为负载上的交流电。显然,负载交变电压 u_o 的频率等于晶闸管由导通转为关断的切换频率,若能控制切换频率,即可实现对负载电压频率的调节。问题在于,如何按时关断晶闸管,且关断后使晶闸管承受一段时间的反向电压,让晶闸管完全恢复正向阻断能力,即逆变电路中的晶闸管如何可靠地换流。

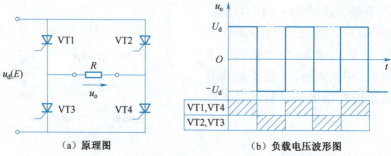

（a）原理图　　　　　（b）负载电压波形图

图 4-8　单相逆变电路原理图及负载电压波形

2. 逆变电路的换流方式

换流的实质就是电流在由半导体器件组成的电路中不同桥臂之间的转移。在逆变电路中常用的换流方式有以下四种：

1) 器件换流

利用电力电子器件自身的自关断能力（如全控型器件）进行换流。采用自关断器件组成的逆变电路就属于这种类型的换流方式。

2) 电网换流

由电网提供换流电压，只要把负的电网电压加到欲关断的器件（晶闸管）上即可，但不适用于没有交流电网的无源逆变电路。

3) 负载换流

当逆变器输出电流超前电压（即带电容性负载）时，且流过晶闸管中的振荡电流自然过零时，则晶闸管将继续承受负载的反向电压，如果电流的超前时间大于晶闸管的关断时间，就能保证晶闸管完全恢复阻断能力，实现可靠换流。目前使用较多的并联和串联谐振式中频电源就属于此类换流，这种换流，主电路不需要附加换流环节，又称自然换流。

4) 强迫换流

强迫换流又称脉冲换流。当负载所需交流电频率不是很高时，可采用负载谐振式换流，但需要在负载回路中接入容量很大的补偿电容，这显然是不经济的，这时可在变频电路中附加一个换流回路。进行换流时，由于辅助晶闸管或另一主控晶闸管的导通，使换流回路产生一个脉冲，让原导通的晶闸管因承受一段时间的反向电压而可靠关断，这种换流方式称为强迫换流。图 4-9(a) 为强迫换流电路原理图，电路中的换流环节由 VT2、C 与 R_1 构成。当主控晶闸管 VT1 触发导通后，负载 R 被接通，同时直流电源经 R_1 对电容器 C 充电（极性为右正左负），直到电容电压 $u_C = -U_d$ 为止。当电路需要换流时，可触发辅助晶闸管 VT2，这时电容电压通过 VT2 加到 VT1 两端，迫使 VT1 两端承受反向电压而关断。同时，电容 C 还经 R、VT2 向直流电源放电后又被直流电源反充电。u_C 反充电波形如图 4-9(b) 所示。由波形图可见，VT2 触发导通至 t_0 期间，VT1 均承受反向电压，在此期间 VT1 必须恢复到正向阻断状态。只要适当选取电容 C 的数值，使主控晶闸管 VT1 承受反向电压的时间大于 VT1 的恢复关断时间，即可确保可靠换流。

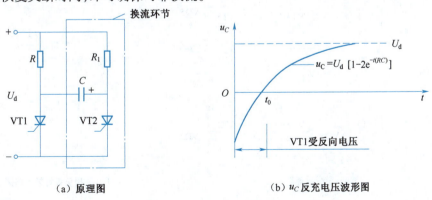

(a) 原理图　　　　　　　　　　(b) u_C 反充电压波形图

图 4-9　强迫换流原理图及波形图

3. 三相逆变电路

广泛应用于交流电机变频调速系统的是三相逆变电路,它可以由普通晶闸管组成,依靠附加换流环节进行强迫换流。如果用自关断电力电子器件组成,换流关断则全靠对器件的控制,不需要附加换流环节。逆变电路按直流侧的电源是电压源还是电流源可分为以下两种:

一是直流侧是电压源供电的(通常由可控整流输出接大电容滤波)称为电压型逆变器。

二是直流侧是电流源供电的(通常由可控整流输出经大电抗对电流滤波)称为电流型逆变器。两种逆变器驱动对象为电机时的性能、特点及适用范围见表4-1。

表4-1 两种逆变器驱动对象为电机时的性能、特点及适用范围

项目	电流型逆变器	电压型逆变器
电路结构		
负载无功功率	用换流电容处理	通过反馈二极管返还
逆变输出波形	电流为矩形波,电压近似为正弦波	电压为矩形波,电流近似为正弦波
电源阻抗	大	小
再生制动	方便,不附加设备	需在主电路设置反向并联逆变器
电流保护	过电流保护及短路保护容易	过电流保护及短路保护困难
对晶闸管的要求	耐压高,关断时间要求不高	耐压一般,要求采用KK型快速管
适用范围	单机拖动,加、减速频繁,需经常反转的场合	多机同步运行不可逆系统、快速性要求不高的场合

1)电压型三相逆变器

图4-10所示为电力晶体管(GTR)组成的逆变器。电路的基本工作方式是180°导电方式,每个桥臂的主控管导通角为180°,同一相上、下两个桥臂主控管轮流导通,各相导通的时间依次相差120°。导通顺序为VT1、VT2、VT3、VT4、VT5、VT6,每隔60°换相一次,由于每次换相总是在同一相

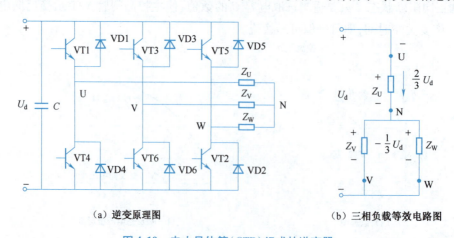

(a)逆变原理图　　　　　　　　(b)三相负载等效电路图

图4-10 电力晶体管(GTR)组成的逆变器

上、下两个桥臂电力晶体管之间进行,因而称为纵向换相。这种180°导电的工作方式,在任一瞬间电路总有三个桥臂电力晶体管同时导通工作。顺序为第①区间VT1、VT2、VT3同时导通,第②区间VT2、VT3、VT4同时导通,第③区间VT3、VT4、VT5同时导通等,依此类推。在第①区间VT1、VT2、VT3导通时,电动机相线电压 $U_{UV}=0,U_{VW}=U_d,U_{WU}=-U_d$。在第②区间VT2、VT3、VT4同时导通,电动机相线电压 $U_{UV}=-U_d,U_{VW}=U_d,U_{WU}=0$,依此类推。若是上面的一个桥臂电力晶体管与下面的两个桥臂电力晶体管配合工作,这时上面桥臂负载的相电压为 $2U_d/3$,而下面并联桥臂的每相负载相电压为 $-U_d/3$。若是上面两个桥臂电力晶体管与下面一个桥臂电力晶体管配合工作,则此时三相负载的相电压极性和数值刚好相反,其输出波形如图4-11所示。

2) 电流型三相逆变器

图4-12所示为串联二极管式电流型三相逆变电路的主电路,性能优于电压型逆变器,在晶闸管变频调速中应用最多。普通晶闸管VT1~VT6组成三相桥式逆变器,$C_1\sim C_6$ 为换流电容,VD1~VD6为隔离二极管,防止换流电容直接对负载放电,该逆变器工作方式为120°导电式,每个晶闸管导通120°,任何瞬间只有两只晶闸管同时导通,电动机正转时,晶闸管的导通顺序为 VT1→VT2→VT3→VT4→VT5→VT6,触发脉冲间隔为60°。

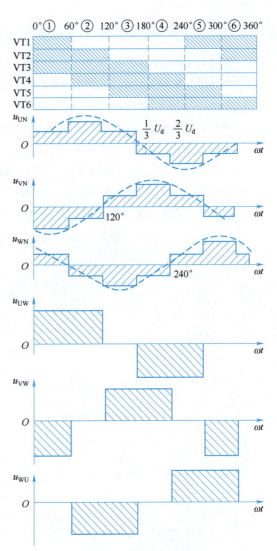

图4-11 电压型三相逆变电路输出波形

逆变输出相电压为交变矩形波,线电压为交变阶梯波,每一阶梯电压值为 $U_d/2$。其输出的电流波形与电压型三相逆变器一样,可按照120°导电控制方式画出,如图4-13所示。

在0°~60°区间,导通的晶闸管为VT1、VT6,所以 $i_U=i_d,i_V=-i_d$;同样,在60°~120°区间,导通的晶闸管为VT1和VT2,所以 $i_U=i_d,i_W=-i_d$。对其他区间可用同样方法画出。

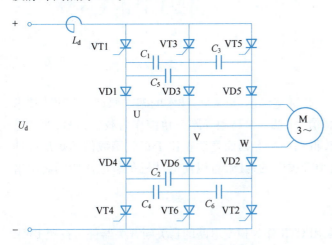

图4-12 串联二极管式电流型三相逆变电路的主电路

五、采用正弦脉宽调制(SPWM)技术的逆变电路

输出为 180°或 120°矩形波电压(或电流)的逆变器对异步电动机供电时,存在谐波损耗和低速运行时出现转矩脉动的问题,因此要求变频器输出的电压(或电流)波形尽可能接近正弦波。引入正弦脉宽调制(SPWM)技术可以实现此要求。

SPWM 控制的重要理论依据:冲量(脉冲的面积)相等而形状不同的窄脉冲,分别加在具有惯性环节的输入端,其输出响应波形基本相同。

一个正弦半波完全可以用等幅不等宽的脉冲列来等效,但必须做到正弦半波所等分的六块阴影面积与相对应的六个脉冲列的阴影面积相等,其作用的效果就基本相同。对于正弦波的负半周,用同样方法可得到 PWM 波形来取代正弦负半波,如图 4-14 所示。

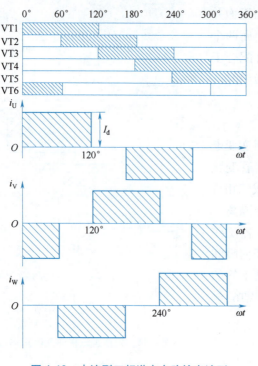

图 4-13　电流型三相逆变电路输出波形

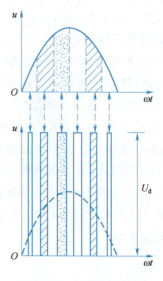

图 4-14　SPWM 控制的基本原理示意图

这种通过改变脉冲宽度来模拟正弦波是正弦脉宽调制(SPWM)技术的基本原理。SPWM 技术的基本方法是:以所期望的正弦波形作为调制信号,以一个高频等腰三角波作为载波信号,两者进行调制,即将正弦波与等腰三角波进行相交,得到一组等幅而宽度正比于正弦函数值的矩形脉冲列。采用这样的矩形脉冲列去控制逆变电路中开关管的通断,可以使电动机负载电流中的高次谐波成分大为减小。

1. 单相桥式 SPWM 逆变电路的工作原理

图 4-15 所示单相桥式 SPWM 逆变电路采用 GTR 作为逆变电路的自关断开关器件。按照 PWM 控制技术的基本方法,把所希望输出的正弦波作为调制信号 u_r,把接受调制的等腰三角形波作为载

波信号 u_c，设负载为电感性，控制方法可以有单极性与双极性两种。

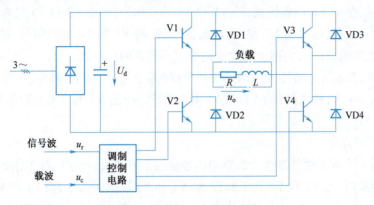

图 4-15　单相桥式 SPWM 逆变电路

1) 单极性 SPWM 逆变电路的工作原理

当 u_r 正半周时，让 V1 一直保持通态，V2 保持断态。在 u_r 与 u_c 正极性三角波交点处控制 V4 的通断，在 $u_r > u_c$ 各区间，控制 V4 为通态，输出负载电压 $u_o = U_d$。在 $u_r < u_c$ 各区间，控制 V4 为断态，输出负载电压 $u_o = 0$，此时负载电流可以经过 VD3 与 V1 续流。

当 u_r 负半周时，让 V2 一直保持通态，V1 保持断态。在 u_r 与 u_c 负极性三角波交点处控制 V3 的通断。在 $u_r < u_c$ 各区间，控制 V3 为通态，输出负载电压 $u_o = -U_d$。在 $u_r > u_c$ 各区间，控制 V3 为断态，输出负载电压 $u_o = 0$，此时负载电流可以经过 VD4 与 V2 续流。

工作波形如图 4-16 所示，逆变电路输出的 u_o 为 PWM 波，u_{of} 为 u_o 的基波分量。由于在这种控制方式中的 PWM 波形只能在一个方向变化，故称为单极性 SPWM 控制方式。

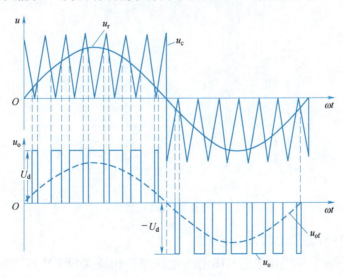

图 4-16　单极性 SPWM 控制方式波形

2) 双极性 SPWM 逆变电路的工作原理

双极性 SPWM 控制方式波形如图 4-17 所示，调制信号 u_r 是正弦波，载波信号 u_c 为正负两个方

向变化的等腰三角形波,逆变桥的工作原理如下:

当 u_r 正半周时,在 $u_r > u_c$ 的各区间,给 V1 和 V4 导通信号,而给 V2 和 V3 关断信号,输出负载电压 $u_o = U_d$;在 $u_r < u_c$ 的各区间,给 V2 和 V3 导通信号,而给 V1 和 V4 关断信号,输出负载电压 $u_o = -U_d$。这样逆变电路输出的 u_o 为两个方向变化等幅不等宽的脉冲列。

当 u_r 负半周时,在 $u_r < u_c$ 的各区间,给 V2 和 V3 导通信号,而给 V1 和 V4 关断信号,输出负载电压 $u_o = -U_d$;在 $u_r > u_c$ 的各区间,给 V1 和 V4 导通信号,而给 V2 与 V3 关断信号,输出负载电压 $u_o = U_d$。

这种控制方式特点是:

(1)同一半桥上下两个桥臂晶体管的驱动信号极性恰好相反,处于互补工作方式。

(2)电感性负载时,若 V1 和 V4 处于通态,给 V1 和 V4 以关断信号,则 V1 和 V4 立即关断,而给 V2 和 V3 以导通信号,由于电感性负载电流不能突变,电流减小感生电动势使 V2 和 V3 不可能立即导通,而是二极管 VD2 和 VD3 导通续流,如果续流能维持到下一次 V1 与 V4 重新导通,负载电流方向始终没有变,V2 和 V3 始终未导通。只有在负载电流较小无法连续续流情况下,在负载电流下降至零,VD2 和 VD3 续流完毕,V2 和 V3 导通,负载电流才反向流过负载。但是,不论是 VD2、VD3 导通还是 V2、V3 导通,u_o 均为 $-U_d$。从 V2、V3 导通向 V1、V4 切换情况类似。

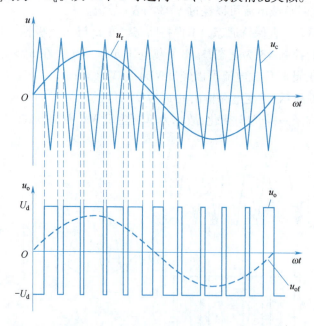

图 4-17 双极性 SPWM 控制方式波形

2. 三相桥式 SPWM 逆变电路的工作原理

电路如图 4-18 所示。本电路采用 GTR 作为电压型三相桥式 SPWM 逆变电路的自关断开关器件,负载为电感性。从电路结构上看,三相桥式 SPWM 逆变电路只能选用双极性控制方式,其工作原理及波形如图 4-19 所示。

三相调制信号 u_{rU}、u_{rV} 和 u_{rW} 为相位依次相差 120°的正弦波,而三相载波信号是共用一个正负方向变化的三角形波 u_c。U 相、V 相和 W 相的自关断开关器件的控制方法相同,现以 U 相为例:在 u_{rU}

$>u_c$ 的各区间,给上桥臂电力晶体管 V1 以导通驱动信号,而给下桥臂 V4 以关断信号,于是 U 相输出电压相对直流电源 U_d 中性点 N′ 为 $u_{UN'}=U_d/2$。在 $u_{rU}<u_c$ 的各区间,给 V1 以关断信号,给 V4 以导通信号,输出电压 $u_{UN'}=-U_d/2$。

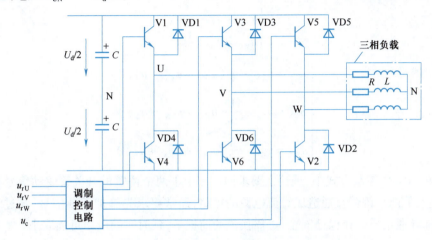

图 4-18 三相桥式 SPWM 逆变电路

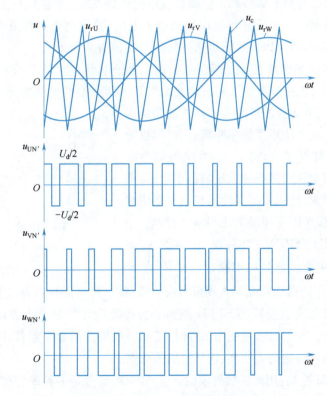

图 4-19 三相桥式 SPWM 逆变波形

图 4-18 电路中,VD1~VD6 二极管为电感性负载换流过程提供续流回路,其他两相的控制原理与 U 相相同。三相桥式 SPWM 逆变电路的三相输出 SPWM 波形分别为 $u_{UN'}$、$u_{VN'}$ 和 $u_{WN'}$。U、V 和 W

三相之间的线电压 SPWM 波形以及输出三相相对于负载中性点 N 的相电压 SPWM 波形,读者可按下列计算式求得

线电压
$$\begin{cases} u_{UV} = u_{UN'} - u_{VN'} \\ u_{VW} = u_{VN'} - u_{WN'} \\ u_{WU} = u_{WN'} - u_{UN'} \end{cases} \tag{4-2}$$

相电压
$$\begin{cases} u_{UN} = u_{UN'} - \dfrac{1}{3}(u_{UN'} + u_{VN'} + u_{WN'}) \\ u_{VN} = u_{VN'} - \dfrac{1}{3}(u_{UN'} + u_{VN'} + u_{WN'}) \\ u_{WN} = u_{WN'} - \dfrac{1}{3}(u_{UN'} + u_{VN'} + u_{WN'}) \end{cases} \tag{4-3}$$

在双极性 SPWM 控制方式中,理论上要求同一相上下两个桥臂的开关管驱动信号相反,但实际上,为了防止上下两个桥臂直通造成直流电源的短路,通常要求先施加关断信号,经过 Δt 的延时才给另一个施加导通信号。在保证安全、可靠换流的前提下,延时时间应尽可能取小。

3. SPWM 波形的生成电路

SPWM 控制就是根据三角波载波和正弦调制波用比较器来确定它们的交点,在交点时刻对功率开关器件的通断进行控制。这个任务可以用模拟电子电路、数字电子电路或专用的大规模集成电路芯片等硬件电路来完成,也可以用计算机通过软件生成 SPWM 波形。

用模拟电子电路实现 SPWM 控制,一般来说,模拟电子电路大多采用 SPWM 的自然采样法,它的结构图如图 4-20 所示,正弦波发生器和三角波发生器分别由模拟电路组成,在异步调制方式下,三角波的频率是固定的,而正弦波的频率和幅值随调制深度的增大而线性增大。此方法原理简单而且直观,但也带来如下一些缺点,如硬件开销大、体积大、系统可靠性降低、调试比较困难;变频器输出频率和电压的稳定性差;系统受温漂和时漂的影响大,造成变频器性能在用户使用时和出厂时不一样。因此,难以实现最优化 SPWM 控制。

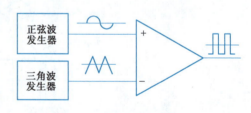

图 4-20 模拟电子电路产生 SPWM 波电路结构图

用专用集成芯片实现 SPWM 控制:如 HEF4752V,是全数字化的三相 SPWM 波生成集成电路;SEL4520,是一种应用 ACOMS 技术制作的低功耗高频大规模集成电路,是一种可编程器件。利用这些与微机配套的专用数字集成电路来完成逆变器的 SPWM 控制会为系统设计带来不少方便,但也有一些不足。一是控制规律固定,不便于调整;二是使用该片时,需要一些模拟或数字器件作为外围支持电路,从而降低了集成芯片本来具有的集成度高、运行可靠等优点。

采用微机实现 PWM 控制:用微机软件实时产生 SPWM 信号是一种既方便又经济可靠的方法,它的稳定性及抗干扰能力均明显优于相应的模拟控制电路。此外,用微机软件可以方便地实现具有多种优良性能而用模拟电子电路很难实现的复杂的 SPWM 控制策略。目前,在使用微机产生 PWM 信号时比较常用的控制策略是 SPWM 的规则采样法和 SVPWM 法。由于受微机字长、运算速度等因素的影响,目前用微机产生 SPWM 信号大多只能应用于控制精度不高,载波频率较低的场

合。在高载波频率下产生 SPWM 信号,计算机就显得有些力不从心。而且采用微机实现 PWM 控制要占用微机的 CPU 资源。

目前,市场上的变频器大部分是采用专用集成芯片实现 SPWM 控制,少量采用微机实现 SPWM 控制。

六、异步电动机变频调速的机械特性

由异步电动机的转速表达式[见式(4-1)]可知,改变异步电动机定子电源的频率 f_1 可以实现电动机调速。其调速特性如图 4-21 所示,n_0 为理想空载转速,f_N 为基频(一般为 50 Hz),T_{KN} 为最大转矩。

1. 从基频 f_N 向下调频的机械特性

由图 4-21 可见,频率在基频附近下调时,相同负载时,频率不同,对应的转差变化不大,稳定工作区的机械特性基本是平行的。最大转矩减小很少,可以近似认为不变;但当频率调得很低时,最大转矩减小很快。

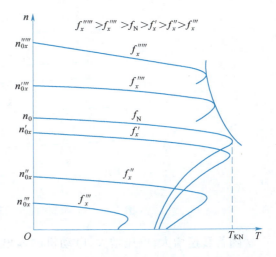

图 4-21 三相异步电动机变频调速机械特性

为了保持电动机的最大转矩不变,希望维持电动机气隙磁通恒定,由三相异步电动机定子每相电动势有效值表达式[见式(4-4)]可见,要保持 Φ_m 不变,只要设法保持 E_1/f_1 为恒值。

$$E_1 = 4.44 f_1 N_1 k_{N1} \Phi_m \tag{4-4}$$

式中　E_1——气隙磁通在定子每相中感应电动势的有效值,V;

　　　f_1——定子频率,Hz;

　　　N_1——定子每相绕组的匝数;

　　　k_{N1}——与定子绕组结构有关的常数;

　　　Φ_m——每极气隙磁通量,Wb。

由于绕组中的感应电动势是难以直接控制的,当电动势较高时,可以忽略定子绕组的漏磁阻抗压降,而认为定子相电压 $U_1 \approx E_1$,即 U_1/f_1 为恒值。这就是恒压频比控制。

这种近似是以忽略电动机定子绕组阻抗压降为代价的,但低频时,频率降得很低,定子电压也很小,此时再忽略电动机定子绕组阻抗压降就会引起很大的误差,从而引起最大转矩大幅减小。

针对低频时最大转矩大幅减小的这种情况,可适当提高定子电压,从而保证 E_1/f_1 为恒值。这样一来,主磁通就会基本不变。最终使电动机的最大转矩得到补偿。由于这种方法是通过提高 U/f 比使最大转矩得到补偿的,因此这种方法称为 U/f 控制或电压补偿,又称转矩提升。经过电压补偿后,电动机的机械特性在低频时的最大转矩得到了大幅提高,如图 4-22 所示。

2. 从基频 f_N 向上调频的机械特性

由图 4-21 或图 4-22 可见,频率从基频往上调节,由于定子电压不可能超过额定电压,只能保持额定电压。随着频率增加,理想空载转速增大,最大转矩大幅减小,机械特性斜率加大,特性变软。

3. 不同频率段机械特性带负载时呈现的特点

如图 4-23 所示，其中，f_{1N} 为基频，$\varPhi_{mN}$ 为额定磁通，U_{1N} 为额定电压。

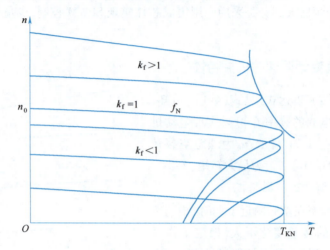

图 4-22　低频转矩提升后三相异步电动机变频调速机械特性

随着转速增大，电压增大，电动机的输出功率成正比变化。

在基频 f_{1N} 以下调频时，电动机输出的转矩基本不变，为电动机的额定转矩，适合带恒转矩负载，呈现恒转矩调速特性，即随着转速增大，电压也增大，电压与转速成正比变化，即恒 U/f 比控制。此区域调速过程中转速低于额定转速，电动机电压小于额定电压，电动机输出功率小于额定功率。

典型的恒转矩负载就是各类传送带、搅拌机和起重设备。

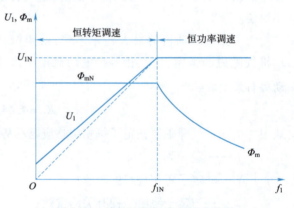

图 4-23　恒转矩和恒功率调速曲线

在基频 f_{1N} 以上调频时，电压保持不变，电动机输出功率不变，为电动机的额定功率，适合带恒功率负载，呈现恒功率调速特性，即随着转速增大，转矩减小，电动机输出转矩与转速大致成反比。此区域调速过程中转速高于额定转速，最大输出转矩小于额定转矩。

典型的恒功率负载就是机床主轴和轧机、造纸机，以及塑料薄膜生产线中的卷取机、开卷机等。

任务实施

一、连接电路

按图 4-1 在变频调速实验装置上连接三相 SPWM 变频调速系统电路，如图 4-24 所示，其中 SPWM 正弦波脉宽调制电路输出脉冲信号 G1～G6，与主电路逆变电路部分的功率开关管门极 UG1～UG6 已在内部相连。

二、用示波器观测 SPWM 信号

(1)接通图 4-24 所在挂件电源,关闭电动机电源开关,调制方式设定在 SPWM 方式(将控制部分 S、V、P 的三个端子都悬空),然后开启电动机电源开关。

(2)点动"增速"按键,将频率分别设定在 0.5 Hz、5 Hz、20 Hz、30 Hz、40 Hz、50 Hz 时,用示波器在 SPWM 部分观测三相正弦波信号(在测试点"2、3、4"),观测三角载波信号(在测试点"5"),观测三相 SPWM 调制信号(在测试点"6、7、8");再点动"转向"按键,改变转动方向,观测上述各信号的相位关系变化。

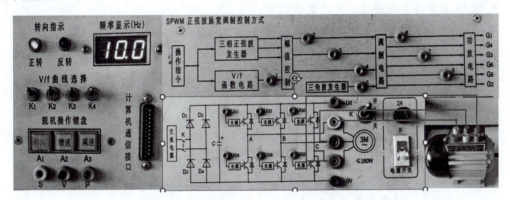

图 4-24　三相 SPWM 变频调速系统实验电路

三、变频器输出电压/频率(U/f)测定

将频率设置为在 0.5 ~ 60 Hz 的范围内改变,分别测量频率在 0.5 ~ 50 Hz 范围、50 ~ 60 Hz 范围内输出正弦波电压信号的幅值与频率的关系,选取 5 Hz、20 Hz、30 Hz、40 Hz、50 Hz、60 Hz 作为测试点,并记录各点频率对应的输出电压于表 4-2 中。

表 4-2　变频器 U/f 值测定

频率/Hz	60	50	40	30	20	5
电压/V						

一、单选题

1. 电压型逆变电路的特点是(　　)。
   A. 直流侧接大电感　　　　　　B. 交流侧电压接近正弦波
   C. 直流侧电压无脉动　　　　　D. 直流侧电流无脉动

2. 交-直-交变频器输出频率通常(　　)电网频率。
   A. 高于　　　　B. 低于　　　　C. 无关于

3. 下列不属于交-交变频器特点的是(　　)。

A. 换能方式：一次换能，效率较高　　B. 换流方式：通过电网电换流
C. 调频范围：调频范围比较窄　　D. 功率因数：功率因数比较高

4. 电动机从基频向上的变频调速属于（　　）调速。随着频率增加，电压保持不变。
　　A. 恒功率　　　B. 恒转矩　　　C. 恒转差率

5. 电动机从基频向下的变频调速属于（　　）调速。随着频率增加，电压成比例增加。
　　A. 恒功率　　　B. 恒转矩　　　C. 恒转差率

6. 正弦波脉宽调制（SPWM）通常采用（　　）相交方案，在两个信号的交点时刻对功率开关器件的通断进行控制，从而使变频器主电路输出等幅不等宽的脉冲列信号。
　　A. 直流参考信号与等腰三角波载波信号
　　B. 正弦波参考信号与等腰三角波载波信号
　　C. 正弦波参考信号与锯齿波载波信号

7. 变频器的输出不允许接（　　）。
　　A. 纯电阻　　　B. 电感　　　C. 电容　　　D. 电动机

二、填空题

1. 交流电动机的调速方法有_____、_____、_____。
2. 按逆变后能量馈送去向不同来分类，电力电子元件构成的逆变器可分为_____逆变器与_____逆变器两大类。
3. 交-直-交变频器的基本电路包括_____和_____电路，前者将工频交流电流变为直流电，后者将直流电变为交流电。
4. 根据交-直-交变频器直流环节电源性质不同可分为_____和_____，其中_____不能适应再生制动运行。
5. SPWM 技术的基本原理是：以所期望的_____作为调制波，以_____作为载波，从而得到一组等幅而脉冲宽度正比于该期望波形曲线函数值的矩形脉冲列，脉冲的高低电平信号控制逆变电路中开关器件的通断，从而在输出端得到_____脉冲列等效正弦波。

三、简答题

1. 交-直-交变频器主要由哪几部分组成？试简述各部分的作用。
2. 在何种情况下变频也需要变压？在何种情况下变频不能变压？为什么？在上述两种情况下，电动机的调速特性有何特征？

任务二　通过变频器操作面板实现电动机调速

任务描述

本任务要求通过变频器操作面板控制电动机调速。

具体要求：按照图4-25连接三菱FR-D700变频器和交流异步电动机，通过变频器操作面板控制电动机分别以20 Hz正向低速运行和40 Hz反向高速运行。

项目四 变频器认识与操作

🛠 任务分析

完成本任务需要先认识变频器的操作面板,操作面板上的按键、指示灯的功能。了解如何使用变频器的操作面板控制电动机调速。

📖 相关知识

一、三菱 FR-D700 变频器的操作面板

图 4-26 所示是一款紧凑型多功能 FR-D700 变频器。功率范围为 0.4~7.5 kW,通用磁通矢量控制,1 Hz 时 150% 转矩输出。采用长寿命元器件,内置 Modbus-RTU 协议、制动晶体管、扩充 PID、安全停止功能。

变频器前盖板底部标有变频器的容量铭牌,正面中上部是操作面板,掀开前盖板可看见主电路端子排、控制电路端子排、PU 接口、电压/电流输入切换开关等。

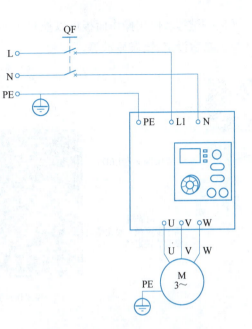

图 4-25 变频器主电路接线图

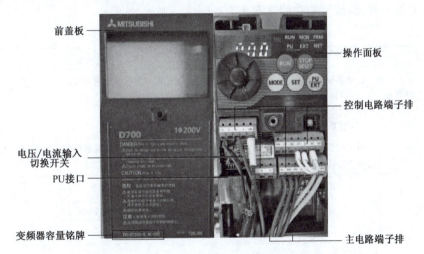

图 4-26 FR-D700 变频器

1. 变频器前盖板上的容量铭牌含义

三菱 FR-D700 变频器根据前盖板上的容量铭牌显示的型号,使用三相或单相交流电输入,型号 FR-D740 使用三相 400 V 级交流电,型号 FR-D720S 使用单相 200 V 级交流电,如图 4-27 所示,图 4-27 中 0.4K 表明变频器的额定功率大小。

2. 变频器的操作面板构成及相关功能

操作面板如图 4-28 所示,包括 M 旋钮、监视器、指示

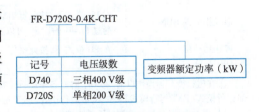

图 4-27 变频器容量铭牌含义

灯、按键等。使用操作面板可以控制变频器的启停,可以进行运行模式设定、频率设定、运行指令监视、参数设定、错误显示等。

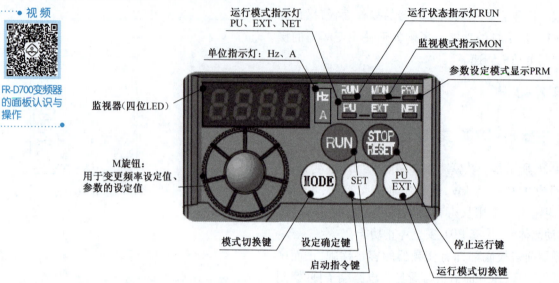

图 4-28 FR-D700 变频器的操作面板

操作面板上各个旋钮、按键的功能见表 4-3。

表 4-3 操作面板上各个旋钮、按键的功能

旋钮和按键	功　能
M 旋钮(三菱变频器旋钮)	旋动该旋钮用于变更频率设定值、参数的设定值。按下该旋钮可显示以下内容: (1)监视模式时的设定频率; (2)校正时的当前设定值; (3)报警历史模式时的顺序
模式切换键 MODE	用于切换各设定模式。和运行模式切换键同时按下也可以用来切换运行模式。长按此键(2 s)可以锁定操作
设定确定键 SET	各设定的确定。此外,当运行中按此键,则监视器出现以下显示: 运行频率 → 输出电流 → 输出电压
运行模式①切换键 PU/EXT	用于切换 PU/外部运行模式。 使用外部运行模式(通过另接的频率设定电位器和启动信号启动的运行)时请按此键,使表示运行模式的 EXT 处于亮灯状态。 切换至组合模式时,可同时按 MODE 键 0.5 s,或者变更参数 Pr.79
启动指令键 RUN	在 PU 模式下,按此键启动运行。 通过 Pr.40 的设定,可以选择旋转方向
停止运行键 STOP/RESET	在 PU 模式下,按此键停止运行。 保护功能(严重故障)生效时,也可以进行报警复位

①在进行变频器操作以前,必须了解其各种运行模式,才能进行各项操作。FR-D700 变频器的运行模式有"PU 运行模式"、"外部运行模式(EXT 运行模式)"和"网络运行模式(NET 运行模式)"等。

PU 运行模式:通过变频器的面板直接输入给定频率和启停信号以实现对电动机控制。

外部运行模式(EXT 运行模式):通过外部信号控制变频器以实现对电动机控制。

网络运行模式(NET 运行模式):通过 PU 接口进行 RS-485 通信或使用通信选件控制变频器实现对电动机控制。

操作面板上各指示灯运行状态说明见表 4-4。

表 4-4 操作面板上各指示灯运行状态说明

显 示	功 能
运行模式显示	PU：PU 运行模式时亮灯； EXT：外部运行模式时亮灯； NET：网络运行模式时亮灯
监视器（四位 LED）	显示频率、参数编号等
监视数据单位显示	Hz：显示频率时亮灯；A：显示电流时亮灯 （显示电压时熄灯，显示设定频率监视时闪烁。）
运行状态显示 RUN	当变频器动作中亮灯或者闪烁。其中： 亮灯——正转运行中； 缓慢闪烁（1.4 s 循环）——反转运行中。 下列情况出现快速闪烁（0.2 s 循环）： (1) 按键或输入启动指令都无法运行时； (2) 有启动指令，但频率指令在启动频率以下时； (3) 输入了 MRS 信号时
参数设定模式显示 PRM	参数设定模式时亮灯
监视器显示 MON	监视模式时亮灯

二、三菱 FR-D700 变频器主电路端子

变频器主电路端子接线如图 4-29（a）所示，电源连接至变频器的端子 R/L1、S/L2、T/L3（没有必要考虑相序），绝对不能接 U、V、W，否则会损坏变频器；变频器的输出端子 U、V、W 接电动机。FR-D700 系列变频器外接电源有三相或单相，如 FR-D740 外接电源采用三相交流电源，FR-D720S 外接电源采用单相电源输入，如图 4-29（b）所示。

主电路端子的功能说明见表 4-5。

表 4-5 主电路端子的功能说明

端子记号	端子名称	功 能 说 明
L1、L2、L3[①]	电源输入	连接工频电源
U、V、W	变频器输出	连接三相笼形异步电动机
+、P1	直流电抗器连接	拆开端子 +、P1 间的短路片，连接选件改善功率因数用直流电抗器（FR-BEL）。不须连接时，两端子间短路
+、PR	制动电阻连接	在端子 + 和 PR 间连接选购的制动电阻（FR-ABR、MRS），0.1 kΩ、0.2 kΩ 电阻不能连接
+、-	制动单元连接	连接制动单元（FR-BU2）、共直流母线变流器（FR-CV）以及高功率因数变流器（FR-HC）
⏚	保护接地	变频器外壳接地用，必须接大地

①单相电源输入时，变成 L1、N 端子。变频器的控制电路端子排、PU 接口、电压/电流输入切换开关等内容在后文介绍。

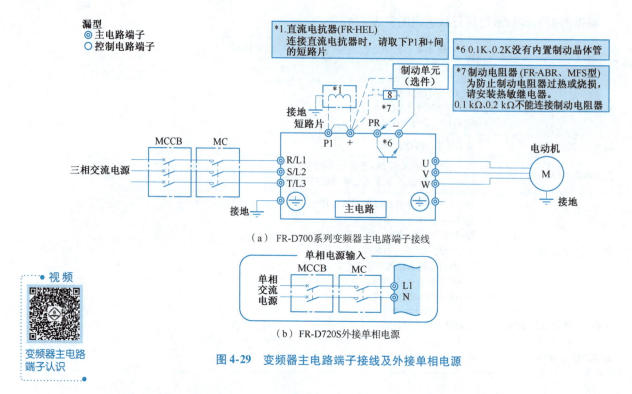

图 4-29 变频器主电路端子接线及外接单相电源

三、三菱 FR-D700 变频器的常用参数

采用变频器控制电动机运行，需配合相关参数设置。变频器功能参数很多，一般都有数十甚至上千个参数供用户选择，包括基本参数和扩展参数。通常出厂时只显示基本参数，若需显示扩展参数，可通过修改某特定参数的值，如变频器 FR-D720S-0.4K-CHT，修改 Pr. 160 的值为 0，便可显示所有扩展参数。

实际应用中，没必要对每一参数都进行设置和调试，多数采用出厂设定值。但有些参数由于和实际使用情况有很大关系，且有的还相互关联，因此要根据实际进行设定和调试，下面列举三菱 FR-D700 变频器的部分常用参数。

1. 变频器运行模式选择参数（Pr. 79）

FR-D700 系列变频器不仅可以通过 PU/EXT 键，也可以通过参数 Pr. 79 的值来指定变频器的运行模式，设定值范围为 0,1,2,3,4,6,7。当变频器处于停止运行时，用户可以根据实际需要修改其设定值（变频器出厂时，参数 Pr. 79 的值为 0）；变频器七种设定值对应的运行模式的内容以及相关 LED 指示灯的状态见表 4-6。

表 4-6 运行模式选择（Pr. 79）

设定值	内容	LED 显示状态（■ :灭灯；□ :亮灯）
0	外部/PU 切换模式，通过 PU/EXT 键可切换 PU 与外部运行模式。 注意：接通电源时为外部运行模式	外部运行模式： EXT PU 运行模式： PU

续表

设定值	内容	LED 显示状态(■:灭灯；□:亮灯)
1	固定为 PU 运行模式	PU
2	固定为外部运行模式。可以在外部、网络运行模式间切换运行	外部运行模式：EXT 网络运行模式：NET
3	外部/PU 组合运行模式 1 频率指令：用操作面板、PU（FR-PU04-CH/FR-PU07）设定，或外部信号输入[多段速设定，端子 4-5 间（AU 信号 ON 时有效）] 启动指令：外部信号输入（端子 STF、STR）	
4	外部/PU 组合运行模式 2 频率指令：外部信号输入（端子 2、4、JOG、多段速选择等） 启动指令：通过操作面板的 RUN 键或通过 PU（FR-PU04-CH/FR-PU07）的 FWD、REV 键来输入	
6	切换模式。可以在保持运行状态的同时，进行 PU 运行、外部运行、网络运行的切换	PU 运行模式：PU 外部运行模式：EXT 网络运行模式：NET
7	外部运行模式（PU 运行互锁）： X12 信号 ON 时，可切换到 PU 运行模式（外部运行中输出停止）； X12 信号 OFF 时，禁止切换到 PU 运行模式	PU 运行模式：PU 外部运行模式：EXT

2. 变频器参数恢复出厂设置值（ALLC）

FR-D700 系列变频器的参数 ALLC 的值可以是 0 或 1，需要恢复出厂设置时，将此参数设定为 1，具体参数值对应内容见表 4-7。

在 PU 运行模式（PU 灯亮）下，才可修改参数 ALLC，否则会显示出错标识 Er4。只有在扩展参数 Pr.77 对应的值为"0"时，才能进行该参数修改，否则会显示出错标识 Er1。若在运行中修改，则会显示出错标识 Er2。

视频 ●

变频器参数
设置演示

表 4-7 变频器参数恢复出厂设置值（ALLC）

设定值	内容
0	不执行清除
1	参数返回初始值（参数清除是将除了校正参数、端子功能选择参数等之外的参数全部恢复为初始值）

3. RUN 键旋转方向选择参数（Pr.40）

FR-D700 系列变频器的参数 Pr.40 的值可以是 0 或 1，对应内容见表 4-8，该参数属扩展参数，在

Pr. 160 扩展功能显示选择 = "0"时才可以设定。

表 4-8　RUN 键旋转方向选择参数(Pr. 40)

设定值	内容
0	正转
1	反转

4. 频率设定/键盘锁定操作选择(Pr. 161)

FR-D700 系列变频器的参数 Pr. 161 的值可以是 0、1、10、11，对应内容见表 4-9，该参数属扩展参数，在 Pr. 160 扩展功能显示选择 = "0"时才可以设定。

表 4-9　频率设定/键盘锁定操作选择(Pr. 161)

设定值	内容	
0	M 旋钮频率设定模式	键盘锁定模式无效
1	M 旋钮电位器模式	
10	M 旋钮频率设定模式	键盘锁定模式有效
11	M 旋钮电位器模式	

5. 输出频率的限制参数(Pr. 1、Pr. 2、Pr. 18)

为了限制电动机的速度，应对变频器的输出频率加以限制。当在 120 Hz 以下运行时，用 Pr. 1 "上限频率"和 Pr. 2 "下限频率"来设定，可将输出频率的上、下限钳位，频率与控制电压（电流）的关系如图 4-30 所示。

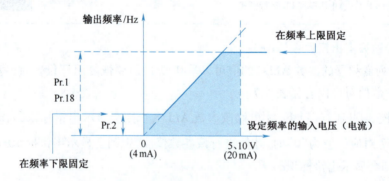

图 4-30　频率与控制电压(电流)的关系图

当在 120 Hz 以上运行时，用参数 Pr. 18 "高速上限频率"设定高速输出频率的上限。

Pr. 1 与 Pr. 2 出厂设定范围为 0 ~ 120 Hz，出厂设定值分别为 120 Hz 和 0 Hz。Pr. 18 出厂设定范围为 120 ~ 400 Hz。

6. 加减速时间参数设置(Pr. 7、Pr. 8、Pr. 20)

需要慢慢加减速时请将加减速时间 Pr. 7 和 Pr. 8 设定得长一些，需要快速加减速时则设定得短一些。加减速时间参数设置见表 4-10。

说明：

(1) Pr.20 为加减速的基准频率，在我国选为 50 Hz。

(2) Pr.7 加速时间用于设定从停止到 Pr.20 加减速基准频率的加速时间。

(3) Pr.8 减速时间用于设定从 Pr.20 加减速基准频率到停止的减速时间。

表 4-10　加减速时间参数设置

参数编号	名称	初始值	设定范围	备 注
Pr.7	加速时间	5 s	0～3 600/360 s	根据 Pr.21 加减速时间单位的设定值进行设定。初始值的设定范围为 0～3 600 s，设定单位为 0.1 s
Pr.8	减速时间	5 s	0～3 600/360 s	
Pr.20	加减速基本频率	50 Hz	1～400 Hz	加减速时间为停止到 Pr.20 间的频率变化时间

7. 基准频率参数（Pr.3）

基准频率是根据电动机铭牌上所标示的额定频率来设置的，其取值范围为 0～400 Hz，如某电动机铭牌上标出的额定频率为 50 Hz，则基准频率参数 Pr.3 应设置为 50。

这里主要列举一些与本任务相关的参数，其他更多的参数，用户可以根据实际情况参阅变频器使用手册。

一、连接变频器主电路

选择与变频器 FR-D720S 匹配的异步电动机，在断电状态下，按图 4-25 完成变频器主电路接线。

二、操作变频器面板

（以下操作参照图 4-31）

(1) 将变频器"运行模式"切换为"PU 运行"模式。

(2) 在"PU 运行"模式下，设定变频器频率为 20 Hz，然后按操作面板上"RUN"键启动，监控液晶屏显示的频率值，确认是 20 Hz（可通过 SET 键切换液晶屏显示内容），同时观察电动机运行方向，确认是正方向，按"STOP"键使电动机停止运行。

(3) 在"PU 运行"模式下，修改参数 Pr.160 的值为"0"，将扩展参数释放。

(4) 找到扩展参数 Pr.40 并将其值修改为"1"，设定变频器频率为 40 Hz，然后按操作面板上"RUN"键启动，观察液晶屏显示的频率值是否为 40 Hz，同时观察电动机运行方向是否已反向，最后按"STOP"键使电动机停止运行。

(5) 查看并记录加速时间参数 Pr.7 和减速时间参数 Pr.8 的当前值，然后将两者的值均修改为"0.1"，按下变频器操作面板上"RUN"键，观察电动机加速时间与修改之前有何不同，按"STOP"键，观察电动机制动减速时间与修改之前有何不同。总结 Pr.7 和 Pr.8 的功能。

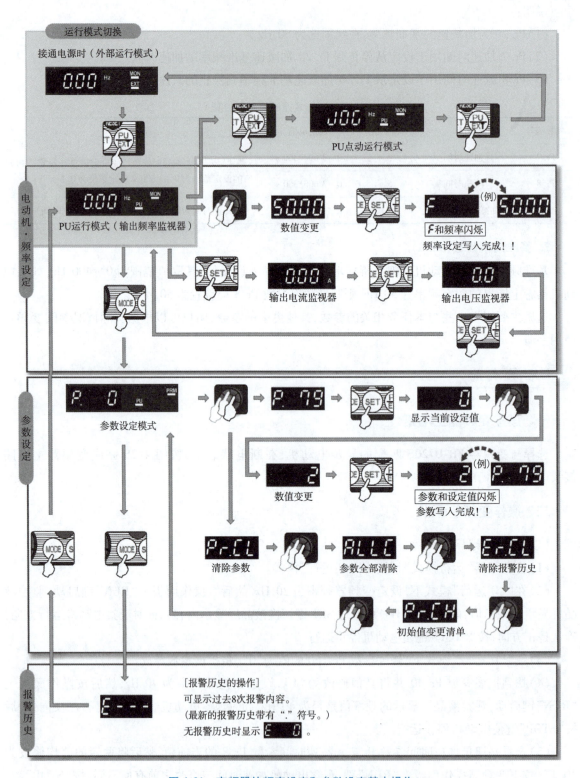

图 4-31　变频器的频率设定和参数设定基本操作

一、选择题

1. 三菱 FR-D700 变频器的端子 U、V、W 应该连接( )。
   A. 三相电源　　B. R、S、T　　C. 三相电动机　　D. 以上都不对
2. 中国的工业用电频率是( )。
   A. 45 Hz　　B. 50 Hz　　C. 55 Hz　　D. 60 Hz
3. 变频器 FR-D700 的指示灯 PRM 点亮表明( )。
   A. 当前状态为监视模式　　B. 当前状态为参数设定模式
   C. 当前状态为外部运行模式　　D. 当前状态为正转运行状态
4. 变频器 FR-D700 的指示灯 RUN 点亮表明( )。
   A. 当前状态为监视模式　　B. 当前状态为参数设定模式
   C. 当前状态为外部运行模式　　D. 当前状态为正转运行状态
5. 变频器 FR-D700 的指示灯 EXT 点亮表明( )。
   A. 当前状态为监视模式　　B. 当前状态为参数设定模式
   C. 当前状态为外部运行模式　　D. 当前状态为正转运行状态
6. 变频器的型号为 FR-D720S-0.4K-CHT，D720S 表明电压级数为( )。
   A. 单相 200 V 级　　B. 三相 400 V 级　　C. 三相 300 V 级　　D. 都不是
7. 设定变频器 FR-D700 运行模式的参数是( )。
   A. Pr. 79　　B. Pr. 40　　C. Pr. 160　　D. Pr. 3
8. 设定变频器 FR-D700 上限频率的参数是( )。
   A. Pr. 1　　B. Pr. 2　　C. Pr. 7　　D. Pr. 8
9. 设定变频器 FR-D700 加速时间的参数是( )。
   A. Pr. 1　　B. Pr. 2　　C. Pr. 7　　D. Pr. 8

二、操作题

1. 变频器 U/f 曲线测定：分别设定变频器的输出频率为 60 Hz、50 Hz、40 Hz、30 Hz、20 Hz、10 Hz，观察电动机的运行速度变化，记录变频器相应输出电压于自拟表格中，画出 U/f 曲线。
2. 查看并记录上限频率参数 Pr. 1、下限频率参数 Pr. 2 及频率设定/键盘锁定操作选择参数 Pr. 161 的当前值，依次设置 Pr. 1、Pr. 2 及 Pr. 161 的值分别为 45、5 及 1，按变频器面板上的"RUN"键启动，然后调节 M 旋钮，观察变频器是否能在 5～45 Hz 范围调节频率；总结参数 Pr. 1、Pr. 2 及 Pr. 161 的功能。

任务三　通过外部开关控制变频器实现电动机调速

本任务要求通过外部开关控制变频器实现电动机调速。

具体要求:按照图 4-32 连接 FR-D700 变频器及交流异步电动机,将外部开关 SA1 和 SA2 连接到变频器的控制端子,通过通断外部开关 SA1 和 SA2 改变变频器输出频率以实现电动机分别以 20 Hz 正向低速运行和 40 Hz 反向高速运行。

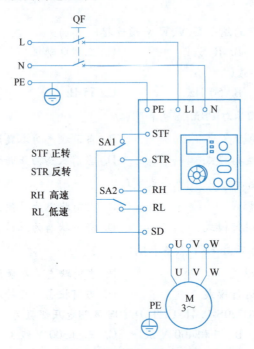

图 4-32　外部开关控制变频器的电路接线图

任务分析

完成本任务需要熟悉变频器控制输入端子的功能;会连接变频器的多段速端子 RH、RM、RL 的控制电路;掌握使用三菱变频器 FR-D700 多段速端子 RH、RM、RL 调速的方法。

相关知识

一、FR-D700 变频器的控制电路端子

变频器驱动电动机,除了可以通过变频器的操作面板控制,还可以通过控制电路端子进行控制。

FR-D700变频器控制电路端子的认识

FR-D700 系列变频器的控制电路端子如图 4-33 所示。控制电路端子包括输入端子、输出端子和网络接口三大部分。

其中,输入端子包括正转、反转端子信号(STF、STR),获取频率的多段速度选择端子信号(RH、RM、RL),模拟电压、电流信号(10、2、5、4)等,其具体说明见表 4-11。

输出端子包括继电器输出、集电极开路输出、模拟电压输出等信号,其具体说明见表 4-12。

网络接口是指通过 RS-485 通信的 PU 接口,其具体说明见表 4-13。

项目四 变频器认识与操作

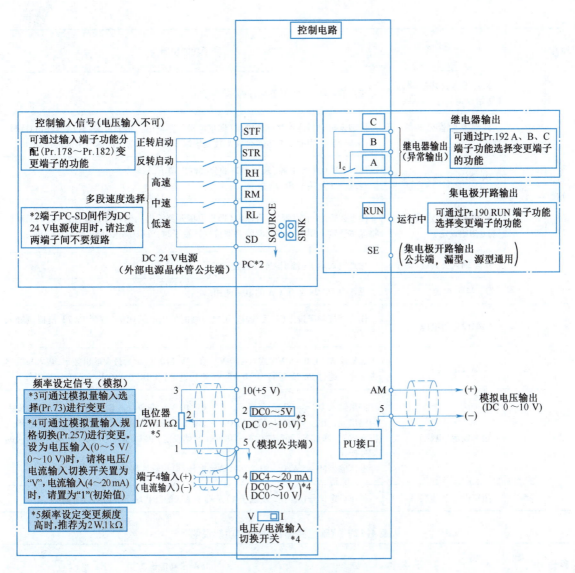

图 4-33　FR-D700 系列变频器的控制电路端子

表 4-11　控制电路输入端子的功能说明

种类	端子记号	端子名称	端子功能说明	
接点输入	STF	正转启动	STF 信号 ON 时为正转、OFF 时为停止指令	STF、STR 信号同时 ON 时变成停止指令
	STR	反转启动	STR 信号 ON 时为反转、OFF 时为停止指令	
	RH RM RL	多段速度选择	用 RH、RM 和 RL 信号的组合可以选择多段速度	

续表

种类	端子记号	端子名称	端子功能说明
接点输入	SD	接点输入公共端(漏型)(初始设定)	接点输入端子(漏型逻辑)的公共端子
		外部晶体管公共端(源型)	源型逻辑时当连接晶体管输出(即集电极开路输出),例如可编程控制器(PLC)时,将晶体管输出用的外部电源公共端接到该端子时,可以防止因漏电引起的误动作
		DC 24 V 电源公共端	DC 24 V,0.1 A 电源(端子 PC)的公共输出端子。与端子 5 及端子 SE 绝缘
	PC	外部晶体管公共端(漏型)(初始设定)	漏型逻辑时当连接晶体管输出(即集电极开路输出),例如可编程控制器(PLC)时,将晶体管输出用的外部电源公共端接到该端子时,可以防止因漏电引起的误动作
		接点输入公共端(源型)	接点输入端子(源型逻辑)的公共端子
		DC 24 V 电源	可作为 DC 24 V、0.1 A 的电源使用
频率设定	10	频率设定用电源	作为外接频率设定(速度设定)用电位器时的电源使用。(按照 Pr.73 模拟量输入选择)
	2	频率设定(电压)	如果输入 DC 0~5 V (或 0~10 V),在 5 V (10 V)时为最大输出频率,输入与输出成正比。通过 Pr.73 进行 DC 0~5 V(初始设定)和 DC 0~10 V 输入的切换操作
	4	频率设定(电流)	如果输入 DC 4~20 mA (或 0~5 V,0~10 V),在 20 mA 时为最大输出频率,输入与输出成正比。只有 AU 信号为 ON 时,端子 4 的输入信号才会有效(端子 2 的输入将无效)。通过 Pr.267 进行 4~20 mA(初始设定)和 DC 0~5 V、DC 0~10 V 输入的切换操作。电压输入(0~5 V/0~10 V)时,请将电压/电流输入切换开关切换至"V"
	5	频率设定公共端	频率设定信号(端子 2 或端子 4)及端子 AM 的公共端子。请勿接大地

表 4-12 控制电路输出端子的功能说明

种类	端子记号	端子名称	端子功能说明	
继电器	A、B、C	继电器输出(异常输出)	指示变频器因保护功能动作时输出停止的 1c 接点输出。异常时:B-C 间不导通(A-C 间导通);正常时:B-C 间导通(A-C 间不导通)	
集电极开路	RUN	变频器正在运行	变频器输出频率大于或等于启动频率(初始值 0.5 Hz)时为低电平,已停止或正在直流制动时为高电平	
	SE	集电极开路输出公共端	端子 RUN、FU 的公共端子	
模拟	AM	模拟电压输出	可以从多种监视项目中选一种作为输出。变频器复位中不被输出。输出信号与监视项目的大小成比例	输出项目:输出频率(初始设定)

表4-13　控制电路网络接口的功能说明

种类	端子记号	端子名称	端子功能说明
RS-485	—	PU 接口	通过 PU 接口,可进行 RS-485 通信。 (1)标准规格:EIA-485(RS-485); (2)传输方式:多站点通信; (3)通信速率:4 800~38 400 bit/s; (4)总长距离:500 m
—	S1、S2 S0、SC	—	请勿连接任何设备,否则可能导致变频器故障。另外,请不要拆下连接在端子 S1-SC、S2-SC 间的短路片。任何一个短路用电线被拆下后,变频器都将无法运行

二、FR-D700 变频器多段速选择端子

控制电路中多段速选择端子 RH、RM、RL 的具体使用:变频器在外部运行模式或组合运行模式2下,可以通过对 RH、RM、RL 的通断组合来获取不同的输出频率,这种获取频率的方式称为多段速控制。

图4-34(a)中,将外部开关信号分别接至 RH、RM、RL 端子,外部开关信号的通或断可以使 RH、RM、RL 有7种不同的通断组合(开关全部断开的状态不计),每一种通断组合可以对应输出不同的频率,即输出7段(种)速度。

图4-34(b)中,1速(也称高速)、2速(也称中速)、3速(也称低速)对应由 RH、RM、RL 中单个通断来实现,RH 为"ON"("ON"表示开关接通状态)时,变频器以1速"高速"运行,RM 为"ON"时,变频器以2速"中速"运行,RL 为"ON"时,变频器以3速"低速"运行。4速~7速由 RH、RM、RL 组合通断来实现,如当 RM 与 RL 同时为"ON"时,变频器以4速运行。

7段速(频率)的大小分别由参数 Pr.4、Pr.5、Pr.6、Pr.24、Pr.25、Pr.26、Pr.27 指定,具体关系见表4-14。(多段速运行方式最多可以支持15段速,具体方式参见变频器手册)

表4-14　7段速对应频率参数设置

参数编号	名称及对应端子接通状态	初始值	设定范围
Pr.4	1速:RH 单独接通	50 Hz	0~400 Hz
Pr.5	2速:RM 单独接通	30 Hz	0~400 Hz
Pr.6	3速:RL 单独接通	10 Hz	0~400 Hz
Pr.24	4速:RM、RL 同时接通	9 999	0~400 Hz,9 999
Pr.25	5速:RH、RL 同时接通	9 999	0~400 Hz,9 999
Pr.26	6速:RH、RM 同时接通	9 999	0~400 Hz,9 999
Pr.27	7速:RH、RM、RL 全部接通	9 999	0~400 Hz,9 999

说明:

(1)7段速对应参数在 PU 运行和外部运行中都可以随时设定,运行期间参数值会实时改变。

(2)在前3段速(1速~3速)设定的情况下,若有两个以上速度选择端子同时被接通,低速端子的设定频率优先。

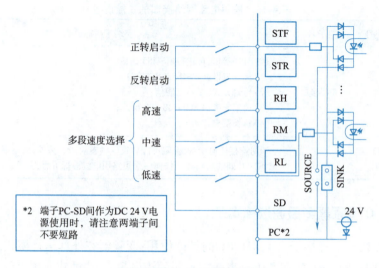

(a) RH、RM、RL端子接线示意图

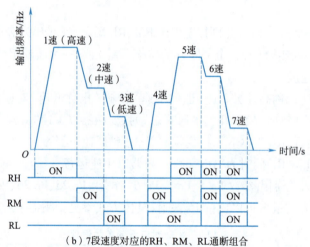

(b) 7段速度对应的RH、RM、RL通断组合

图 4-34　RH、RM、RL 通断组合情况

(3) 变频器的输出频率设定,除了多段速设定外,也有连续设定频率的需求。例如,在变频器安装和接线完成进行运行试验时,常常用调速电位器连接到变频器的模拟量输入信号端,进行连续调速试验。此外,在触摸屏上指定变频器的频率,则此频率也应该是连续可调的。此频率获取可以通过使用模拟量输入方式(见项目五),在这种情况下多段速选择端子 RH、RM、RL 应断开,否则多段速设定优先。

一、连接变频器主电路

选择与变频器 FR-D720S 匹配的异步电动机,在断电状态下,按图 4-32 完成主电路和控制电路接线。

二、控制电动机低频正转

设置变频器运行模式为外部运行模式,将正反转选择开关 SA1 拨至 STF,高低速选择开关拨至 RL,将参数 Pr.6 的值设置为 20,观察电动机是否以 20 Hz 正向运行。将正反转选择开关 SA1 拨至空挡使电动机停止。

三、控制电动机高频反转

设置变频器运行模式为外部运行模式,将正反转选择开关 SA1 拨至 STR,高低速选择开关拨至 RH,将参数 Pr.4 的值设置为 40,观察电动机是否以 40 Hz 反向运行。将正反转选择开关 SA1 拨至空挡使电动机停止。

一、选择题

1. 当变频器 FR-D700 处于外部运行模式时,通过接通(　　)可以使变频器正转。
   A. 控制端子 STR　　B. 控制端子 STF　　C. 控制端子 RH　　D. 控制端子 RM
2. 当变频器 FR-D700 的多段速端子接通时,对应的公共端子是(　　)。
   A. 控制端子 2　　B. 控制端子 4　　C. 控制端子 5　　D. 控制端子 SD
3. 当给变频器 FR-D700 外加电压或电流信号来控制变频器的频率,该电压或电流信号输入的公共端子是(　　)
   A. 控制端子 2　　B. 控制端子 4　　C. 控制端子 5　　D. 控制端子 SD
4. 变频器 FR-D700 通过外部信号设置频率,通过面板发启停指令,此时参数 Pr.79 应设置成(　　)。
   A. 1　　B. 2　　C. 3　　D. 4
5. 变频器 FR-D700 在外部运行模式下工作时,下列(　　)参数值无法修改。
   A. Pr.4　　B. Pr.5　　C. Pr.6　　D. Pr.7
6. 三菱变频器 FR-D720 在有正反转的情况下,利用多段速端子组合通断最多可以出现(　　)种转速。
   A. 7　　B. 8　　C. 14　　D. 15

二、简答题

1. 当变频器 FR-D700 工作在外部运行模式时,如何利用多段速端子实现 7 段速调速?
2. 当同时接通多段速端子调速和接入模拟电压信号调速时,变频器会按哪种方式获取频率?

拓展应用

变频恒压供水系统

某变频调速恒压供水系统如图 4-35 所示,采用三菱系列变频器,水流量是供水系统的基本控制对象,而图中供水流量 Q_1 和用水流量 Q_2 的变化直接影响的是管道中水压的大小。通过压力传感器 SP 连续采集供水管网中的水压及水压变化率信号,并将其转换为电信号 X_F 反馈至变频控制系统,控制系统将反馈回来的信号 X_F 与设定压力 X_T 进行比较和运算;如果实际压力比设定压力低,则发出指令控制水泵加速运行;如果实际压力比设定压力高,则控制水泵减速运行,当达到设定压力时,水泵就维持在某运行频率上。具体分析如下:

设定信号 X_T:通过外接电路加在给定端子"2"上的信号,该信号与设定的水的压力相对应,该信号也可以由变频器控制面板直接给定。

反馈信号 X_F:该信号是压力传感器 SP 反馈至端子"4"上的信号,该信号是一个反映实际压力的信号。

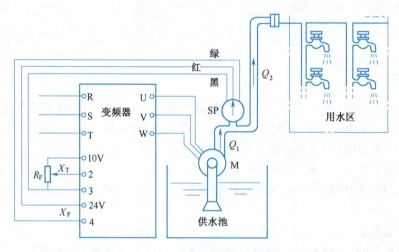

图 4-35 变频恒压供水系统

系统的具体工作过程:由图 4-36 可知,变频器自带 PID 调节功能,如图 4-36 中的点画线框所示。X_T 和 X_F 两者形成的偏差信号 $X_D = (X_T - X_F)$ 经过 PID 调节处理后得到频率控制信号,控制变频器的输出频率。

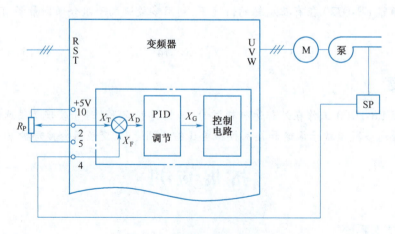

图 4-36 变频器内部的控制框图

当用水流量减小时,供水流量大于用水流量($Q_1 > Q_2$),则压力上升,$X_F \uparrow \rightarrow$ 偏差信号 $X_D = (X_T - X_F) \downarrow \rightarrow$ 变频器输出频率 $f_x \downarrow \rightarrow$ 电动机转速 $n_x \downarrow \rightarrow$ 供水流量 $Q_1 \downarrow \rightarrow$ 直至压力大小恢复到期望值,供水流量与用水流量重新达到平衡($Q_1 = Q_2$);反之,当用水流量增加时,即 $Q_1 < Q_2$ 时,则 $X_F \downarrow \rightarrow X_D = (X_T - X_F) \uparrow \rightarrow f_x \uparrow \rightarrow n_x \uparrow \rightarrow Q_1 \uparrow \rightarrow$ 直至新的平衡($Q_1 = Q_2$)。

项目五
带式输送机控制系统安装与调试

项目描述

带式输送机常应用于物料输送、物料分拣、物料装卸等场合。图5-1是某带式输送机机构实物图。该带式输送机的功能是负责输送从进料口（U形导向器处）放入的工件，由传感器检测出工件的属性，并按分类要求将工件推入相应的出料滑槽。

视频
带式输送机工作演示

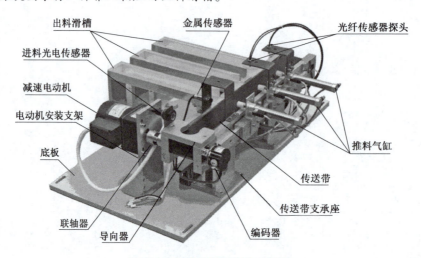

图 5-1 带式输送机机构实物图

其控制系统采用 PLC 控制变频器驱动减速电动机以实现带式输送机对工件进行传送和分拣，具体如图 5-2 所示。由三菱 FX3U-48MR PLC、模拟量模块 FX0N-3A、三菱 FR-D720S 变频器、光电传感器、光纤传感器、磁性开关、电磁阀等组成。

本项目需依次完成带式输送机的启停控制、带式输送机多段速调速控制、带式输送机模拟量调速控制、带式输送机物料分拣控制系统安装与调试、带式输送机 RS-485 通信调速控制等任务。

项目目标

1. 知识目标

（1）了解带式输送机结构；

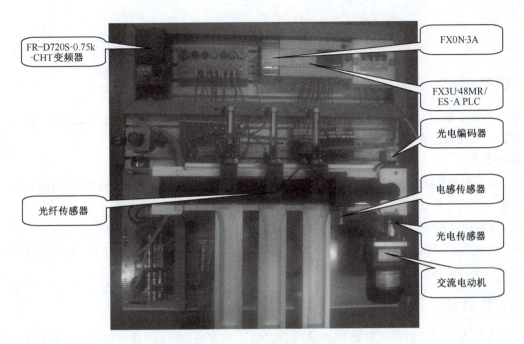

图 5-2　带式输送机控制系统硬件

(2) 了解光电传感器、光纤传感器、电感传感器、磁性开关的结构及工作原理；

(3) 了解模拟量模块 FX0N-3A 的输入/输出特性；

(4) 掌握变频器模拟量调速的方法；

(5) 了解光电编码器的工作原理及使用方法；

(6) 了解基于 RS-485 通信的变频器调速方法；

(7) 掌握 FX3U-48MT 高速计数器的使用方法。

2. 能力目标

(1) 会安装并调试光电传感器、光纤传感器、电感传感器、磁性开关；

(2) 会安装与测试气动回路；

(3) 会安装并调试变频器多段速调速控制系统；

(4) 会安装并调试变频器模拟量调速控制系统；

(5) 会安装并调试物料分拣控制系统；

(6) 会安装并调试基于 RS-485 通信的变频器调速系统；

(7) 能综合应用 PLC、变频器、检测与气动控制技术。

3. 素质目标

(1) 培养学生查阅专业技术手册解决问题的能力；

(2) 在实施多种变频调速方法过程中培养学生举一反三、灵活创新的能力；

(3) 通过引入"发展国产 PLC 的重要性"小故事，激发学生学习专业技术的使命感和责任感。

文本
思政小故事：
发展国产PLC
的重要性

任务一 带式输送机启停控制

任务描述

本任务要求采用三菱 FX3U PLC 来控制变频器的多段速端子信号来实现带式输送机启停和正反转控制。带式输送机机构及控制系统硬件如图 5-1、图 5-2 所示。

具体要求：

（1）按下启动按钮，输送带开始正向运行，变频器输出频率为 30 Hz，运行 10 s 后自动停止，运行过程中也可以按下停止按钮，输送带立即停止。

（2）按下启动按钮，绿色指示灯 HL2 点亮，输送带开始正转，2 s 后输送带自动切换成反转，反转连续运行 2 s 后，又自动切换成正转，后面依次循环运行，任何时候按下停止按钮，电动机停止运行，运行指示灯熄灭。输送带运行频率为 30 Hz。

任务分析

完成本任务需要了解带式输送机的结构及安装维护方法；会设计并连接三菱 FX3U PLC 控制 FR-D700 变频器多段速调速的控制电路；掌握 PLC 控制变频器 FR-D700 多段速端子 RH、RM、RL 调速的方法。

相关知识

一、带式输送机的结构及安装

1. 带式输送机的结构

通用带式输送机由输送带、托辊、滚筒及驱动装置、张紧装置等组成，如图 5-3(a) 所示。由驱动装置拉紧输送带，中部构架和托辊组成输送带牵引和承载构件，借以连续输送散碎物料或成件品。

（1）输送带：常用的有橡胶带和塑料带两种。橡胶带适用于工作环境温度在 $-15 \sim 40$ ℃之间。物料温度不超过 50 ℃；超过 50 ℃以上，订货时需告知厂家，可以选用耐高温输送带。向上输送散粒料的倾角为 $12° \sim 24°$。对于大倾角输送可用裙边带。塑料带具有耐油、酸、碱等优点，但对于气候的适应性差，易打滑和老化。带宽是带式输送机的主要技术参数。

（2）托辊：有槽形托辊、平形托辊、调心托辊、缓冲托辊。槽形托辊（由三个辊子组成）支承承载分支，用以输送散粒物料；平形托辊可以使输送带垂直度不超过一定限度，以保证输送带平稳地运行，减小输送带运行阻力；调心托辊用以调整带的横向位置，避免跑偏；缓冲托辊装在受料处，以减小物料对带的冲击。

（3）滚筒及驱动装置：滚筒分驱动滚筒和改向滚筒。驱动滚筒是传递动力的主要部件。分单滚筒（胶带对滚筒的包角为 $210° \sim 230°$）、双滚筒（包角达 $350°$）和多滚筒（用于大功率）等。驱动装置电动机一般选交流笼型电机，大型和长距离输送机则多采用交流绕线转子式电机。电动机的功率很关键，它决定了可运输物料的质量，如果物料超重，电动机功率不够就会损坏设备，导致电机烧毁。功率应根据输送带带宽、输送距离、倾斜角度、输送量,以及物料的特性、湿度来综合计算。

本任务带式输送机的驱动装置如图5-3(b)所示,采用三相减速电动机驱动输送带来输送物料。主要由电动机、电动机安装支架、联轴器、旋转编码器等组成。联轴器将电动机轴和输送带主动轮的轴进行连接,电动机速度的快慢由变频器控制。

(4)张紧装置:其作用是使输送带达到必要的张力,以免在驱动滚筒上打滑,并使输送带在托辊间的挠度保持在规定范围内。包含螺旋张紧装置、重锤张紧装置、车式拉紧装置。

（a）带式输送机整体结构

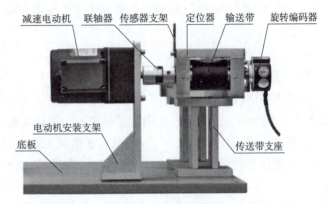
（b）带式输送机的驱动装置

图 5-3 带式输送机

2. 带式输送机的启停与安装

1）带式输送机的启停

带式输送机一般应在空载的条件下启动。在顺次安装有数台带式输送机时,应采用可以闭锁的启动装置,以便通过集控室按一定顺序启动和停机。除此之外,为防止突发事故,每台带式输送机还应设置就地启动或停机的按钮,可以单独停止任意一台。为了防止输送带由于某种原因而被纵向撕裂,当带式输送机长度超过30 m时,沿着带式输送机全长,应间隔一定距离(如25~30 m)安装一个停机按钮。

2）带式输送机的安装

带式输送机的安装一般按下列几个阶段进行:

(1)安装带式输送机的机架:机架的安装是从头架开始的,然后顺次安装各节中间架,最后装设尾架。在安装机架之前,首先要在带式输送机的全长上拉引中心线,因保持带式输送机的中心线在一直线上是输送带正常运行的重要条件,所以在安装各节机架时,必须对准中心线,同时也要搭架子找平,机架对中心线的允许误差,每米机长为±0.1 mm。但在带式输送机全长上对机架中心的误差不得超过35 mm。当全部单节安设并找准之后,可将各单节连接起来。

(2)安装驱动装置:安装驱动装置时,必须注意使带式输送机的传动轴与带式输送机的中心线垂直,使驱动滚筒宽度的中央与输送机的中心线重合,减速器的轴线与传动轴线平行。同时,所有轴和滚筒都应找平。轴的水平误差,根据带式输送机的宽窄,允许在0.5~1.5 mm的范围内。在安装驱动装置的同时,可以安装尾轮等拉紧装置,拉紧装置的滚筒轴线,应与带式输送机的中心线垂直。

(3) 安装托辊：在机架、传动装置和拉紧装置安装之后，可以安装上下托辊的托辊架，使输送带具有缓慢变向的弯弧，弯转段的托滚架间距为正常托辊架间距的 1/2～1/3。托辊安装后，应使其回转灵活轻快。

二、带式输送机的控制系统

传统的带式输送机控制采用手动或半自动调速，使用的直流电机动态性能差，维护困难。现在多采用 PLC 控制，带式输送机驱动电机的转速快慢由变频器控制。这里采用了三菱 FX3U PLC 和三菱变频器。

1. 三菱 FX3U PLC

1) 三菱 FX3U PLC 基本模块配置

三菱 FX3U PLC 是三菱第三代小型可编程控制器。图 5-4 所示为三菱 FX3U-48M PLC。是 FX2N 的升级产品，是高速处理、内置定位功能均得到大幅提升的高性能机器。

其控制规模：24 点输入，24 点输出；可扩展到 128 点。自带两路输入电位器，8 000 步存储容量，并且可以连接多种扩展模块、特殊功能模块。网络和数据通信功能：支持 RS-232、RS-485、RS-422 通信。

其晶体管输出型(FX3U-48MT PLC)主机单元能同时输出三点(Y0、Y1、Y2)100 kHz 脉冲，并且配备有七条特殊的定位指令，包括零返回、绝对或相对地址表达方式及特殊脉冲输出控制(FX3U-48MT PLC 在本书项目六中应用)。本项目使用其继电器输出型 FX3U-48MR PLC。

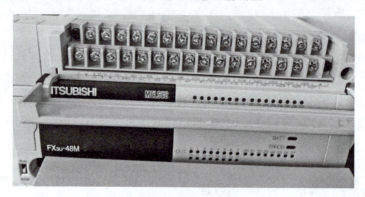

图 5-4 三菱 FX3U-48M PLC

2) 三菱 FX3U PLC 软元件

三菱 FX3U PLC 内置了多个继电器、定时器(T)、计数器(C)等软元件，无论哪个软元件都有无数个常开触点和常闭触点。还备有作为保存数值数据用的记忆软元件数据寄存器(D)、扩展数据寄存器(R)、变址寄存器(V、Z)等。

PLC 的输入继电器(X)、输出继电器(Y)是与外围设备连接的窗口，按照八进制编址(如 X000～X007，X010～X017，…，Y000～Y007，Y010～Y017，…)。扩展单元和扩展模块编号继基本单元后连续编号。以高速读取为目的用途时，会分配占用某些输入继电器编号作为特定输入继电器，用于特定输入继电器的输入滤波器使用了数字式滤波器，并可通过程序更改滤波值。

辅助继电器(M)只在程序内部使用,不能与外围设备交换信息,即不能读取外部输入信号,不能直接驱动外部负载。辅助继电器采用十进制编号。辅助继电器分三种:通用辅助继电器、锁存辅助继电器和特殊继电器。通用辅助继电器无断电保持功能,PLC 停止运行则线圈自动失电,FX3U 通用辅助继电器范围为 M0~M499。锁存辅助继电器在 PLC 突然断电时仍能保持断电前状态,FX3U 锁存辅助继电器范围为 M500~M7679。特殊继电器是用来表示 PLC 某些特定状态或实现某些特定功能的继电器,可分为触点利用型和线圈驱动型。触点利用型是指只能利用其触点,线圈由 PLC 自动驱动,如 M8000,PLC 运行时则接通;M8002,仅在 PLC 运行开始瞬间接通一个扫描周期;M8011、M8012、M8013、M8014 在 PLC 运行时分别产生 10 ms、100 ms、1 s 和 1 min 的时钟脉冲等。线圈驱动型用于驱动其线圈后,PLC 做特定动作。

状态继电器(S)在状态转移图(SFC)中使用,用来记录系统运行中的状态,与步进顺控指令配合使用,也称顺控继电器。状态继电器采用十进制编号,分为五种类型:初始状态继电器(S0~S9)、回零状态继电器(S10~S19)、通用状态继电器(S20~S499)、保持状态继电器(S500~S899)、报警状态继电器(S900~S999)。S 不用于步进顺控指令时,也可用来作为一般的辅助继电器编程使用。

位软元件的组合:FX 系列 PLC 用 KnX、Y、M、S 表示连续的位软元件组,每组由四个连续的位软元件组成,n 为软元件组的组数。

启用软元件定时器(T)工作时,采用加法计算 PLC 中的周期为 1 ms、10 ms、100 ms 的时钟脉冲,当加法计算的结果(当前值)达到预设的设定值时,定时器的输出触点就动作(闭合或断开)。定时器采用 16 位寻址,即定时计算脉冲最大数值为 32 767。FX3U PLC 内置定时器采用十进制编号,编号从 T0 到 T255,其中不具有保持功能的通用定时器有 T0~T199(对应计算 100 ms 时钟脉冲)和 T200~T245(对应计算 10 ms 时钟脉冲);具有保持功能的积算定时器有 T246~T249(对应计算 1 ms 时钟脉冲)和 T250~T255(对应计算 100 ms 时钟脉冲)。

软元件计数器(C)工作时,当实时统计的计数次数(当前值)等于设定值时,计数器的输出触点就动作(闭合或断开)。根据用途不同分为 16 位增计数器,有断电清零(C0~C99)和断电保持(C100~C199)两种;32 位增/减计数器,有断电清零(C200~C219)和断电保持(C220~C234)两种;32 位增/减高速计数器(C235~C255)。

数据寄存器(D)是保存数据的软元件,采用十进制编号。分一般型数据寄存器、停电保持型数据寄存器和特殊型数据寄存器等。FX3U 有 200 个一般型数据寄存器(D0~D199),一个数据寄存器可以存放 16 位二进制数,即对应有符号数的范围为 -32 768~+32 767,组合两个相邻的寄存器就能处理 32 位数据,数据范围为 -2 147 483 648~+2 147 483 648,例如当存放数据 K100000 到寄存器 D0 时,实则占用了 D0 和 D1 两个数据寄存器,应采用 32 位寻址指令格式(如 DMOV 等)。FX3U 有 7 800 个停电保持型数据寄存器(D200~D7999),停电保持型数据寄存器具有停电保持功能。变址寄存器及各软元件的使用参见 FX3U PLC 编程手册。

2. PLC 与三菱 FR-D700 变频器的开关型输入信号连接

三菱 FR-D700 变频器作为 PLC 的控制对象,其输入信号需连接到 PLC 的输出端子,若将 PLC

的输出端子 Y0、Y1、Y14、Y15、Y16 分别分配给变频器的开关型输入信号端子正转(STF)、反转(STR)、高速(RH)、中速(RM)和低速(RL),则连接关系如图 5-5 所示,若 Y0 输出高电平"1",则变频器 STF 接通,与此同时,若 Y14、Y15、Y16 依次输出高电平"1",则变频器依次以参数 Pr. 4、Pr. 5、Pr. 6 指定的频率正向运行。

●视 频

PLC 与变频器
控制端子连接
实物展示

●动 画

PLC 与变频器
开关型输入信
号连接

图 5-5 PLC 与变频器的开关型输入信号连接

任务实施

一、带式输送机启停和正反转控制的硬件设计

1. PLC 的 I/O 地址分配

根据任务描述,带式输送机多段速控制系统硬件配置为:1 台 FX3U-48MR PLC、1 台 FR-D720S 变频器、2 个按钮、1 个指示灯。

PLC 的 I/O 地址分配见表 5-1。

表 5-1 带式输送机启停和正反转控制 PLC 的 I/O 地址分配

输入信号			输出信号		
序号	PLC 输入点	输入元件	序号	PLC 输出点	输出元件
1	X12	启动按钮 SB1	1	Y0	变频器正转端子 STF
2	X13	停止按钮 SB2	2	Y1	变频器反转端子 STR
			3	Y10	绿色指示灯 HL2
			4	Y14	变频器高速端子 RH

2. PLC 控制原理图设计

根据带式输送机启停和正反转控制 PLC 的 I/O 地址分配,以及相关元件符号标准,PLC 控制原理图设计如图 5-6 所示。

二、带式输送机启停和正反转控制的 PLC 程序设计

根据任务描述,结合表 5-1,带式输送机启停控制的程序如图 5-7(a)所示,正反转控制程序如图 5-7(b)所示。

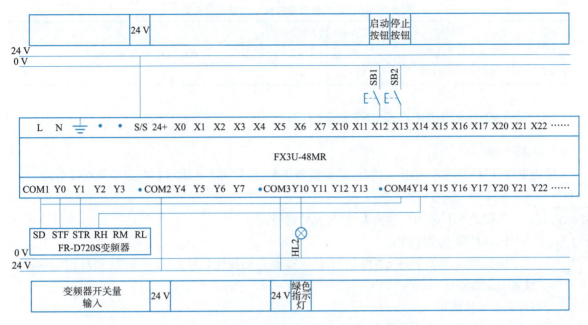

图 5-6 带式输送机启停和正反转控制的原理图

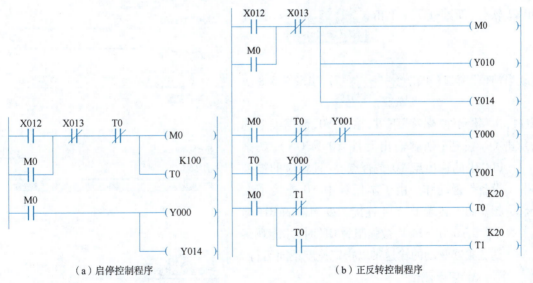

(a) 启停控制程序　　　　　　　　　　(b) 正反转控制程序

图 5-7 带式输送机启停和正反转控制的 PLC 程序

三、带式输送机启停和正反转控制的变频器参数设置

根据任务描述,变频器参数设置见表 5-2。

视频

带式输送机起停控制

表 5-2　带式输送机启停控制变频器参数设置

参数号	名称	初始值	设定值	备注
Pr. 79	运行模式选择	0	0 或 2	观察"EXT 模式"指示灯亮
Pr. 4	RH 端子对应频率	50 Hz	30	

四、带式输送机启停和正反转控制运行调试

1. 电路连接

检查电源、PLC 的输入/输出元件等,确保设备正常,按照图 5-6 所示 PLC 原理图连接电路。

PLC输入/输出点测试

2. I/O 信号测试

根据表 5-1 对 PLC 的输入/输出元件进行测试。

1) PLC 输入元件测试

设备通电,PLC 处在 STOP 状态,依次按动启动按钮和停止按钮,观察 PLC 相应的输入点是否正常点亮。

2) PLC 输出元件测试

设备通电,将 PLC 处在 STOP 状态,打开 GX WORK2 软件,新建工程(单击 ),打开"更改当前值"窗口(单击),出现图 5-8 所示窗口,在"软元件/标签"下方,输入 Y0,数据类型选 Bit,单击 ON 按钮(强制输出元件 Y0 为 ON),观察 PLC 上的输出点 Y0 是否点亮,且相应的被控设备是否动作。由于本任务中 Y0 连接了变频器的正转端子,Y14 连接了变频器的 RH 端子,当 Y0 和 Y14 均被强制为 ON 时,才能观察到变频器驱动的输送带以指定速度正向运行。

使用GXWork2软件编程及程序下载演示

3. 程序测试

在 GX Developer 或 GX Work2 软件中先后输入带式输送机启停和正反转控制程序,并将程序下载到 PLC 中进行功能调试,调试时单击 按钮,打开程序监视功能。按照任务描述,按下启动按钮,观察设备运行过程是否满要求。若不满足要求,则借助监视画面检查程序进行排故。

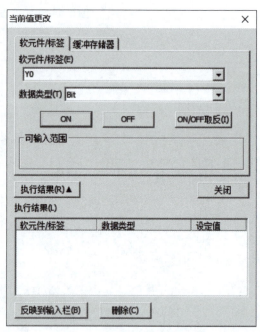

图 5-8　"当前值更改"窗口

一、单选题

1. 当变频器的启动信号和速度均通过控制端子设定运行时,参数号 Pr.79 的值不可以设置成( )。
   A. 0 B. 1 C. 2 D. 0 或 2
2. 三菱 FX3U PLC 的定时器采用( )寻址。
   A. 8 位 B. 16 位 C. 32 位 D. 64 位
3. 用 FX3U PLC 的定时器 T0 设定时长 10 s,则定时器的设定值为( )。
   A. K1 B. K10 C. K100 D. K1000
4. FX3U-48MR PLC 的输出回路可以驱动( )
   A. 直流负载 B. 交流负载 C. 直流和交流负载
5. 采用 PLC 输出信号来控制变频器 FR-D720 的正反转状态和速度时,此时变频器处于( )运行模式。
   A. EXT B. PU C. 组合模式 1 D. 组合模式 2
6. 三菱 FR-D720 变频器利用多段速端子组合通断最多可以出现( )种转速。
   A. 7 B. 8 C. 14 D. 15
7. 三菱 FX3U-48M PLC 的辅助继电器( )可以输出秒脉冲。
   A. M8000 B. M8002 C. M8013
8. 三菱 FX3U-48M PLC 的辅助继电器( )在 PLC 进入运行状态时只接通一个扫描周期。
   A. M8000 B. M8002 C. M8013

二、编程题

按下启动按钮,绿色指示灯 HL2 点亮,输送带开始以 20 Hz 正向运行,2 s 后输送带自动切换成 40 Hz 反向运行,反转连续运行 2 s 后,又自动切换成正向运行,如此循环,任何时候按下停止按钮,电动机停止运行,运行指示灯熄灭。请根据控制要求设计程序并进行系统调试。

任务二　带式输送机多段速调速控制

任务描述

本任务要求采用开关量信号控制变频器调速来传送工件。带式输送机机构及控制系统硬件如图 5-1、图 5-2 所示。

具体要求:

(1)按下启动按钮,在入料口检测到工件后,输送带开始以 15 Hz 运行,当前进到光纤传感器 2 的位置以 30 Hz 运行,当前进到末端检测处以 20 Hz 反转,返回到入料口系统停止运行,完成一个工作周期。

(2)系统在运行状态时绿色指示灯长亮,电动机正转时黄色指示灯以 1 Hz 频率闪烁,电动机反转时红色指示灯以 1 Hz 频率闪烁。

(3) 任意时刻按下停止按钮,系统立即停止。

任务分析

完成本任务仍是使用 PLC 控制变频器多段速端子调速的方案。此外,还需要学习光电传感器、光纤传感器的工作原理及使用方法。

相关知识

一、光电传感器

光电传感器是利用光的各种性质,检测物体的有无和物体表面状态的变化等的传感器。其中,输出形式为开关量的传感器称为光电开关。

视频
光电传感器
及应用

图 5-9(a)所示光电传感器安装在输送带入料口,用来检测入料口有无物料,是一个圆柱形漫射式光电开关,工作时发出光线,透过小孔检测是否有工件存在。该光电传感器选用 SICK 公司产品 MHT15-N2317 型。

图 5-9(b)所示为光电传感器内部电路示意图,接线时请注意根据导线颜色判断电源极性和信号输出线,切勿把信号输出线直接连接到电源 +24 V 端。

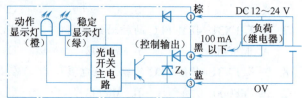

(a) 光电传感器外形　　　　(b) 光电传感器内部电路示意图

图 5-9　光电传感器外形及内部电路示意图

按照接收器接收光的方式的不同,光电传感器可分为对射式、漫射式和反射式三种,如图 5-10 所示。光电传感器主要由光发射器和光接收器构成。如果光发射器发射的光线因检测物体不同而被遮掩或反射,到达光接收器的光量将会发生变化。光接收器的敏感元件将检测出这种变化,并转换为电信号输出。大多使用可视光(主要为红色,也用绿色、蓝色来判断颜色)和红外光。

视频
光纤传感器
及应用

二、光纤传感器

光纤传感器是光电传感器的一种。图 5-11(a)所示光纤传感器安装在输送带上用于判别物体的黑白颜色,由光纤检测头、光纤放大器两部分组成。光纤放大器和光纤检测头是分离的两个部分,光纤检测头的尾端部分分成两条光纤,使用时分别插入光纤放大器的两个光纤孔中。

光纤传感器放大器的灵敏度调节范围较大。当光纤传感器灵敏度调得较小时,反射性较差的黑色物体,光电探测器无法接收到反射信号;而反射性较好的白色物体,光电探测器就可以接收到反射信号。反之,若调高光纤传感器灵敏度,则即使对反射性较差的黑色物体,光电探测器也可以接收到反射信号。因此可以通过适当调节灵敏度来筛选出反射性较好的白色物体。

项目五 带式输送机控制系统安装与调试

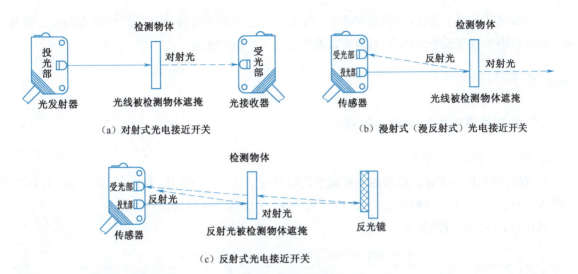

图 5-10 光电传感器

图 5-11(b)为光纤传感器放大器单元的俯视图,调节其中部的"旋转灵敏度高速旋钮"就能进行放大器灵敏度调节(顺时针旋转灵敏度增大)。调节时,会看到"入光量显示灯"发光的变化。当光电探测器检测到物料时,"动作显示灯"会亮,提示检测到物料。

图 5-11(c)为欧姆龙 E3Z-NA11 型光纤传感器电路示意图,接线时请注意根据导线颜色判断电源极性和信号输出线,切勿把信号输出线直接连接到电源 +24 V 端。

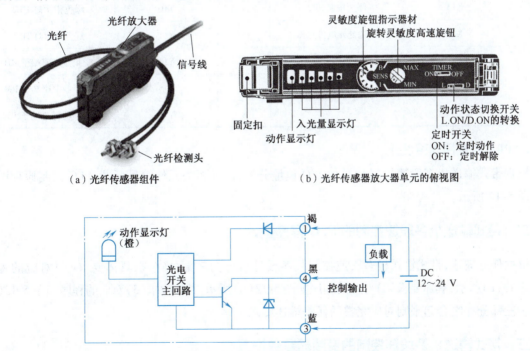

图 5-11 光纤传感器

光纤传感器具有下述优点：抗电磁干扰，可工作于恶劣环境，传输距离远，使用寿命长。此外，由于光纤检测头具有较小的体积，所以可以安装在很小空间的地方。

任务实施

一、带式输送机多段速控制的硬件设计

1. PLC 的 I/O 地址分配

根据任务描述，带式输送机多段速控制系统硬件配置为：1 台 FX3U-48MR PLC、1 台 FR-D720S 变频器、2 个按钮、2 个光电传感器（入料口和末端处）、1 个光纤传感器、3 个指示灯。

PLC 的 I/O 地址分配见表 5-3。

表 5-3　带式输送机多段速控制 PLC 的 I/O 地址分配

输入信号			输出信号		
序号	PLC 输入点	输入元件	序号	PLC 输出点	输出元件
1	X3	入料口光电传感器	1	Y0	变频器正转端子 STF
2	X6	光纤传感器 2	2	Y1	变频器反转端子 STR
3	X12	启动按钮 SB1	3	Y7	黄色指示灯 HL1
4	X13	停止按钮 SB2	4	Y10	绿色指示灯 HL2
5	X22	末端处光电传感器	5	Y11	红色指示灯 HL3
			6	Y14	变频器高速端子 RH
			7	Y15	变频器中速端子 RM
			8	Y16	变频器低速端子 RL

2. PLC 控制原理图设计

根据带式输送机多段速控制 PLC 的 I/O 地址分配，以及相关元件符号标准，PLC 控制原理图设计如图 5-12 所示。

二、带式输送机多段速控制的 PLC 程序设计

根据任务描述，带式输送机多段速控制程序设计可分为三部分完成，具体要求（1）对应的程序如图 5-13(a) 所示，具体要求（2）对应的程序如图 5-13(b) 所示，具体要求（3）对应的程序如图 5-13(c) 所示。三部分程序合起来则对应完整的任务描述要求。

三、带式输送机多段速控制的变频器参数设置

根据任务描述，变频器参数设置见表 5-4。

项目五 带式输送机控制系统安装与调试

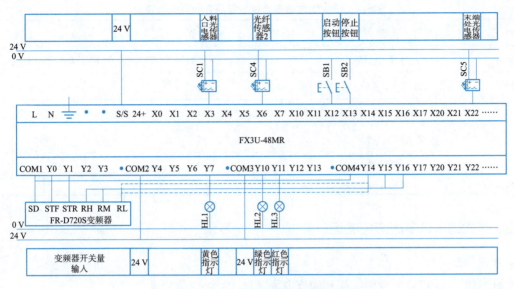

图 5-12 带式输送机多段速控制的原理图

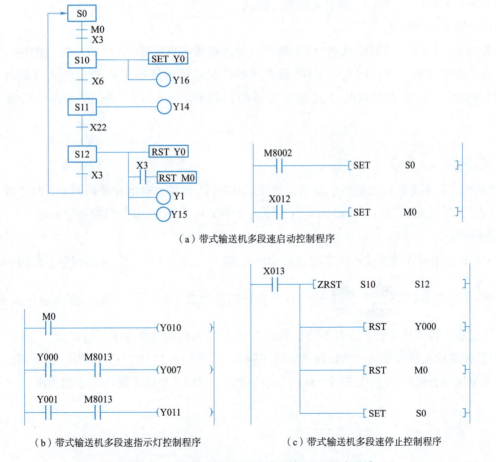

(a) 带式输送机多段速启动控制程序

(b) 带式输送机多段速指示灯控制程序　　(c) 带式输送机多段速停止控制程序

图 5-13 带式输送机多段速控制的 PLC 程序设计

表 5-4　带式输送机多段速控制的变频器参数设置

参数号	名称	初始值	设定值	备注
Pr. 79	运行模式选择	0	0 或 2	观察"EXT 模式"指示灯亮
Pr. 4	RH 端子对应频率	50 Hz	30	
Pr. 5	RM 端子对应频率	30 Hz	20	
Pr. 6	RL 端子对应频率	10 Hz	15	
Pr. 7	加速时间	5 s	0.5	这两个参数需在"PU 模式"才能修改
Pr. 8	减速时间	5 s	0.5	

四、带式输送机多段速控制运行调试

1. 电路连接

按图 5-12 所示 PLC 原理图连接和检查电源、PLC 的输入/输出元件。

2. I/O 信号测试

根据表 5-3 对 PLC 的输入/输出元件进行测试。

1) PLC 输入元件测试

设备通电,PLC 处在 STOP 状态,依次按动启动按钮和停止按钮,观察 PLC 相应的输入点是否正常点亮。在输送带入料口放入一工件,检查入料口光电传感器连接的 PLC 输入点是否正常点亮,同理在光纤传感器 2 和末端处光电传感器的位置放入合适的工件,确保各传感器能正常工作。

2) PLC 输出元件测试

一般情况下,不要同时强制多个输出元件 Y 为 ON,以免多个输出元件同时 ON 时造成设备损坏;当退出"当前值更改"窗口前,必须将所有输出元件 Y 置为 OFF,以免影响程序运行。

3. 程序测试

在 GX 软件中输入带式输送机多段速启动控制程序[见图 5-13(a)],并将程序下载到 PLC 进行功能调试,调试时单击 监视模式(F3) 按钮,打开程序监视功能。按照任务描述,按下启动按钮,观察设备运行过程是否满任务要求。若不满足要求,则借助监视画面检查程序进行排故。

同理,依次输入带式输送机多段速指示灯控制程序[见图 5-13(b)]进行调试,而后再输入带式输送机多段速停止控制程序[见图 5-13(c)]进行调试。直到实现任务描述要求的功能。

练 习

一、单选题

1. 利用光的各种性质，检测物体的有无和表面状态的变化等的传感器可选用（　　）。
   A. 光电传感器　　　B. 电感传感器　　　C. 磁性开关
2. 光纤传感器通过调节（　　）灵敏度来分辨黑色和白色物体。
   A. 光纤检测头　　B. 光纤衰减器　　C. 输出信号　　　D. 放大器
3. 工业洗衣机甩干时转速快，洗涤时转速慢，烘干时转速更慢，故可以用变频器的（　　）功能。
   A. 转矩补偿　　　B. 频率偏置　　　C. 段速控制

二、编程题

如图 5-2 所示带式输送机控制系统硬件，具体要求：按下启动按钮，绿色指示灯 HL2 点亮，在入料口放入一工件，延时 0.5 s 输送带正向运行传输工件，若是白色工件，则带回入料口；若是黑色工件，则传送到输送带末端。人工取走工件后需重新启动再放工件，电动机运行频率为 30 Hz，任意时刻按下停止按钮，电动机停止运行且运行指示灯 HL2 熄灭。请根据控制要求设计程序并进行系统调试。

任务三　带式输送机模拟量调速控制

任务描述

本任务要求采用模拟电压控制变频器调速来传送工件。带式输送机机构及控制系统硬件如图 5-1、图 5-2 所示。

具体要求：

按下启动按钮，系统进入运行状态，在入料口放入一工件，延时 1 s 后输送带以 20 Hz 正向运行，当前进到光纤传感器 2 的位置后改为以 40 Hz 运行，最后到末端传感器检测处输送带停止运行，把工件重新放到入料口重复上述运行过程。

任意时刻按下停止按钮，工件传送到输送带末端系统才停止。

进入运行状态时，绿色指示灯 HL2 长亮；输送带前进时，指示灯 HL2 以 1 Hz 闪烁。

视频

模拟量调速运行效果

任务分析

通过给变频器频率设定的多段速端子输入开关量指令信号，能实现七段速运行。若给变频器频率设定的模拟量端子输入模拟信号，则可以实现在某一频率段范围内平滑无级调速。变频器模拟量输入端子分为模拟电压输入信号（0～5 V/10 V）和模拟电流输入信号（0/4～20 mA）。完成本任务需要掌握变频器模拟电压端口的调速方法，PLC 模拟量模块 FX0N-3A 的使用方法。

相关知识

一、变频器的模拟量输入端口

1. 模拟量输入的连接

• 视频
如何使用变频器的模拟量输入端子

变频器频率设定的模拟量输入端子连接图如图5-14所示。端子2和公共端5之间可以外加可调电压DC 0～5 V（或DC 0～10 V），可调电压范围通过模拟量输入选择（Pr.73）进行变更，具体说明见表5-5中端子2的说明。端子4和公共端5之间可以外加可调电流DC 4～20 mA（或电压DC 0～5 V，DC 0～10 V），通过模拟量输入规格（Pr.267）切换进行变更，具体说明见表5-5中端子4的说明。

频率设定信号（模拟）

* *3 可通过模拟量输入选择（Pr.73）进行变更。
* *4 可通过模拟量输入规格切换(Pr.267)进行变更。设为电压输入（0～5 V/0～10 V）时，请将电压/电流输入切换开关置为"V"，电流输入（4～20 mA）时，请置为"I"（初始值）
* *5 频率设定变更频度高时，推荐为2 W，1 kΩ

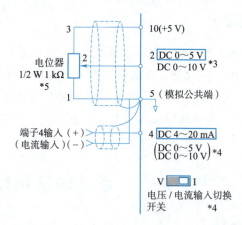

图5-14 变频器频率设定的模拟量输入端子连接图

表5-5 模拟量输入端子的功能说明

端子号	端子名称	功能说明	备注
10	频率设定用电源	作为外接频率设定（速度设定）用电位器时的电源使用	DC(5±0.2)V；容许负载电流10 mA
2	频率设定（电压）	如果输入DC 0～5 V（0～10 V），在5 V（10 V）时为最大输出频率，输入/输出成正比。通过Pr.73进行DC 0～5 V和0～10 V输入的切换操作	输入电阻(10±1)kΩ；最大容许电压DC 20 V
4	频率设定（电流）	如果输入DC 4～20 mA（或0～5 V，0～10 V），在20 mA时为最大输出频率，输入/输出成正比。只有AU信号为ON时，端子4的输入信号才有效（端子2的输入将无效）。通过Pr.267进行4～20 mA和0～5 V，0～10 V输入的切换操作。电压输入（0～5 V，0～10 V）时将电压/电流输入切换开关切换至"V"	电流输入的情况下：输入电阻(233±5)Ω；最大容许电流30 mA。电压输入的情况下：输入电阻(10±1)kΩ；最大容许电压DC 20 V
5	频率设定公共端	频率设定信号（端子2或端子4）及端子AM的公共端子，请不要接大地	

1)以模拟量输入电压运行

在端子 2-5 之间输入 DC 0~5 V 的电压或 DC 0~10 V 的电压,由 Pr.73 变更,见表 5-6,输入 5 V(10 V)时对应最大输出频率,由 Pr.125 参数值决定,见表 5-7,端子 2 输入电压与频率关系如图 5-15 所示,出厂时,偏置频率为 0,输入最大电压对应输出频率为 50 Hz,输入电压与输出频率成正比。若通过外接电位器给端子 2-5 之间加模拟电压,则端子 10 的 5 V 电源既可以使用内部电源,也可以使用外部电源输入,10 V 电源则使用外部电源输入。图 5-16 列举了外加可调电阻提供模拟电压 DC 0~5 V 的方式。图 5-17 列举了直接在端子 2-5 之间外接模拟电压 DC 0~10 V 的方式。

通过将 Pr.73 设定为"10"或"11",可以通过端子 2 实现可逆运行,具体内容参考 FR-D700 使用手册。

表 5-6 模拟量输入选择参数设置

参数编号	名称	初始值	设定范围	内容	
73	模拟量输入选择	1	0	端子 2 输入 0~10 V	无可逆运行
			1	端子 2 输入 0~5 V	
			10	端子 2 输入 0~10 V	有可逆运行
			11	端子 2 输入 0~5 V	

表 5-7 端子 2 频率设定增益频率参数设置

参数编号	名称	初始值	设定范围	内容
125	端子 2 频率设定增益频率	50 Hz	0~400 Hz	端子 2 输入增益(最大)的频率

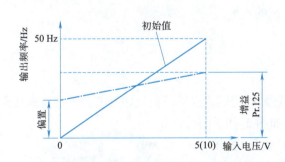

图 5-15 变更最大模拟量输入时的频率
(偏置频率出厂值为 0)

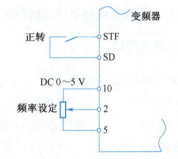

图 5-16 使用电位器给端子 2 加电压的接线

2)以模拟量输入电流运行

在应用于风扇、泵等恒温、恒压控制时,将调节器的输出信号 DC 4~20 mA 输入到变频器端子 4-5 之间,如图 5-18 所示,可实现自动运行。要使用端子 4,请将 AU 信号设置为 ON(AU 端子设定以及 Pr.267 设置详见变频器手册)。

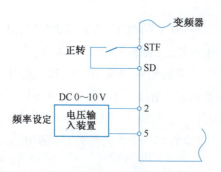
图 5-17 使用外部电压给端子 2 加电压的接线

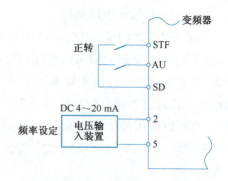
图 5-18 模拟量输入电流接线图

2. 模拟量调速的维护

通常变频器也通过接线端子向外部输出相应的监测模拟信号。电信号的范围通常为 0~5 V/10 V 及 0/4~20 mA。无论哪种情况,都应注意:PLC 控制变频器时,PLC 一侧的输入阻抗的大小要保证电路中电压和电流不超过电路的允许值,以保证系统的可靠性和减少误差。另外,由于这些监测系统的组成互不相同,有不清楚的地方应向厂家咨询。

因为变频器在运行中会产生较强的电磁干扰,为保证 PLC 不因为变频器主电路断路器及开关器件等产生的噪声而出现故障,将变频器与 PLC 相连接时应该注意以下几点:

(1)对 PLC 本身应按规定的接线标准和接地条件进行接地,而且应注意避免和变频器使用共同的接地线,且在接地时使二者尽可能分开。

(2)当电源条件不太好时,应在 PLC 的电源模块及输入/输出模块的电源线上接入噪声滤波器和降低噪声用的变压器等,另外,若有必要,在变频器一侧也应采取相应的措施。

(3)当把变频器和 PLC 安装于同一操作柜中时,应尽可能使与变频器有关的电线和与 PLC 有关的电线分开。

(4)通过使用屏蔽线和双绞线达到提高噪声干扰的水平。

二、模拟量模块 FX0N-3A

1. FX0N-3A 模块的通道

FX3U-48MR 基本单元只有开关量输入/输出信号,给变频器提供模拟量输入需要扩展模拟量模块。FX0N-3A 则是扩展的模拟量输入/输出模块,如图 5-19 所示。通过扁平电缆连接到 PLC,与 PLC 进行模/数(A/D)或数/模(D/A)转换。图 5-20 是拆开盖板的输入/输出通道,具有 2 通道模拟量输入和 1 通道模拟量输出。可以是 2 通道的电压输入(DC 0~10 V、DC 0~5 V),或者电流输入(DC 4~20 mA)(2 通道特性相同)。1 通道的模拟量输出可以是电压输出(DC 0~10 V)或者电流输出(DC 4~20 mA)。表 5-8 是 FX0N-3A 的技术指标。

● 视频
如何使用模拟量模块FX0N-3A

图 5-19 FX0N-3A 模块

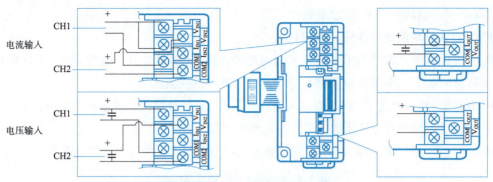

图 5-20 FX0N-3A 的输入输出通道

表 5-8 FX0N-3A 的技术指标

(a) A/D 转换

项目	电压输入	电流输入
模拟量输入范围	DC 0~10 V,DC 0~5 V(输入电阻 200 kΩ)。绝对最大输入:−0.5 V,+15 V	DC 4~20 mA(输入电阻 250 Ω)。绝对最大输入:−2 mA,+60 mA
输入特性	不可以混合使用电压输入和电流输入,两个通道的输入特性相同	
有效的数字量输出	8 位二进制(数字值为 255 以上时,固定为 255)	
运算执行时间	TO 指令处理时间×2 + FROM 指令处理时间	
转换时间	100 ms	

(b) D/A 转换

项目	电压输出	电流输出
模拟量输出范围	DC 0~10 V,DC 0~5 V(负载电阻 1 kΩ~1 MΩ)	DC 4~20 mA(负载电阻 500 Ω 下)
有效的数字量输入	8 位二进制	
运算执行时间	TO 指令处理时间×3	
通用部分	电压输入/输出	电流输入/输出
分辨率	40 mV(10 V/250),20 mV(5 V/250)	64 μA;4~20 mA/0~250 依据输入特性而变
名合精度	±1%(对应满量程)	
隔离方式	采用光耦隔离模拟量输入/输出、可编程控制器采用 DC/DC 转换器隔离电源、模拟量输入/输出(各通道间不隔离)	
电源	DC 5 V,30 mA(可编程控制器内部供电);DC 24 V,90 mA(可编程控制器内部供电)	
输入/输出占用点数	占用 8 点可编程控制器的输入或者输出(计算在输入侧或者输出侧都可)	
适用的 PLC	FX1N、FX2N、FX3U、FX1NC、FX2NC(需要 FX2NC-CNV-IF)、FX3UN(需要 FX2NC-CNV-IF 或者 FX3UC-1PS-5 V)	
质量	0.2 kg	
输出特点	【出厂时】 图示:模拟输出电压/V,10.2 V,10,0.040,0,1,250,255,数字值	图示:模拟输出电压/V,5.1 V,5,0.020,0,1,250,255,数字值 / 模拟输出电流/mA,20.32 mA,20,2.064,4,0,1,250,255,数字值

2. FX0N-3A 模块的输入/输出编程

1）FX0N-3A 模块的缓冲存储器（BFM）

FX0N-3A 模块与 PLC 进行数据转换要通过缓冲存储器（BFM），BFM 分配见表 5-9。共有 32 通道（#0～#31）16 位寄存器，表格空留部分为缓冲存储器存储保留区域。

通道#0 功能：输入通道 1（CH1）与输入通道 2（CH2）转换数据以二进制形式交替存储。

通道#16 功能：输出通道转换数据以二进制形式存储。

通道#17 功能：只使用了 b0～b2 位，用于启动转换，b0～b2 位的具体使用见表 5-10。

表 5-9 缓冲存储器（BFM）分配

BFM 编号	b15～b8	b7	b6	b5	b4	b3	b2	b1	b0
#0	当前 A/D 转换输入通道 8 位数据								
#1～#15									
#16	当前 D/A 转换输出通道 8 位数据								
#17					D/A 转换启动		A/D 转换启动		A/D 转换通道选择
#18～#31									

表 5-10 b0～b2 位的具体使用

十六进制	二进制			说明	
	b2	b1	b0		
H000	0	0	0	选择输入通道 1 且复位 A/D 和 D/A 转换	b0=0,选择输入通道 1； b0=1,选择输入通道 2； b1=0→1,启动 A/D 转换； b1=1→0,复位 A/D 转换； b2=0→1,启动 D/A 转换； b2=1→0,复位 D/A 转换
H001	0	0	1	选择输入通道 2 且复位 A/D 和 D/A 转换	
H002	0	1	0	保持输入通道 1 的选择且启动 A/D 转换	
H003	0	1	1	保持输入通道 2 的选择且启动 A/D 转换	
H004	1	0	0	启动 D/A 转换	

在使用模拟量模块时，安装连接所需通道后，启动 A/D 转换，从缓冲存储器（BFM）读入转换后数据进行处理。同样，把准备输出的数据进行 D/A 转换。模拟量模块编程的流程图如图 5-21 所示。

2）A/D 输入程序

PLC 主机单元将数据读出 FX0N-3A 缓冲存储器（BFM），如图 5-22 所示。当 X1=ON 时，实现输入通道 1 的 A/D 转换，并将 A/D 转换对应值存储于主机单元 D01 中。当 X2=ON 时，实现输入通道 2 的 A/D 转换，并将 A/D 转换对应值存储于主机单元 D02 中。

当按下 X1 时：

[TO K0 K17 H00 K1]→（H00）写入 BFM#17，选择输入通道 1 且复位 A/D 转换；

[TO K0 K17 H02 K1]→（H02）写入 BFM#17，保持输入通道 1 的选择且启动 A/D 转换；

[FROM K0 K0 D01 K1]→读取 BFM#0，输入通道 1 当前 A/D 转换对应值存储于主机单元（D01）中。

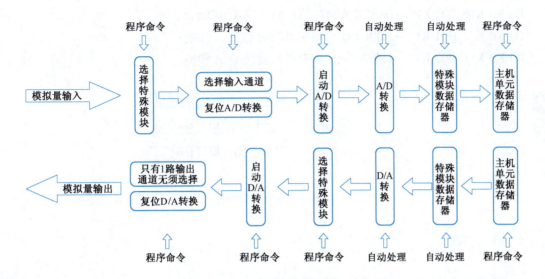

图 5-21　模拟量模块编程的流程图

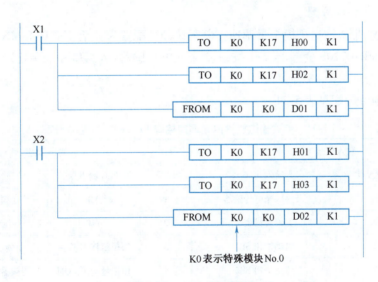

图 5-22　A/D 输入程序

当按下 X2 时：

[TO K0 K17 H01 K1]→（H01）写入 BFM#17，选择输入通道 2 且复位 A/D 转换；

[TO K0 K17 H03 K1]→（H03）写入 BFM#17，保持输入通道 2 的选择且启动 A/D 转换；

[FROM K0 K0 D02 K1]→读取 BFM#0，输入通道 2 当前 A/D 转换对应值存储于主机单元（D02）中。

3）D/A 输出程序

PLC 主机单元将数据写入 FX0N-3A 缓冲存储器（BFM），如图 5-23 所示，当 X0 = ON 时，实现输出通道的 D/A 转换，D/A 转换对应值为主机单元 D00。

当按下 X0 时：

[TO K0 K16 D00 K1] → D/A 转换对应值（D00）写入 BFM#16；

[TO K0 K17 H04 K1] → （H04）写入 BFM#17，启动 D/A 转换；

[TO K0 K17 H00 K1] → （H00）写入 BFM#17，复位 D/A 转换。

·视频
模拟量调速方法现场教学

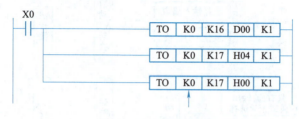

图 5-23　D/A 输出程序

一、带式输送机模拟量调速控制的硬件设计

1. PLC 的 I/O 地址分配

根据任务描述，带式输送机模拟量调速控制系统硬件配置为：1 台 FX3U-48MR PLC 及模拟量模块 FX0N-3A、1 台 FR-D720S 变频器、2 个按钮、2 个光电传感器（入料口和末端处）、1 个光纤传感器、1 个指示灯。

PLC 的 I/O 地址分配见表 5-11。

表 5-11　带式输送机模拟量调速控制 PLC 的 I/O 地址分配

输入信号			输出信号		
序号	PLC 输入点	输入元件	序号	PLC 输出点	输出元件
1	X3	入料口光电传感器	1	Y0	变频器正转端子 STF
2	X6	光纤传感器 2	2	Y10	绿色指示灯 HL2
3	X12	启动按钮 SB1	3	模拟量输出 V_{OUT}	变频器模拟电压端子 2
4	X13	停止按钮 SB2	4	模拟量输出 COM	变频器模拟量公共端子 5
5	X22	末端处光电传感器			

2. PLC 控制原理图设计

根据带式输送机模拟量调速控制 PLC 的 I/O 地址分配，以及相关元件符号标准，PLC 控制原理图设计如图 5-24 所示。

二、带式输送机模拟量调速控制的 PLC 程序设计

根据任务描述，带式输送机模拟量调速控制程序设计如图 5-25 所示，其中，SFC 中 K20 和 K40 分别对应 20 Hz 和 40 Hz。

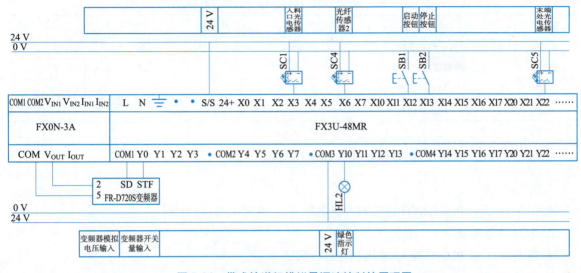

图 5-24　带式输送机模拟量调速控制的原理图

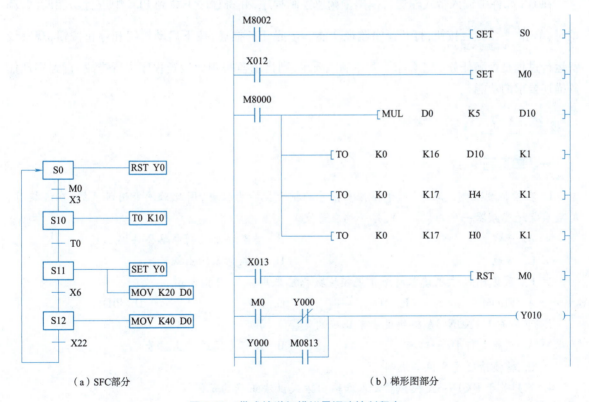

(a) SFC部分　　　　　　　　　　(b) 梯形图部分

图 5-25　带式输送机模拟量调速控制程序

三、带式输送机模拟量调速控制的变频器参数设置

根据任务描述,变频器参数设置见表 5-12。

表 5-12 带式输送机模拟量调速控制的变频器参数设置

参数号	名称	初始值	设定值	备注
Pr. 79	运行模式选择	0	0 或 2	观察"EXT 模式"指示灯亮
Pr. 73	模拟量输入选择	1	0	端子 2 输入 0~10 V
Pr. 7	加速时间	5 s	0.5	这两个参数需在"PU 模式"才能修改
Pr. 8	减速时间	5 s	0.5	

四、带式输送机模拟量调速控制系统运行调试

1. 电路连接

按图 5-24 所示 PLC 原理图连接和检查电源、PLC 的输入/输出元件。

2. I/O 信号测试

根据表 5-11 对 PLC 的输入/输出元件进行测试。

3. 程序测试

在 GX 软件中输入带式输送机模拟量调速控制程序,并将程序下载到 PLC 中进行功能调试,调试时,单击  按钮,打开程序监视功能。按照任务描述,按下启动按钮和停止按钮,观察设备运行过程是否满任务描述要求。若不满足要求,则借助监视画面检查程序进行排故,直到实现任务描述要求的功能。

练 习

一、单选题

1. 在模拟量控制线路中,由于模拟量信号的抗干扰能力较差,因此必须采用屏蔽线,在连接时,屏蔽层靠近变频器一侧应( ),另一端应悬空。
   A. 悬空   B. 接变频器控制电路公共端
   C. 接地   D. 接继电器输出端子

2. FX 系列 PLC 主机读取特殊扩展模块数据应采用( )指令。
   A. FROM   B. TO   C. RS   D. PID

3. 下列关于 FX0N-3A 模块说法不正确的是( )。
   A. 只能进行 D/A 转换   B. 只有 1 通道输出信号
   C. 转换精度是 8 位二进制

4. 下列关于 FX0N-3A 模拟量输入和输出方式说法正确的是( )。
   A. 只可以是电压   B. 只可以是电流   C. 电压和电流均可以

5. 变频器 FR-D720S 端子 2-5 之间可以外加可调电压 DC 0~5 V(或 DC 0~10 V),可调电压范围通过模拟量输入选择( )进行变更。
   A. Pr. 73   B. Pr. 79   C. Pr. 125   D. Pr. 267

6. 在变频器模拟量端子 2-5 之间输入 DC 0~5 V 的电压或 DC 0~10 V 的电压,输入 5 V(10 V)

时对应最大输出频率,该最大频率的数值由( )参数值决定。

    A. Pr. 73　　　　B. Pr. 79　　　　C. Pr. 125　　　　D. Pr. 267

7. 变频器频率设定的模拟量端子( )之间可以外加可调电流 DC 4~20 mA(或电压 DC 0~5 V,DC 0~10 V)。

    A. 2-5　　　　B. 4-5　　　　C. 10-5

8. FX0N-3A 模块与 PLC 进行数据转换要通过缓冲存储器(BFM),其中当前 D/A 转换输出通道 8 位数据存储在通道( )。

    A. #0　　　　B. #16　　　　C. #17

二、综合题

1. 简述 FX3U-48MR PLC、模拟量模块 FX0N-3A、变频器 FR-D700 三者是如何配合实现平滑无级调速的?

2. FX0N-3A 模块进行读取和写入时除了 FROM/TO 指令外,还可以使用指令"模拟量模块的读出 RD3A/模拟量模块的写入 WR3A"实现外部数据输入/输出功能,请查阅 PLC 手册,用 RD3A/WR3A 改写图 5-26 的程序。

任务四　带式输送机物料分拣控制系统安装与调试

任务描述

本任务要求分拣出工件的颜色和材质并推送到相应的料槽。带式输送机机构及控制系统硬件如图 5-1、图 5-2 所示。

具体要求:

(1)设备上电和气源接通后,若工作单元的三个气缸均处于缩回位置,入料口无工件,则黄色指示灯 HL1 长亮,表示设备已准备好;否则,该指示灯以 1 Hz 频率闪烁。

(2)若设备已准备好,按下启动按钮,系统启动,绿色指示灯 HL2 长亮,黄色指示灯 HL1 熄灭,表示设备已运行。在传送带入料口放入工件,延时 1 s 变频器启动,电动机带着输送带以 20 Hz 频率运行。

在电感-光纤安装支架处检测大工件的金属或非金属性,以及小工件的黑色或白色。

①如果工件被检测出金属外壳+小白工件,则该工件到达 1 号料槽口中心点位置时,输送带停止,工件被推入 1 号槽中;

②如果工件被检测出金属外壳+小黑工件,则该工件到达 1 号料槽口中心点位置时,输送带停止,工件被推入 2 号槽中;

③如果工件被检测出非金属外壳+小白工件,则该工件到达 1 号料槽口中心点位置时,输送带停止,工件被推入 3 号槽中;

④如果工件被检测出非金属外壳+小黑工件,则该工件传送到输送带末端 X22 处作废料。

(3)如果在运行期间按下停止按钮,需在本工作周期结束后系统才停止运行。

视频

四类工件分拣
效果展示

任务分析

如何辨别工件的材质？如何将分拣出来的工件准确推入相应料槽？完成本任务需要掌握检测金属材质的电感式传感器的使用方法、定位工件位置的光电编码器及高速计数器的使用方法，以及气动技术的基本知识。

本任务建议分步实施：先进行金属、非金属工件的分拣控制，再进行复杂分拣控制。

相关知识

一、电感式传感器

电感式传感器可用来检测金属材料，其外形如图 5-26 所示。

电感式传感器工作原理是电涡流效应，指当金属物体处于一个交变的磁场中，在金属内部会产生交变的电涡流，该涡流又会反作用于产生它的磁场这样一种物理效应。如果这个交变的磁场是由一个电感线圈产生的，则这个电感线圈中的电流就会发生变化，用于平衡涡流产生的磁场。

电感式传感器利用这一原理，以其高频振荡器（LC 振荡器）中的电感线圈作为检测元件，当被测金属物体接近电感线圈时产生了涡流效应，引起振荡器振幅或频率的变化，由传感器的信号调理电路（包括检波、放大、整形、输出等电路）将该变化转换成开关量输出，从而达到检测目的。电感式传感器工作原理框图如图 5-27 所示。

视频
电感式传感器及应用

图 5-26 电感式传感器外形

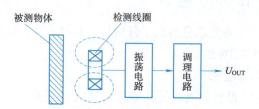

图 5-27 电感式传感器工作原理框图

二、光电编码器

编码器（encoder）是把角位移或直线位移转换成数字信号进行测量的一种传感器。前者称为码盘，后者称为码尺。编码器常见分类如下：

1. 按照编码器工作原理分类

分为光电式、磁电式和触点电刷式。其中，光电编码器应用了光电转换原理，将输出轴上的机械几何位移量转化为脉冲数字量。这是目前应用最多的传感器，如光电码盘与电动机同轴相连，电动机旋转时，码盘与电动机同速度旋转，反映当前电动机的转速。它主要由光源、码盘、光电转换电路等组成。

2. 按照编码器机械安装形式分类

（1）有轴型：有轴型又可分为夹紧法兰型、同步法兰型和伺服安装型等。

（2）轴套型：轴套型又可分为半空型、全空型和大口径型等。

3. 按照信号的输出类型分类

分为电压输出、集电极开路输出、推拉互补输出和长线驱动输出。

4. 按照编码器码盘的刻孔方式不同分类

分为绝对式和增量式，如图 5-28 所示。

（a）绝对式编码器的码盘　　　　　（b）增量式编码器的码盘

图 5-28　编码器的码盘

（1）绝对式：就是对应一圈，每个基准的角度发出一个唯一与该角度对应二进制的数值，通过外部记圈器件可以进行多个位置的记录和测量。当电源断开时，绝对式编码器并不与实际的位置分离。重新上电，读数仍然是当前的。

（2）增量式：就是码盘每转过单位的角度就发出一个脉冲信号（也有发正余弦信号，然后对其进行细分，斩波出频率更高的脉冲），通常为 A 相、B 相、Z 相输出，如图 5-30 所示。A 相、B 相为相互延迟 1/4 周期（90°）的脉冲输出，根据延迟关系可以区别正反转，正转时，A 信号超前 B 信号 90°；反转时，B 信号超前 A 信号 90°。而且通过取 A 相、B 相的上升沿和下降沿可以进行 2 倍频或 4 倍频；Z 相为单圈脉冲，即每圈发出一个脉冲。一般意义上的增量式编码器内部无存储器件，故不具有断电数据保持功能，如应用在数控机床工作台定位，断电再上电必须通过"回参考点"操作来确定工作台计数基准（参考点）。

本任务带式输送机上使用了图 5-29 所示的增量式编码器。编码器直接连接到输送带主动轴上，用于计算工件在输送带上的位置。该编码器的三相脉冲采用 NPN 型集电极开路输出，分辨率为 500 线，工作电源为 DC 12～24 V。本任务没有使用 Z 相脉冲，A、B 两相输出端直接连接到 PLC 的高速计数器输入端。

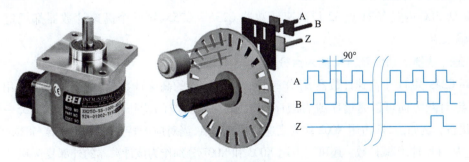

图 5-29　增量式编码器及输出的三组方波脉冲

计算工件在输送带上的位置时,需确定每两个脉冲之间的距离,即脉冲当量。假设主动轴的直径为 $d=43$ mm,则减速电动机每旋转一周,输送带上工件移动距离 $L=\pi \cdot d = 3.14 \times 43$ mm = 135.02 mm。故脉冲当量 $\mu = L/500 \approx 0.270$ mm。按照图 5-30 所示的安装尺寸,当工件从下料口中心线移至传感器中心时,旋转编码器约发出 430 个脉冲;移至第一个推杆(推料气缸)中心点时,约发出 614 个脉冲;移至第二个推杆(推料气缸)中心点时,约发出 963 个脉冲;移至第三个推杆(推料气缸)中心点时,约发出 1 284 个脉冲。

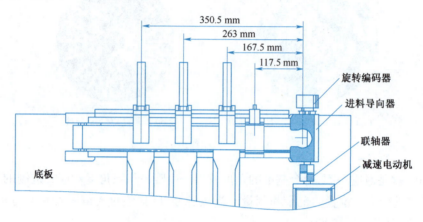

图 5-30　输送带位置计算用图

应该指出的是,上述脉冲当量的计算只是理论上的。实际上,各种误差因素不可避免,例如输送带主动轴直径(包括输送带厚度)的测量误差、输送带的安装偏差、张紧度,在工作台面上定位偏差等,都将影响理论计算值。因此,理论计算值只能作为估算值。脉冲当量的误差所引起的累积误差会随着工件在输送带上运动距离的增大而迅速增加,甚至达到不可容忍的地步。因而安装调试时,除了要仔细调整尽量减少安装偏差外,尚需现场测试脉冲当量值。

三、高速计数器

高速计数器是 PLC 的编程软元件,相对于普通计数器,高速计数器用于频率高于机内扫描频率的机外脉冲计数(如编码器)。由于待计数信号频率高,计数以中断方式进行,计数器的当前值等于设定值时,计数器的输出接点立即工作。

FX3U 型 PLC 内置有 21 点 32 位高速计数器 C235～C255,每一个高速计数器都规定了其功能和占用的输入点。

1. 高速计数器的功能及占用输入点分配

C235～C245 共 11 个高速计数器,用作一相一计数输入的高速计数,即每一计数器占用 1 点高速计数输入点,计数方向可以是增序或者减序计数,取决于对应的特殊辅助继电器 M8235～M8245 的 ON/OFF 状态。例如,C245 占用 X002 作为高速计数输入点,当对应的特殊辅助继电器 M8245 为 ON 时,作增计数;为 OFF 时,作减计数。还可以占用 X003 和 X007 分别作为该计数器的外部复位和置位输入端。

C246～C250 共 5 个高速计数器,用作一相二计数输入的高速计数,即每一计数器占用 2 点高速计数输入点,其中一点为增计数输入,另一点为减计数输入。例如,C250 占用 X003 作为增计数输入,占用 X004 作为减计数输入;另外,可以占用 X005 作为外部复位输入端,占用 X007 作为外部置位输入端。同样,计数器的计数方向也可以通过编程对应的特殊辅助继电器 M8246~M8250 的 ON/OFF 状态指定。

C251~C255 共 5 个高速计数器,用作二相二计数输入的高速计数,即每一个计数器占用 2 点高速计数输入点,其中一点为 A 相计数输入,另一点为与 A 相相位差 90°的 B 相计数输入。同样,计数器的计数方向也可以通过编程对应的特殊辅助继电器 M8251~M8255 的 ON/OFF 状态指定。高速计数器 C251~C255 的功能和占用的输入点见表 5-13。

表 5-13 高速计数器 C251~C255 的功能和占用的输入点

项目	X000	X001	X002	X003	X004	X005	X006	X007
C251	A	B						
C252	A	B	R					
C253				A	B	R		
C254	A	B	R				S	
C255				A	B	R		S

每一个高速计数器都规定了不同的输入点,但所有的高速计数器的输入点都在 X000~X007 范围内,并且这些输入点不能重复使用。例如,使用了 C251,因为 X000、X001 被占用,所以,占用这两个输入点的其他高速计数器,例如 C252、C254 等都不能使用。

本任务使用具有 A、B 两相 90°相位差的通用型旋转编码器,且 Z 相脉冲信号没有使用。由表 5-13 可见,可选用高速计数器 C251。这时编码器的 A、B 两相脉冲输出应连接到 PLC 的 X000 和 X001 点。

2. 高速计数器的编程

如果外部高速计数源(旋转编码器输出)已经连接到 PLC 的输入端,那么在程序中就可直接使用相对应的高速计数器进行计数。高速计数器不采用普通计数器的工作原理(当前值 = 预置值时,计数器触点会及时动作)。因为高速计数源频率远大于 PLC 扫描周期,不能及时扫描到两个值相等的状态,因而常用比较方式,解决高速计数器的各个不同数值时的执行结果。例如图 5-31 中,当 PLC 运行后,设定 C251 的设置值为 K99999,当 C251 的当前值达到 1000 时,输出 Y010 为 ON。

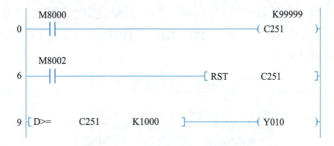

图 5-31 高速计数器使用的基本程序

如果希望计数器动作时就立即输出信号,就要采用中断工作方式,使用高速计数器的专用指令。FX3U 型 PLC 高速处理指令中有四条是关于高速计数器的 32 位指令,即高速计数器置位指令 HSCS(FNC53)、高速计数器比较复位指令 HSCR(FNC54)、高速计数器区间比较指令 HSZ(FNC55)、速度检测指令 SPD(FNC56),具体详情参见 PLC 手册相关内容说明。

3. 高速计数器应用在输送带脉冲当量的现场测试

脉冲当量现场测试步骤如下:

(1)单元安装调试时,必须仔细调整电动机与主动轴联轴的同心度和输送带的张紧度。调节张紧度的两个调节螺栓应平衡调节,避免输送带运行时跑偏。输送带张紧度以电动机在输入频率为 1 Hz 时能顺利启动,低于 1 Hz 时难以启动为宜。测试时可把变频器设置为 Pr. 79 = 1,Pr. 3 = 0,Pr. 161 = 1;这样就能在操作面板上进行启/停操作,并且把 M 旋钮作为电位器使用进行频率调节。

(2)输送带安装调整结束后,变频器参数设置为 Pr. 79 = 2(固定的外部运行模式),Pr. 4 = 25(高速选择端对应的运行频率设定值)。

(3)编写图 5-32 所示的程序,并编译下载到 PLC 中。

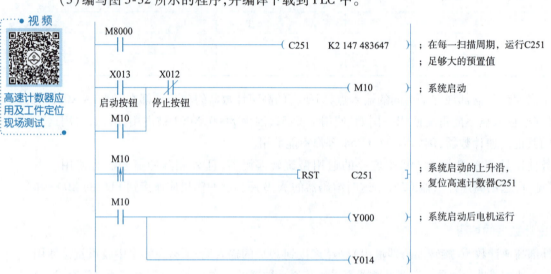

图 5-32 脉冲当量现场测试程序

(4)运行 PLC 程序,并置于监控方式。在输送带进料口中心处放下工件后,按启动按钮启动运行。工件被传送到一段较长的距离后,按下停止按钮停止运行。观察监控界面上 C251 的读数,将此值填写到表 5-14 中"高速计数脉冲数"一栏中。然后在输送带上测量工件移动的距离,把测量值填写到表 5-14 中"工件移动距离"一栏中。脉冲当量 μ(计算值) = 工件移动距离/高速计数脉冲数,将相关数据填写到相应栏目中。

表 5-14 脉冲当量现场测试参考数据

序号	内容		
	工件移动距离 (测量值)/mm	高速计数脉冲数 (测试值)	脉冲当量 μ (计算值保留 4 位小数)
第一次	357.8	1 391	0.257 1
第二次	358	1 392	0.257 1
第三次	360.5	1 394	0.258 6

(5)重新把工件放到进料口中心处,按下启动按钮即进行第二次测试。进行三次测试后,求出脉冲当量 μ 平均值为 $(\mu_1+\mu_2+\mu_3)/3 = 0.2576$。

采用上述测试的实际脉冲当量,按实际安装尺寸重新计算旋转编码器到各位置应发出的脉冲数:当工件从下料口中心线移至传感器中心时,旋转编码器发出 456 个脉冲;移至第一个推杆中心点时,发出 650 个脉冲;移至第二个推杆中心点时,约发出 1 021 个脉冲;移至第三个推杆中心点时,约发出 1 361 个脉冲。(以上测试数据为参考)

四、气动技术

气动技术简称气动,是以压缩空气为工作介质,进行能量与信号传递的工程技术,是实现各种生产过程、自动控制的重要技术。

气动系统的基本构成如图 5-33 所示,由气源、气源处理组件、控制元件、执行元件等组成。工作原理是利用空气压缩机把电动机或其他原动机输出的机械能转换为空气的压力能,在控制元件的作用下,通过执行元件把压力能转换为直线运动或回转运动形式的机械能,从而完成各种动作,并对外做功。

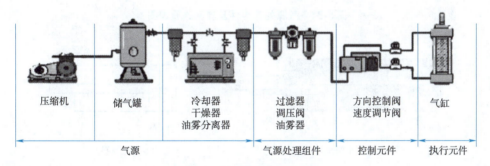

图 5-33 气动系统的基本构成

1. 气源处理组件

气源处理组件是气动控制系统中的基本组成器件,它的作用是除去压缩空气中所含的杂质及凝结水,调节并保持恒定的工作压力。在使用时,应注意经常检查过滤器中凝结水的水位,在超过最高标线以前,必须排放,以免被重新吸入。气源处理组件及其回路原理图如图 5-34 所示。气源处理组件的气路入口处安装一个快速气路开关,用于启/闭气源,当把气路开关向左拔出时,气路接通气源;反之,把气路开关向右推入时,气路关闭。

气源处理组件输入气源来自空气压缩机,所提供的压力为 0.6~1.0 MPa,输出压力为 0~0.8 MPa 可调。输出的压缩空气通过快速接头和气管输送到各工作单元。

2. 气动执行元件

气动执行元件是将压缩空气的压力能转化成机械能,实现直线运动、摆动或回转运动,气缸是最为常见的气动执行元件,有活塞式的单作用气缸、双作用气缸,叶片式的单作用气缸、双作用气缸、摆动气缸等。

本任务使用单活塞杆双作用气缸,如图 5-35 所示,其内部活塞的往复运动由压缩空气来推动。气缸的两个端盖上设有进排气通口,从无杆侧端盖气口(A 端)进气时,推动活塞向前运动;反之,从杆侧端盖气口(B端)进气时,推动活塞向后运动。双作用气缸具有结构简单,输出力稳定,行程可根据需要选择的优点。

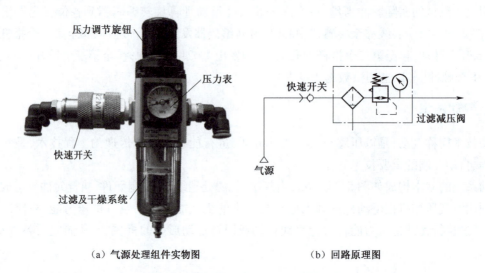

(a) 气源处理组件实物图　　　　　(b) 回路原理图

图 5-34　气源处理组件及其回路原理图

(a) 半剖面图　　　　　(b) 职能符号

图 5-35　单活塞杆双作用气缸

3. 气动控制元件

气动控制元件是指控制压缩空气压力、流量、流动方向的元件。根据其作用不同,可以分为压力控制阀、流量控制阀、方向控制阀。

1) 压力控制阀

图 5-35 所示气源处理组件中包含的调压阀就属于压力控制阀。

2) 流量控制阀

图 5-36(a) 中节流阀 A 和节流阀 B 就属于流量控制阀,该节流阀是单向节流阀。可以控制气缸活塞的运动速度,使气缸的动作平稳可靠。单向节流阀是由单向阀和节流阀并联而成的流量控制阀,常用于控制气缸的运动速度,所以又称速度控制阀。图 5-36(a) 所示的单向节流阀的这种连接方式称为排气节流方式。当压缩空气从 A 端进气、从 B 端排气时,单向节流阀 A 的单向阀开启,向气缸无杆腔快速充气;由于单向节流阀 B 的单向阀关闭,有杆腔的气体只能经节流阀排气,调节节流阀 B 的开度,便可改变气缸伸出时的运动速度。反之,调节节流阀 A 的开度则可改变气缸缩回时的运动速度。这种控制方式,活塞运行稳定,是最常用的方式。

如图 5-36(b) 所示,在气缸上安装了带快速接头的排气节流阀,节流阀上带有气管的快速接头,只要将合适外径的气管往快速接头上一插就可以将管连接好了,使用时十分方便。

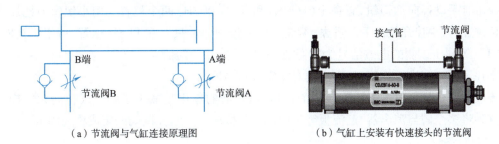

图 5-36 节流阀与气缸连接

3)方向控制阀

双作用推料气缸活塞的运动是依靠向气缸一端进气,并从另一端排气,再反过来,从另一端进气,一端排气来实现的。像这样气缸中气体流动方向的改变由方向控制阀加以控制。在自动控制系统中,方向控制阀常采用电磁控制方式实现方向控制,称为电磁换向阀。

电磁换向阀是利用其电磁线圈通电时,静铁芯对动铁芯产生电磁吸力使阀芯切换,达到改变气流方向的目的。图 5-37 所示为单电控电磁换向阀的剖面结构图、动作原理图及图形符号。

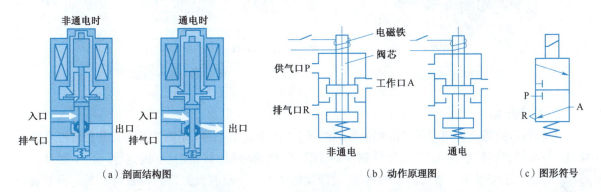

图 5-37 单电控电磁换向阀的剖面结构图、动作原理图及图形符号

所谓"位"指的是为了改变气体方向,阀芯相对于阀体所具有的不同的工作位置。"通"的含义则指换向阀与外部相连的通口,有几个通口即为几通。图 5-37 中,阀芯只有两个工作位置,通口有三个,即供气口 P、工作口 A 和排气口 R,故为二位三通阀。

图 5-38 分别给出了二位三通、二位四通和二位五通单电控电磁换向阀的图形符号。图中有几个方格就是几位,方格中的"⊤"和"⊥"符号表示各接口互不相通。

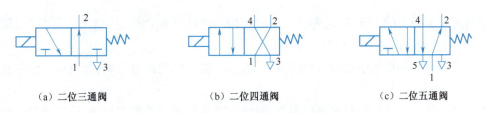

图 5-38 部分单电控电磁换向阀的图形符号

图 5-39 是两个电磁阀集中安装在汇流板上的实物图。每个阀的功能是彼此独立的。单电控电磁换向阀带有手动换向加锁钮,有锁定(LOCK)和开启(PUSH)两个位置。用小螺丝刀把加锁钮旋到 LOCK 位置时,手控开关向下凹进去,不能进行手控操作。只有在 PUSH 位置,可用工具向下按,信号为"1",等同于该侧的电磁信号为"1";常态时,手控开关的信号为"0"。在进行设备调试时,可以使用手控开关对阀进行控制,从而实现对相应气路的控制。

汇流板中两个排气口末端均连接了消声器,消声器的作用是减少压缩空气在向大气排放时的噪声。这种将多个阀与消声器、汇流板等集中在一起构成的一组控制阀的集成称为阀组。

4. 气动回路

本任务三个料槽推入机构的气缸组成的气动回路如图 5-40 所示。每个气缸所在气动回路均由一个气缸、一个二位五通阀、两个单向节流阀组成,气源共用。

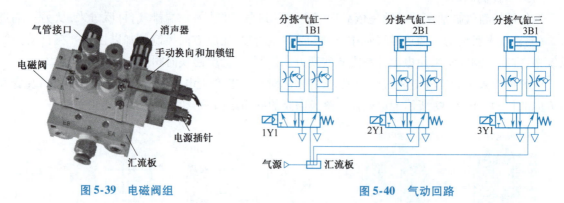

图 5-39 电磁阀组　　　　　图 5-40 气动回路

5. 磁性开关

本项目带式输送机使用的气缸都是带磁性开关的气缸。图 5-41 是磁性开关安装在气缸上的示意图,这些气缸的缸筒采用导磁性弱、隔磁性强的材料,如硬铝、不锈钢等。在非磁性体的活塞上安装一个永久磁铁的磁环,这样就提供了一个反映气缸活塞位置的磁场。而安装在气缸外侧的磁性开关则是用来检测气缸活塞位置的,即检测活塞的运动行程的。

有触点式的磁性开关用舌簧开关作为磁场检测元件,内部电路如图 5-42 所示。舌簧开关成型于合成树脂块内,并且一般还有动作指示灯、过电压保护电路也塑封在内。当气缸中随活塞移动的磁环靠近开关时,舌簧开关的两根簧片被磁化而相互吸引,触点闭合;当磁环移开开关后,簧片失磁,触点断开。触点闭合或断开时发出电控信号,在 PLC 的控制系统中,可以利用该信号判断气缸伸出或缩回的运动状态或活塞所处的位置,以确定工件是否被推出或气缸是否返回。

在磁性开关上设置的 LED 发光管供调试时使用。磁性开关动作时,输出信号"1",LED 亮;磁性开关不动作时,输出信号"0",LED 不亮。

磁性开关有蓝色和棕色引出线,使用时棕色引出线应连接到高电位端;蓝色引出线应连接到低电位端。

磁性开关在气缸上的安装位置可以调整,调整方法是松开它的紧定螺栓,让磁性开关顺着气缸滑动,到达指定位置后,再旋紧紧定螺栓。

项目五 带式输送机控制系统安装与调试 201

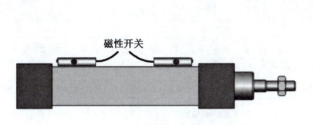

图 5-41 安装在气缸上的磁性开关　　　　图 5-42 磁性开关的内部电路

一、带式输送机物料分拣控制系统的硬件设计

1. PLC 的 I/O 地址分配

根据任务描述,关于变频器的速度控制,可以采用开关量或模拟量。本任务选用模拟量控制,则带式输送机物料分拣控制系统硬件配置为:1 台 FX3U-48MR PLC 及模拟量模块 FX0N-3A、1 台 FR-D720S 变频器、与电动机同轴相连接的旋转增量光电编码器 1 个、3 个推料气缸、3 个电磁阀、3 对气缸首末磁性开关、2 个按钮、1 个光电传感器、1 个电感式传感器、1 个光纤传感器、2 个指示灯。

PLC 的 I/O 地址分配见表 5-15。

表 5-15 带式输送机物料分拣控制 PLC 的 I/O 地址分配

输入信号			输出信号		
序号	PLC 输入点	输入元件	序号	PLC 输出点	输出元件
1	X0	光电编码器 A 相	1	Y0	变频器正转端子 STF
2	X1	光电编码器 B 相	2	Y4	推杆 1 电磁阀
3	X3	入料口光电传感器	3	Y5	推杆 2 电磁阀
4	X4	电感式传感器	4	Y6	推杆 3 电磁阀
5	X6	光纤传感器 2	5	Y7	黄色指示灯 HL1
6	X7	推杆 1 推出到位	6	Y10	绿色指示灯 HL2
7	X10	推杆 2 推出到位	7	模拟量输出 V_{OUT}	变频器模拟电压端子 2
8	X11	推杆 3 推出到位	8	模拟量输出 COM	变频器模拟量公共端子 5
9	X12	启动按钮			
10	X13	停止按钮			
11	X17	推杆 1 缩回到位			
12	X20	推杆 2 缩回到位			
13	X21	推杆 3 缩回到位			

2. PLC 控制原理图设计

根据带式输送机物料分拣控制系统 PLC 的 I/O 地址分配,以及相关元件符号标准,PLC 控制原理图设计如图 5-43 所示。

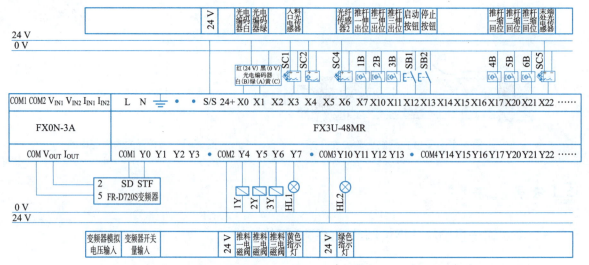

图 5-43　带式输送机物料分拣控制的原理图

二、带式输送机物料分拣控制系统的 PLC 程序设计

根据任务描述，带式输送机物料分拣控制系统的程序设计如图 5-44 所示。

(1) 分拣控制部分程序采用 SFC，如图 5-44(a) 所示。

S10：当系统启动后并检测到入料口有工件，则进入状态 S10，定时器工作，同时对高数计数器清零。

S11：当延时 1 s 后，则进入状态 S11，启动变频器驱动电动机运转，输送带将工件传送至电感-光纤安装支架位置时，根据电感式传感器和光纤传感器 2 检测结果 M4 和 M6，判别出工件的属性，其中光纤传感器 2 检测的是工件内芯的黑白颜色，当工件内芯前边沿和后边沿到达光纤传感器 2 检测点处，高速计数器 C251 统计的脉冲数分别是 470 和 490，所以只有当 C251 统计的脉冲数在范围 [K470,K490]，光纤传感器 2 检测的结果才有效。

S21～S23：工件属性判别结果与工件应到达的料槽位置一起决定程序的四个流向分支，所有位置判断均采用触点比较指令实现，见图 5-44(a) 中标注①～④。

S21：M4 和 M6 均 ON，且输送带运行到编码器计数 650 时，选择性分支进入状态 S21，则把金属外壳 + 小白工件推入 1 号料槽。

S22：M4 为 ON 和 M6 为 OFF，且输送带运行到编码器计数 1000 时，选择性分支进入状态 S22，则把金属外壳 + 小黑工件推入 2 号料槽。

S23：M4 为 OFF 和 M6 为 ON，且输送带运行到编码器计数 1360 时，选择性分支进入状态 S23，则把非金属外壳 + 小白工件推入 3 号料槽。

S24：M4 和 M6 均 OFF，且输送带运行到 X22 处，选择性分支进入状态 S24，则把非金属外壳 + 小黑工件推入废料槽。

(2) 主程序部分采用梯形图，如图 5-44(b) 所示。包括初始化复位，初态检查，气缸是否缩回等状态判断，系统的启动和停止，指示灯状态，高速计数器启用，D/A 转换启动及运行频率设定。

项目五　带式输送机控制系统安装与调试

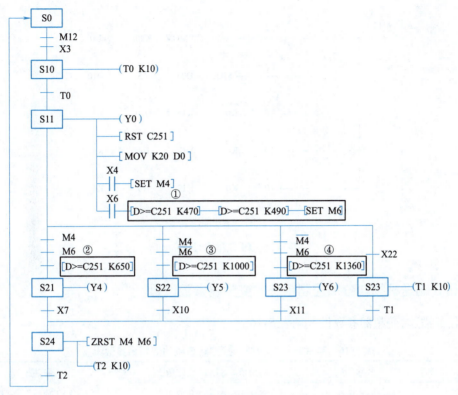

（a）分拣控制程序部分

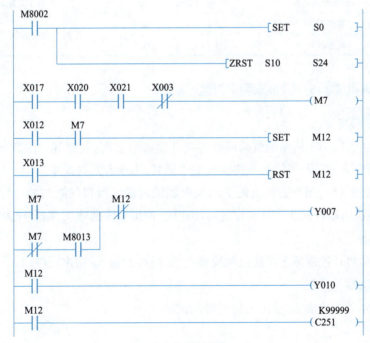

（b）主程序部分

图 5-44　PLC 程序设计

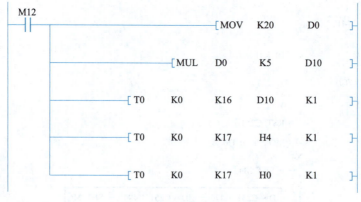

(b)主程序部分

图 5-44　PLC 程序设计(续)

三、带式输送机物料分拣控制系统的变频器参数设置

根据任务描述,变频器参数设置见表 5-16。

表 5-16　带式输送机物料分拣控制系统的变频器参数设置

参数号	名称	初始值	设定值	备注
Pr. 79	运行模式选择	0	0 或 2	观察"EXT 模式"指示灯亮
Pr. 73	模拟量输入选择	1	0	端子 2 输入 0～10 V
Pr. 7	加速时间	5 s	0.5	这两个参数需在"PU 模式"才能修改
Pr. 8	减速时间	5 s	0.5	

四、带式输送机物料分拣控制系统的运行调试

1. 气动回路连接与测试

(1)气路连接:按图 5-41 所示的气动回路连接并检查电磁阀、气缸等。注意气管走向应按序排布,均匀美观,不能交叉、打折;气管要在快速接头中插紧,不能有漏气现象。

(2)气路测试:通气后,用电磁阀上的手动换向加锁钮验证推料气缸初始位置和动作位置是否正确。调整气缸节流阀以控制活塞杆的往复运动速度、伸出和缩回速度,以合理为准。

2. 电路连接

按图 5-43 所示 PLC 控制原理图连接和检查电源、PLC 的输入/输出元件。

3. I/O 信号测试

根据表 5-15 对 PLC 的输入/输出元件进行测试。

4. 程序测试

在 GX 软件中输入带式输送机物料分拣控制程序,并将程序下载到 PLC 进行功能调试,调试时

单击  按钮,打开程序监视功能。按照任务描述,按下启动按钮和停止按钮,观察设备运行过程是否满任务描述要求。若不满足要求,则借助监视画面检查程序进行排故,直到实现任务描述要求的功能。

练　习

一、单选题

1. 增量式编码器通过 A 相、B 相、Z 相将脉冲输出到 PLC 的输入端。下列 PLC 的输入端子(　　)不能用来连接旋转编码器。
   A. X1　　　　　B. X2　　　　　C. X3　　　　　D. X10
2. 由于(　　)输出的脉冲信号周期小于 PLC 机内扫描周期,因此采集其信号需要采用高速计数器。
   A. 电感式传感器　　B. 磁性开关　　C. 光电编码器　　D. 光电传感器
3. 通过测量被测物体的旋转角度并将角位移转化为脉冲信号的传感器是(　　)。
   A. 减速电动机　　B. 旋转气缸　　C. 旋转编码器　　D. 计数器
4. FX3U 型 PLC 内置有 21 点 32 位高速计数器,每一个高速计数器都规定了功能和占用的输入点。下列(　　)不可能是高速计数器的输入点。
   A. X1　　　　　B. X2　　　　　C. X3　　　　　D. X10
5. FX3U 型 PLC 内置有 21 点 32 位高速计数器,C251 属于(　　)输入的高速计数器。
   A. 一相一计数　　B. 一相二计数　　C. 二相二计数
6. 某旋转编码器的分辨率是 500 线,其连接电动机的主动轴周长为 130 mm,可以计算出其输出的脉冲当量为(　　)。
   A. 0.26　　　　B. 0.24　　　　C. 3.85　　　　D. 4.17
7. 由于高速计数器用于频率(　　)机内扫描频率的机外脉冲计数,因此计数以中断方式进行,才能实现计数器的当前值等于设定值时,计数器的输出接点立即工作。
   A. 高于　　　　B. 低于　　　　C. 相当于
8. (　　)可以用于检测气缸活塞位置,即检测活塞的运动行程。
   A. 磁性开关　　B. 电感式传感器　　C. 光电传感器　　D. 光纤传感器
9. 气动回路中,常用(　　)改变气缸活塞的运动方向。
   A. 减压阀　　　B. 换向阀　　　C. 单向阀　　　D. 节流阀
10. 气动回路中,常用(　　)调节气缸活塞的运动速度。
    A. 减压阀　　　B. 换向阀　　　C. 单向阀　　　D. 节流阀

二、编程题

1. 带式输送机控制系统硬件如图 5-2 所示,试编程调试下述工件自动分拣程序:按下启动按钮后,在入料口放入工件,延时 0.5 s 后输送带开始以 20 Hz 正转,如果放入的工件外壳是金属,则认为该工件为正品,推入 1 号料槽;如果工件外壳是非金属,则认为该工件为次品,调入废料箱中。运行状态中 HL2 指示灯点亮。

方法一:当缺少编码器的定位,使用传统的时间控制方式,来确定金属工件到位和废料箱的位置。

方法二:采用光电编码器定位,确定料槽中心点位置。

2. 带式输送机控制系统硬件如图 5-2 所示,试编程调试下述工件自动分拣程序:传输一批待分拣的工件,若检测出为非金属工件,则推入第一个槽中;若检测出为金属工件,则当废料推入第三个槽中。为避免检测误差,当工件第一次检测为金属工件,需带回入料口再次检测,若还是金属工件,才当成废料推入第三个槽中。传输频率为 20 Hz。

任务五 带式输送机 RS-485 通信调速控制

任务描述

本任务要求基于 PLC 与变频器的 RS-485 通信来控制电动机运行,其电路连接如图 5-45 所示。要求基于 RS-485 通信控制,传送带分别以 20 Hz 正向运行和 40 Hz 反向运行。

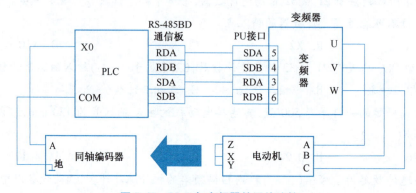

图 5-45 PLC 与变频器的通信连接

任务分析

前面任务学习了变频器的频率信号可以简单通过多段速端子输入开关量指令信号,也可以采用模拟量端子输入模拟量信号实现变频平滑调速或多台变频器之间同步运行等。但对于大规模自动化生产线,变频器的数目较多,电动机分布距离不一致,若采用模拟信号容易受到模拟信号的波动或模拟信号衰减不一致的影响,从而降低系统稳定性和可靠性。使用 RS-485 通信控制,仅通过一条通信电缆连接,就可以完成变频器的启动、停止、频率设定,且容易实现多台电动机之间的同步运行。本任务采用 RS-485 串行通信控制变频器,需要了解 PU 接口、PLC 与变频器相关通信参数设定、通信指令等。

一、PU 接口

用户可以使用通信电缆将变频器 PU 接口与计算机(包括 PLC)进行连接,通过客户端程序对变频器进行操作、监视或读写参数。

变频器 PU 接口插针排列及功能如图 5-46 所示。

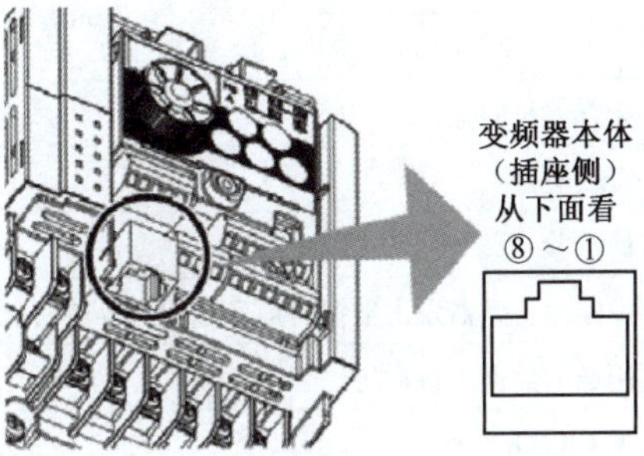

插针编号	名 称	内 容
①	SG	接地(与端子5导通)
②	—	参数单元电源
③	RDA	变频器接收+
④	SDB	变频器发送-
⑤	SDA	变频器发送+
⑥	RDB	变频器接收-
⑦	SG	接地(与端子5导通)
⑧	—	参数单元电源

图 5-46　PU 接口插针排列及功能

②、⑧号插针为参数单元电源,进行 RS-485 通信时请不要使用。

FR-D700 系列、E500 系列、S500 系列混合存在进行 RS-485 通信的情况下,若错误连接了上述 PU 接口的②、⑧号插针(参数单元电源),可能会导致变频器无法动作或损坏。

通过 PU 接口,变频器与计算机的 RS-485 接口连接如图 5-47 所示。

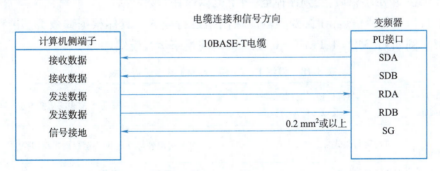

图 5-47　变频器与计算机的 RS-485 接口连接

使用 RS-485 通信时,PU 接口功能见表 4-13。

二、变频器的 RS-485 通信设定

变频器与计算机进行 RS-485 通信,通信规格的初始参数值见表 5-17,计算机侧通信设置也需要与此匹配,参数设定不当将无法进行正常通信。

表 5-17 RS-485 通信规格的初始参数值

参数编号	名称	初始值	设定范围	内容		
Pr. 117	PU 通信站号	0	0~31(0~247)①	变频器站号指定 1 台控制器连接多台变频器时要设定变频器的站号		
Pr. 118	PU 通信速率	192	48、96、192、384	通信速率:设定值×100,即通信速率。例如,设定为 192 时,通信速率为 192 00 bit/s		
Pr. 119	PU 通信停止位长	1	0	停止位长	数据位长	
				1 bit	8 bit	
			1	2 bit		
			10	1 bit	7 bit	
			11	2 bit		
Pr. 120	PU 通信奇偶校验	2	0	无奇偶校验		
			1	奇校验		
			2	偶校验		
Pr. 123	PU 通信等待时间设定	9 999	0~150 ms	设定向变频器发出数据后信息返回的等待时间		
			9 999	用通信数据进行设定		
Pr. 124	PU 通信有无 CR/LF 选择	1	0	无 CR、LF		
			1	有 CR		
			2	有 CR、LF		
Pr. 549	PU 协议选择	0	0	三菱变频器(计算机连接)协议		
			1	Modbus-RTU 协议		

①表示变频器的参数 Pr. 549 = 1 时(Modbus-RTU 协议)PU 通信站号设定范围为 0~247。

通信规格参数设定结束后,变频器掉电,再上电以保存参数。

使用 PU 接口进行通信运行时,变频器应在网络运行模式。具体根据参数 Pr. 79 和 Pr. 340 设定,见表 5-18。例如 Pr. 340 = 1,Pr. 79 = 0、2 或 6,对应网络运行模式。

表 5-18 根据 Pr. 79 和 Pr. 340 设定运行模式

Pr. 340 设定值	Pr. 79 设定值	接通电源时、恢复供电时、复位时的运行模式	运行模式的切换方法
0 (初始值)	0 (初始值)	外部运行模式	可以外部、PU、网络运行模式间切换①
	1	PU 运行模式	固定为 PU 运行模式
	2	外部运行模式	可以在外部、网络运行模式间切换,不可切换至 PU 运行模式
	3、4	外部/PU 组合模式	不可切换运行模式
	6	外部运行模式	可以在持续运行的同时,进行外部、PU、网络运行模式的切换
	7	X12(MRS)信号 ON 时,则为 PU 运行模式	可以在外部、PU、网络运行模式间切换①
		X12(MRS)信号 OFF 时,则为外部运行模式	固定为外部运行模式(强制切换到外部运行模式)

续表

Pr. 340 设定值	Pr. 79 设定值	接通电源时、恢复供电时、复位时的运行模式	运行模式的切换方法
1	0	网络运行模式	与 Pr. 340 = 0 时相同
	1	PU 运行模式	
	2	网络运行模式	
	3、4	外部/PU 组合模式	
	6	网络运行模式	
	7	X12(MRS)信号 ON 时,则为网络运行模式 X12(MRS)信号 OFF 时,则为外部运行模式	
10	0	网络运行模式	可以在 PU、网络运行模式间切换②
	1	PU 运行模式	与 Pr. 340 = 0 时相同
	2	网络运行模式	固定为网络运行模式
	3、4	外部/PU 组合模式	与 Pr. 340 = 0 时相同
	6	网络运行模式	可以在持续运行的同时,进行 PU、网络运行模式的切换②
	7	外部运行模式	与 Pr. 340 = 0 时相同

①表示不可直接切换 PU 运行模式与网络运行模式,具体切换方法见变频器手册相应内容。

②表示可以通过操作面板的 PU/EXT 键进行 PU 运行模式和网络运行模式的切换。

三、变频器通信控制和监视的指令代码

设置变频器运行模式及通信参数后,便可以通过计算机(PLC 编程)进行各种运行控制和监视操作。表 5-19 列举了一些变频器通信指令中常用的控制和监视的命令代码、数据内容,包括运行模式、运行指令、输出频率、设定频率等,更多命令代码见变频器手册相应内容。

表 5-19 常用的控制和监视的命令代码、数据内容

项目	读取/写入	命令代码	数据内容	数据位数
运行模式	读取	H7B	0000:网络运行; H0001:外部运行; H0002:PU 运行	74 位(B,E/D)
	写入	HFB		4 位(A,C/D)
运行指令	写入	HFA	正转信号(STF)以及反转信号(STR)等的控制输入指令,具体如下: b0:AU(电流输入选择)*2; b1:正转指令; b2:反转指令; b3:RL(低速指令)*1、*2; b4:RL(中速指令)*1、*2; b5:RL(高速指令)*1、*2; b6:RL(第二功能选择)*2; b7:RL(输出停止)*1、*2。 [例1] H02···正转	

续表

项目	读取/写入	命令代码	数据内容	数据位数
运行指令	写入	HFA	b7　　　　　　　　　　b0 `0 0 0 0 0 0 1 0` ［例2］ H00…停止 b7　　　　　　　　　　b0 `0 0 0 0 0 0 1 0`	2位(A,C/D)
输出频率	读取	H6F	H0000～HFFFF：输出频率，单位为0.01 Hz	4位、6位(B,E,2/D)
设定频率 （RAM）	读取	H6D	设定频率/从 RAM 或 EEPROM 读取转速。H0000～HFFFF：设定频率，单位为0.01Hz	4位、6位（B,E,E2/D）
设定频率 （EEPROM）	读取	H6E		
设定频率	写入	HEE	将频率写入 RAM 或 EEPROM。 H0000～H9C40（0～400.00Hz）。频率单位为0.01 Hz。需要连续变更设定频率时，写入参数的 RAM 中（命令代码：HED）	4位、6位(A,A2,C/D)

*1 表示（　）内的信号为初始状态下的信号，其内容根据 Pr.180～Pr.182（输入端子功能选择）的设定而变更。
*2 表示 Pr.551=2（PU 运行模式时，指令权由 PU 接口执行）时，只有正转指令和反转指令可以使用。

四、变频器通信指令

变频器通信指令主要有运行控制、读取变频器参数等。

1. 运行控制指令

在 PLC 程序中，写变频器运行控制值，指令格式如图5-48所示。

图5-48　运行控制指令格式

运行控制指令操作数内容见表5-20。

表5-20　运行控制指令操作数内容

操作数	内　　容	数据类型
S1	变频器的站号（K0～K31）	BIN 16位
S2	变频器的指令代码	
S3	写入变频器的参数中的设定值，或是保存设定数据的软元件编号	
n	使用的通道（K1 为通道1,K2 为通道2）	

2. 读取变频器参数指令

在 PLC 程序中，读取变频器参数，指令格式如图5-49所示。

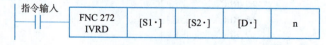

图5-49　读取变频器参数指令格式

读取变频器参数指令操作数内容见表 5-21。

表 5-21 读取变频器参数指令操作数内容

操作数	内容	数据类型
S1	变频器的站号（K0 ~ K31）	BIN 16 位
S2	变频器的参数编号	
D	保存读出值的软元件编号	
n	使用的通道（K1 为通道 1，K2 为通道 2）	

视频·

485BD板与变频器PU接口连接

一、电路连接

按照图 5-45 连接 PLC 与变频器及电动机。

二、通信参数设置

参数设置步骤：

（1）将变频器设置为 PU 运行模式，变频器 PU 指示灯亮。

（2）按照表 5-22 修改各参数，参数修改完成需掉电，把参数保存入变频器，再上电。此时变频器显示网络运行模式，变频器 NET 指示灯亮。

PLC 通信参数设置要与变频器通信参数设置一致，如图 5-50 所示。

表 5-22 变频器通信参数设置

参数号	名称	设定值	说明
Pr. 117	站号	1	设定变频器站号为 1
Pr. 118	通信速率	192	设定通信速率为 19 200 bit/s
Pr. 119	停止位长/数据位长	0	设定停止位 1 位，数据位 8 位
Pr. 120	奇偶校验有/无	2	设定为偶校验
Pr. 121	通信再试次数	9 999	即使发生通信错误，变频器也不停止
Pr. 122	通信校验时间间隔	9 999	通信校验终止
Pr. 123	等待时间设定	9 999	用通信数据设定
Pr. 124	CR、LF 有/无选择	1	选择有 CR
Pr. 79	运行模式	2	网络运行模式
Pr. 340	运行模式	1	

三、PLC 程序设计及调试

基于 RS-485 通信控制输送带以 20 Hz 正向运行和 40 Hz 反向运行的程序如图 5-51 所示。

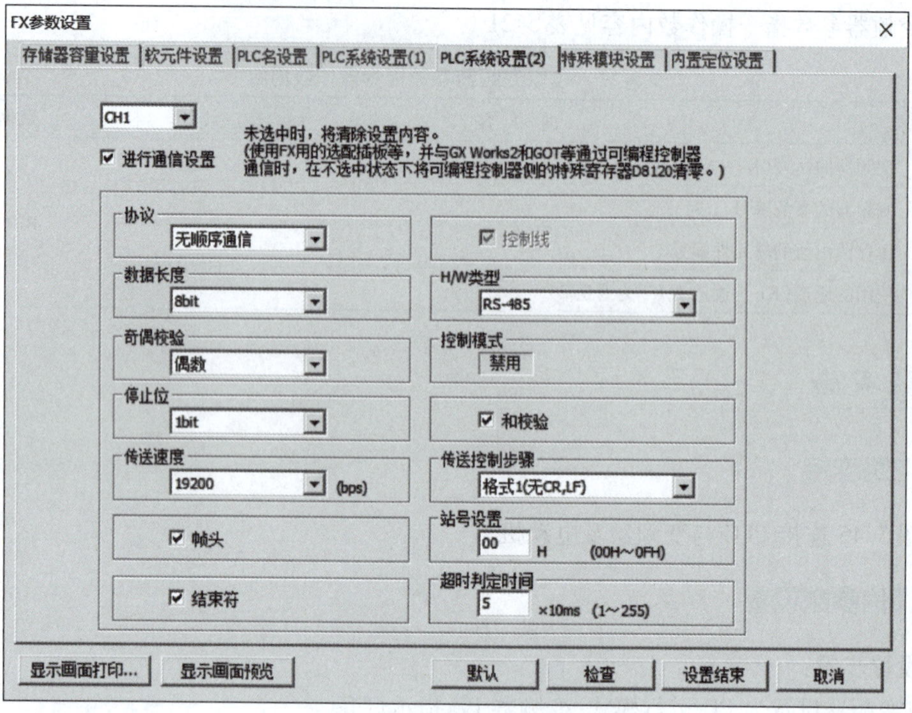

图 5-50　PLC 通信参数设置

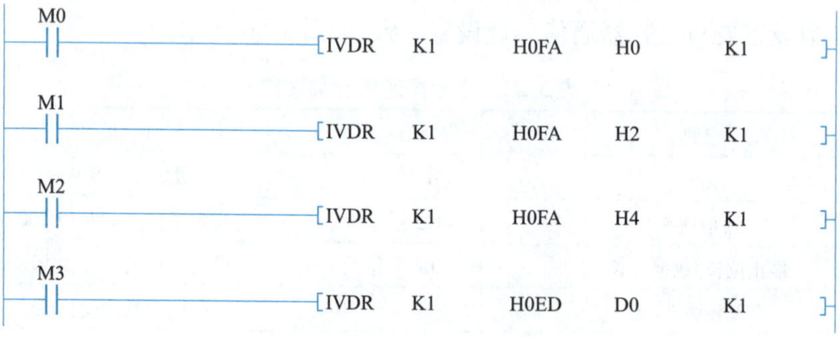

图 5-51　基于 RS-485 通信控制输送带正反向运行的程序

·视频

基于RS-485通信控制的传送带正反向运行

程序下载和运行调试：

单击标准工具条上的"软件测试"按钮（或选择"在线"菜单下"调试"项中的"软件测试"命令），进入软件测试对话框。

20 Hz 正向运行调试：选中位软元件 M1 强制 ON，再选中 M3 强制 ON，然后在软元件栏输入 D0，设置其数值为 2000，观察输送带是否正向运行以及变频器显示的频率值是否为 20 Hz。然后分别将 M1、M3 强制为 OFF，再强制 M0 为 ON，输送带停止运行。

40 Hz 反向运行调试：选中位软元件 M3 强制 ON，再在软元件栏输入 D0，设置其数值为 4 000，再选中 M2 强制 ON，观察输送带是否反向运行以及变频器显示的频率值是否为 40 Hz。然后分别将 M2、M3 强制为 OFF，再强制 M0 为 ON，输送带停止运行。

练 习

一、单选题

1. PLC 的 RS-485 专用通信模块的通信距离是(　　);通信模板的通信距离是 50 m。
   A. 1 200 m　　　B. 200 m　　　C. 500 m　　　D. 15 m

2. RS-485 通信,PU 通信站号初始值为(　　)。
   A. 0　　　　　B. 1　　　　　C. 2　　　　　D. 3

3. RS-485 通信接口,为(　　)串行。
   A. 同步　　　　B. 并行　　　　C. 异步

4. FR-D700 采用 RS-485 通信模式,变频器应工作在(　　)。
   A. 网络运行模式 NET　　　　　B. 外部运行模式 EXT
   C. PU 运行模式

二、综合题

基于 RS-485 通信设计程序,具体要求:
(1)按下启动按钮,变频器以 30 Hz 正向运行;按下停止按钮,变频器停止运行。
(2)随时读取参数 Pr.4、Pr.5、Pr.6 值。

拓 展 应 用

给所使用的电动机装置设速度检测器(PG),将实际转速反馈给控制装置进行控制的,称为"闭环",不用 PG 运转的就称为"开环"。通用变频器多为开环方式,也有的机种利用选件可进行 PG 反馈。无速度传感器闭环控制方式是根据建立的数学模型根据磁通推算电动机的实际速度,相当于用一个虚拟的速度传感器形成闭环控制。

一、PLC 的模拟量反馈闭环调速

变频器控制电动机,电动机上同轴连旋转编码器。旋转编码器根据电动机的转速变化而输出电压信号 V_{i1} 反馈到 PLC 模拟值输入模块的电压输入端,在 PLC 内部与给定值经过运算处理后,通过 PLC 模拟量输出模块的电压输出端输出一路可变电压信号 V_{out} 来控制变频器的输出,达到闭环控制的目的,如图 5-52 所示。

(1)对变频器进行参数设置,设置完毕后,断电保存参数:Pr.30 = 1、Pr.73 = 1、Pr.79 = 4、Pr.160 = 0、Pr.340 = 0 等。

(2)完成 PLC 及模拟量模块和变频器的连接,PLC 模拟量输出模块连接到变频器的 2 引脚、5 引脚,测速编码器连接到模拟量模块的输入端上。接线如图 5-53 所示。

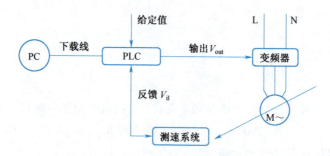

图 5-52 变频器闭环调速示意图

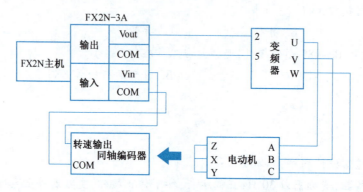

图 5-53 PLC 模拟量的闭环调速接线图

(3) 正确将导线连接完毕后,将程序下载至 PLC 主机,将 RUN/STOP 开关拨到 RUN。

先设定给定值,单击标准工具条上的"软元件测试"按钮(或选择"在线"菜单下"调试"项中的"软元件测试"命令),进入软元件测试对话框。在"字软元件/缓冲存储区"栏中的"软元件"项中输入 D0,设置 D0 的值,确定电动机的转速。输入设定值 N,N 为十进制数,如 $N=1\ 000$,则电动机的转速目标值就为 1 000 r/min。

按变频器面板上的 RUN 按钮,启动电动机转动。电动机转动平稳后,记录给定目标转速、电动机实际转速及它们之间的偏差,再改变给定值,观察电动机转速的变化并记录数据。

注意: 由于闭环调节本身的特性,所以电动机要过一段时间才能达到目标值。

参考程序如图 5-54 所示。

二、基于编码器信号反馈

电动机上同轴连旋转编码器,变频器控制电动机。变频器按照设定值工作,带动电动机运行,同时电动机带动编码盘旋转,电动机每转一圈,从编码盘脉冲端输出 500 个脉冲信号到 PLC 的高速计数端 X0,这样就可以根据计数器所计脉冲数计算出电动机转数,如图 5-45 所示。

当计数器计数到设定阈值后执行减速程序段,控制电动机减速至停止,完成定位控制。

注意: 上述"阈值"只是系统中的一个设定参数,它是根据大量实验所得到的一个数据,在实验过程中,可根据实际情况加以适当修改,以达到最佳的控制效果,如图 5-55 所示。

(1) 按表 5-23 对变频器进行通信参数设置。

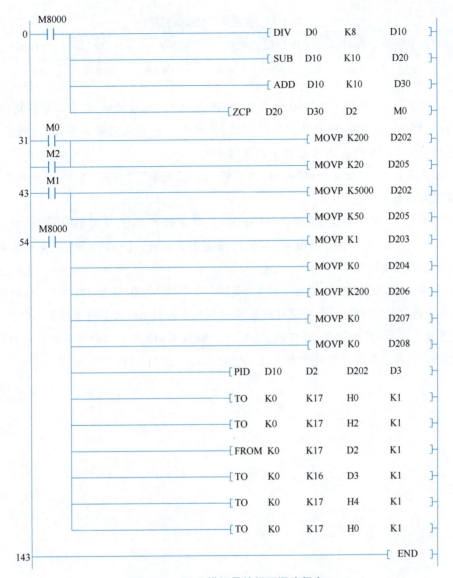

图 5-54　PLC 模拟量的闭环调速程序

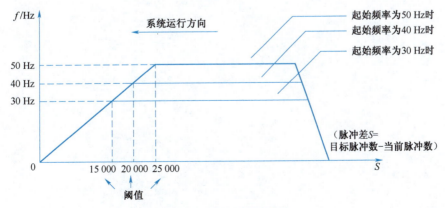

图 5-55　电动机转速曲线

表 5-23　变频器通信参数设置

Pr. 79	Pr. 117	Pr. 118	Pr. 119	Pr. 120	Pr. 121	Pr. 122	Pr. 123	Pr. 340
0	1	48	10	0	9 999	9 999	9 999	1

在修改其他参数时,首先把 Pr. 340 改成 0,Pr. 79 改成 1。然后掉电,再上电把变频器打开,再按 PU 键使变频器 PU 指示灯亮,然后修改其他参数,再掉电。把参数保存入变频器,然后上电,再将 Pr. 340 参数改为 1、Pr. 79 改为 0,然后再上电保存参数。

单击标准工具条上的"软件测试"按钮(或选择"在线"菜单下"调试"项中的"软件测试"命令),进入软件测试对话框。

(2)在"字软元件/缓冲存储区"栏中的"软元件"项中键入 D10,设置 D10 的值,确定电动机的起始转速。输入设定值 N,N 为十进制数,为变频器设定的频率。(如 $N=30$,则变频器的设定起始频率为 30 Hz),建议频率设定不要过大或过小。

(3)在"字软元件/缓冲存储区"栏中的"软元件"项中键入 D0,设置 D0 的值,确定电动机的转数。(如输入十进制数"100",则电动机将在启动的条件下转动 100 圈后停止运行)。

(4)在位软元件中的"软元件"项中键入 M0,由 M0 强制 ON 控制电动机转动。电动机将在转动设定圈数后停止运行。如果想在此过程中让其停止,单击"强制 OFF"按钮即可。

项目六 行走机械手的速度与位置控制系统安装与调试

项目描述

图6-1(a)、(b)是分别应用在自动生产线、数控机床上下料的行走机械手(臂),它需要在较大范围内移动到不同的位置对产品进行上下料,其位置驱动由伺服定位控制系统来实现。

(a) 自动生产线上下料的行走机械手

(b) 数控车床上下料的行走机械臂

图6-1 行走机械手(臂)

视频
行走机械手定位演示

本项目采用PLC分别控制步进驱动器和伺服驱动器实现行走机械手定位(位置和速度)控制。行走机械手的速度与位置控制系统实验装置如图6-2所示,行走机械手由行走滑块替代,驱动执行器有两套:一套是步进驱动器及步进电机,另一套是伺服放大器及伺服电机,两套驱动执行器可以互换连接到图6-2中的滚珠丝杠,控制器采用三菱FX3U-48MT PLC,此外配有电感式传感器3个、限位开关2个(左右侧)、磁性开关2个(左右侧)、控制按钮盒等。

本项目共需完成四个任务:步进驱动系统认识、行走机械手步进驱动系统安装与调试、伺服驱动系统认识、行走机械手伺服驱动系统安装与调试。

项目目标

1. 知识目标

(1) 了解步进电机的工作原理及特点;
(2) 了解步进驱动器的工作原理;

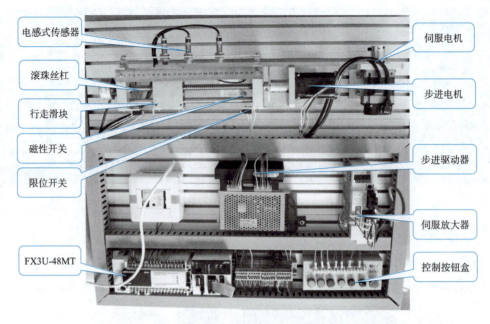

图 6-2　行走机械手的速度与位置控制系统实验装置

(3) 了解伺服电机的工作原理及特点；
(4) 了解伺服驱动器的工作原理；
(5) 掌握定位控制指令的用法。

2. 能力目标

(1) 会使用步进驱动器；
(2) 会安装、连接与调试步进控制系统；
(3) 会使用伺服驱动器；
(4) 会安装、连接与调试伺服控制系统；
(5) 会编写基本的定位控制程序。

3. 素质目标

(1) 培养学生阅读专业工具书和手册的能力；
(2) 培养学生伺服系统应用的工程实践能力；
(3) 通过引入"步进电机在新能源领域的应用和优势""伺服电机在发展中精益求精"思政小故事，引导学生在学习和工作中树立精益求精的工匠精神。

思政小故事：步进电机在新能源领域的应用和优势

思政小故事：伺服电机在发展中精益求精

任务一　行走机械手步进驱动系统安装接线

任务描述

本任务要求分析步进驱动系统的组成，并对行走机械手步进驱动系统进行安装接线，系统要求具备控制行走机械手启停的功能、限位保护和超限位保护功能、位置检测功能，以及手动自动转换功能。

任务分析

完成本任务需要学习步进电机的结构、工作原理及使用方法,步进驱动器的结构、工作原理及使用方法。

相关知识

一、步进电机

1. 步进电机及工作原理

什么是步进电机?步进电机是一种感应电机,负责将电脉冲信号转变为角位移或线位移(控制对象的直线位移)。

步进电机有什么用?步进电机一般用于开环控制系统中履带、工作台、机械手等的定位控制。

步进电机是如何工作的?某品牌三相步进电机外形如图 6-3(a)所示,其内部结构示意图如图 6-3(b)所示,由定子及定子绕组、转子组成。在非超载的情况下,电机的转速、停止的位置只取决于脉冲信号的频率和脉冲数,而不受负载变化的影响。当输入一个电脉冲信号,步进电机转子按设定的方向转动相应的角位移,该角位移称为"步距角"。图 6-3(b)示意步距角为 15°。步进电机的旋转是以固定的角度一步一步运行的。

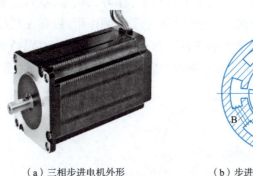
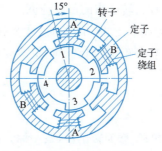

(a)三相步进电机外形　　(b)步进电机内部结构示意图

图 6-3　步进电机

三相反应式步进电机的工作原理图如图 6-4 所示,定子铁芯为凸极式,共有三对(六个)磁极,每两个空间相对的磁极上绕有一相控制绕组。转子用软磁性材料制成,也是凸极结构,只有四个齿,齿宽等于定子的极宽。

当 A 相控制绕组通电,其余两相均不通电,电机内建立以定子 A 相极为轴线的磁场。由于磁通具有力图走磁阻最小路径的特点,使转子齿 1、3 的轴线与定子 A 相极轴线对齐,如图 6-4(a)所示。若 A 相控制绕组断电、B 相控制绕组通电时,转子在反应转矩的作用下,逆时针转过 30°,使转子齿 2、4 的轴线与定子 B 相极轴线对齐,即转子走了一步,如图 6-4(b)所示。若在断开 B 相,使 C 相控制绕组通电,转子逆时针方向又转过 30°,使转子齿 1、3 的轴线与定子 C 相极轴线对齐,如图 6-4(c)所示。如此按 A→B→C→A 的顺序轮流通电,转子就会一步一步地按逆时针方向转动。其转速取决于各相控制绕组通电与断电的频率,旋转方向取决于控制绕组轮流通电的顺序。若按 A→C→

B→A 的顺序通电,则电机按顺时针方向转动。

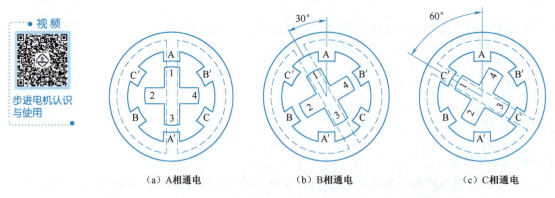

(a) A相通电　　　　　(b) B相通电　　　　　(c) C相通电

图 6-4　三相反应式步进电机的原理图

上述通电方式称为三相单三拍。"三相"是指三相步进电机;"单三拍"是指每次只有一相控制绕组通电,控制绕组每改变一次通电状态称为一拍;"三拍"是指改变三次通电状态为一个循环。把每一拍转子转过的角度称为步距角。三相单三拍运行时,步距角为30°。显然,这个角度太大,控制精度太差,不能付诸使用。

如果把控制绕组的通电方式改为 A→AB→B→BC→C→CA→A,即一相通电接着两相通电,间隔地轮流进行,完成一个循环需要经过六次改变通电状态,称为三相单、双六拍通电方式。当 A、B 两相绕组同时通电时,转子齿的位置应同时考虑到两对定子极的作用,只有 A 相极和 B 相极对转子齿所产生的磁拉力相平衡的中间位置,才是转子的平衡位置。这样,单、双六拍通电方式下转子平衡位置增加了一倍,步距角为15°。可见改变控制绕组通电方式,即改变运行拍数就能改变步距角。步距角计算公式为

$$\theta_s = \frac{360°}{Z_r N} \tag{6-1}$$

式中,θ_s 称为步距角;Z_r 称为转子齿数;N 称为运行拍数。

其中,转子齿数由电机结构决定;运行拍数可通过绕组通电方式改变。

2. 步进电机的分类

(1) 从构造来分:有反应式(variable reluctance,VR)、永磁式(permanent magnet,PM)和混合式(hybrid stepping,HS)。

反应式:定子上有绕组,转子由软磁材料组成。结构简单、成本低、步距角小,可达1.2°,但动态性能差、效率低、发热大,可靠性难保证。

永磁式:永磁式步进电机的转子用永磁材料制成,转子的极数与定子的极数相同。其特点是动态性能好、输出力矩大,但这种电机精度差,步距角大(一般为7.5°或15°)。

混合式:混合式步进电机综合了反应式和永磁式的优点,其定子上有多相绕组,转子采用永磁材料,转子和定子上均有多个小齿以提高步距精度。其特点是输出力矩大、动态性能好、步距角小,但结构复杂、成本相对较高。

(2) 从定子绕组来分:有两相、三相和五相等系列。

最受欢迎的是两相混合式步进电机,约占97%以上的市场份额,其原因是性价比高,配上细分驱动器后效果良好。该种电机的基本步距角为1.8°/步,配上半步驱动器后,步距角减少为0.9°;配上细分驱动器后,其步距角可细分达256倍(0.007°/微步)。由于摩擦力和制造精度等原因,实际控制精度略低。同一步进电机可配不同细分的驱动器以改变精度和效果。

3. 步进电机的使用

以本项目实验装置(见图6-2)为例,步进电机通过驱动滚珠丝杠带动滑块(模拟机械手)运动,滚珠丝杠由螺杆、螺母和滚珠组成,它的功能是将旋转运动转化成直线运动,将轴承从滚动动作变成滑动动作,带动丝杠上的模拟机械手运动。实物如图6-5所示。

本项目实验装置所用直线运动组件的导程(螺距)为4 mm,即螺杆每旋转一周螺母直线运动的距离为4 mm,也即模拟机械手行走位移为4 mm。常见导程有1 mm、2 mm、4 mm、6 mm、8 mm、10 mm、16 mm、20 mm、25 mm、32 mm、40 mm。

图6-5 滚珠丝杠的各类实物图

本任务选用了Kinco(步科)三相步进电机3S57Q-04056,它的步距角在整步方式下为1.8°,半步方式下为0.9°。

除了步距角外,步进电机还有保持扭矩、阻尼转矩等技术参数,部分技术参数见表6-1。保持扭矩是指电机各相绕组通额定电流,且处于静态锁定状态时,电机所能输出的最大转矩,它是步进电机最主要的参数之一,其余参数的物理意义可参阅步进电机手册。

表6-1 3S57Q-04056部分技术参数

参数名称	步距角/(°)	相电流/A	保持转矩/(N·m)	阻尼转矩/(N·m)	电机惯量/(kg·cm^2)
参数值	1.8	5.8	1.0	0.04	0.3

不同的步进电机的接线有所不同,3S57Q-04056接线图如图6-6所示,三个相绕组的六根引出线,必须按头尾相连的原则连接成三角形。改变绕组U、V、W的通电顺序就能改变步进电机的转动方向。

4. 步进电机的特点

(1) 步进电机运行中会出现失步现象,包括丢步和越步。

丢步时,转子前进的步数小于脉冲数;越步时,转子前进的步数多于脉冲数。丢步严重时,将使转子停留在一个位置上或围绕一个位置振动;越步严重时,设备将发生过冲。

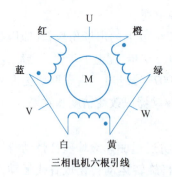

图 6-6　3S57Q-04056 接线图

如机械手返回原点的操作,常常会出现越步情况。当机械手装置回到原点时,原点开关动作使指令输入 OFF,如果到达原点前速度过高,惯性转矩将大于步进电机的保持转矩而使步进电机越步。因此回原点的操作应确保足够低速为宜;当步进电机驱动机械手高速运行时紧急停止,出现越步情况不可避免,因此急停复位后应采取先低速返回原点重新校准,再恢复原有操作的方法。

(2) 步进电机应用在低速运行场合。由于电机绕组本身是感性负载,随着输入频率增高,励磁电流就减小,输出转矩减小。当输入频率增高到某一临界值,输出力矩会急速减小。最高工作频率的输出力矩只能达到低频转矩的 40%~50%。进行高速定位控制时,如果指定频率过高,会出现丢步现象,甚至电机停转。所以,步进电机应用在低速运行场合,常小于 1 000 r/min。

此外,如果机械部件调整不当,会使机械负载增大,步进电机不能过负载运行,哪怕是瞬间,都会造成失步,严重时停转或不规则原地反复振动。

二、步进驱动器

1. 步进驱动器及工作原理

步进驱动器是给步进电机提供电脉冲的装置。步进电机不能直接接到工频交流或直流电源上工作,必须接到专用的步进电机驱动器,实物如图 6-7 所示,步进驱动器内部由脉冲分配器、功率放大器等组成。

脉冲分配器是一个数字逻辑单元,它接收来自控制器(PLC 等)的脉冲信号和方向信号,把脉冲信号按一定的逻辑关系分配到每一相脉冲放大器上,使步进电机按选定的运行方式工作。由于步进电机各相绕组是按一定的通电顺序并不断循环来实现步进功能的,因此脉冲分配器也称为环形分配器。实现这种分配功能的方法有多种,例如,可以由双稳态触发器和门电路组成,也可由可编程逻辑器件组成。

图 6-7　步进驱动器实物图

功率放大器是进行脉冲功率放大的。因为从脉冲分配器能够输出的电流很小(毫安级),而步进电机工作时需要的电流较大,因此需要进行功率放大。此外,输出的脉冲波形、幅度、波形前沿陡度等因素对步进电机运行性能有重要的影响。

图 6-8 是一种基于 AT89C2051 的四相步进电机驱动器原理图。AT89C2051 将控制脉冲从 P1 口的 P1.4～P1.7 输出(P1.5、P1.6 的输出电路图 6-8 中省略),经 74LS14 反相后进入 9014,经 9014 放大后控制光电开关,光电隔离后,由功率管 TIP122 将脉冲信号进行电压和电流放大,驱动步进电机的各相绕组(如 L1 为步进电机的一相绕组)。使步进电机随着不同的脉冲信号分别做正转、反转、加速、减速和停止等动作。

2. 步进驱动器的驱动模式

步进驱动器有三种基本的驱动模式:整步、半步、细分。其主要区别在于电机线圈电流的控制精度(即励磁方式)。以两相步进电机为例分析三种方式。

整步驱动:在整步运行中,同一种步进电机既可配整/半步驱动器也可配细分驱动器,但运行效果不同。步进驱动器按脉冲指令、方向指令对步进电机的两个线圈循环励磁(即给线圈充电),这种驱动方式的每个脉冲将使电机移动一个基本步距角,即 1.80°(标准两相电机每转一圈共有 200 个步距角)。

半步驱动:在单相励磁时,电机转轴停至整步位置上,驱动器收到下一脉冲后,如给另一相励磁且保持原来相仍处在励磁状态,则电机转轴将移动半个步距角,停在相邻两个整步位置的中间。如此循环地对两相线圈进行单相然后双相励磁,步进电机将以每个脉冲 0.90°的半步方式转动。整/半步驱动器都可以执行整步和半步驱动,由驱动器拨码开关的拨位进行选择。和整步方式相比,半步方式具有精度高一倍和低速运行时振动较小的优点,所以实际使用整/半步驱动器时一般选用半步模式。

细分驱动:细分驱动模式具有低速振动极小和定位精度高两大优点。对于有时需要低速运行(即电机转轴有时工作在 60 r/min 以下)或定位精度要求小于 0.90°的步进应用中,细分驱动器获得广泛应用。其基本原理是对电机的每个线圈分别按正弦和余弦波形的台阶进行精密电流控制,从而使得一个步距角的距离分成若干个细分步完成。例如十六细分的驱动方式,可使每圈 200 标准步的步进电机达到每圈 200×16 = 3 200 步的运行精度(即 0.112 5°)。

在没有细分驱动器时,用户主要靠选择不同相数的步进电机来满足步距角的要求。

使用细分驱动器,相数将变得没有意义。用户只需在细分驱动器上改变细分数,就可以改变步距角。

3. Kinco 3M458 三相步进驱动器的使用

一般来说,每一台步进电机都有其对应的驱动器,例如,本任务使用的 Kinco 三相步进电机 3S57Q-04056,与之配套的驱动器是 Kinco 3M458 三相步进电机驱动器。

Kinco 3M458 驱动器采用专用的开关稳压电源(DC 24 V 6 A)供电,输出电流和输入信号规格为:输出相电流为 3.0～5.8 A,输出相电流通过拨动开关设定,驱动器采用自然风冷的冷却方式;控制信号输入电流为 6～20 mA,控制信号的输入电路采用光耦隔离。控制器采用 PLC,其输出脉冲回路的公共端 V_{CC} 使用的是 DC 24 V 电压,所使用的限流电阻为 2 kΩ。

内部驱动直流电压达 40 V,能提供更好的高速性能。

具有电机静态锁紧状态下的自动半流功能,可大大降低电机的发热。为调试方便,驱动器有一对脱机信号输入线 FREE + 和 FREE −,当这一信号为 ON 时,驱动器将断开输入到步进电机的电源回路。如果没有使用这一信号,目的是使步进电机在上电后,即使静止时也保持自动半流的锁紧状态。

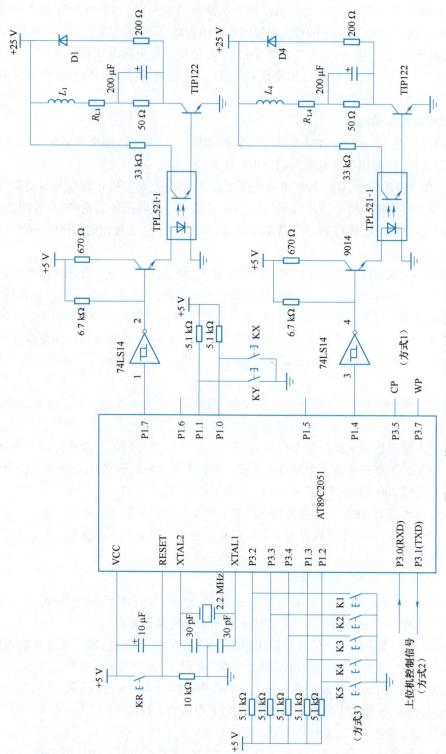

图6-8 基于AT89C2051的四相步进驱动器原理图

3M458 驱动器采用交流伺服驱动原理,把直流电压通过脉宽调制技术变为三相阶梯式正弦电流,如图 6-9 所示。阶梯式正弦电流按固定时序分别流过三相绕组,其每个阶梯对应电机转动一步。通过改变驱动器输出正弦电流的频率来改变电机转速,而输出的阶梯数确定了每步转过的角度,当角度越小的时候,那么其阶梯数就越多,即细分就越大,从理论上说,此角度可以设得足够的小,所以细分数可以是很大的。3M458 最高可达 10 000 步/转的驱动细分功能,即步进电机转一圈,PLC 需发出 10 000 个脉冲。每个脉冲对应步进电机转换的直线位移量称为脉冲当量,即控制精度。

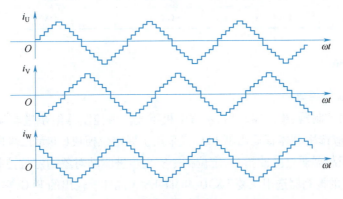

图 6-9　相位差 120°的三相阶梯式正弦电流

细分可以通过拨动开关设定。图 6-10 是 3M458 驱动器的八位 DIP 开关及其功能划分说明。DIP 开关用来设定驱动器的工作方式和工作参数,包括细分设置、静态电流设置和运行电流设置。表 6-2 (a) 和 (b) 分别为细分设置表和电流设定表。

细分驱动方式不仅可以减小步进电机的步距角,提高分辨率,而且可以减少或消除低频振动,使电机运行更加平稳均匀。

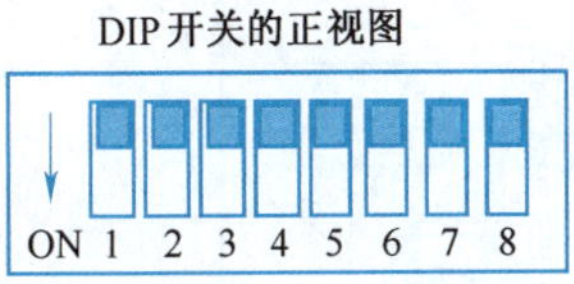

开关序号	ON 功能	OFF 功能
DIP1～DIP3	细分设置用	细分设置用
DIP4	静态电流全流	静态电流半流
DIP5～DIP8	电流设置用	电流设置用

图 6-10　3M458 驱动器的八位 DIP 开关及其功能划分说明

表 6-2　细分设置表及输出电流设置表

(a) 细分设置表

DIP1	DIP2	DIP3	细分
ON	ON	ON	400 步/转
ON	ON	OFF	500 步/转
ON	OFF	ON	600 步/转
ON	OFF	OFF	1 000 步/转
OFF	ON	ON	2 000 步/转
OFF	ON	OFF	4 000 步/转
OFF	OFF	ON	5 000 步/转
OFF	OFF	OFF	10 000 步/转

(b) 输出电流设置表

DIP5	DIP6	DIP7	DIP8	输出电流
OFF	OFF	OFF	OFF	3.0A
OFF	OFF	OFF	ON	4.0A
OFF	OFF	ON	ON	4.6A
OFF	ON	ON	ON	5.2A
ON	ON	ON	ON	5.8A

三、步进驱动系统

1. 步进驱动系统的组成

步进驱动系统由控制器、步进驱动器、步进电机组成。由控制器给步进驱动器提供较高频率的脉冲，这里的控制器应选用晶体管输出型 PLC 或采用扩展定位模块（单元）；步进驱动器再给步进电机提供脉冲信号。控制器通过脉冲指令、定位指令实现步进驱动对象的定位控制。

本项目实验装置的控制器选用三菱 FX3U-48MT-ES-A 晶体管输出的 PLC，它有三路 100 kHz 的高速脉冲输出端口，即 Y0、Y1 和 Y2。该 PLC 既可以用脉冲指令，也可以用定位指令，但在同一时刻只能用一个定位指令，即在同一时刻不能在三个输出点进行定位控制。可以先后输出或是用脉冲指令。

因步进驱动器由控制器提供脉冲信号，该脉冲信号的脉冲数量就决定了电机转动的角位移，而脉冲信号的频率决定了电机转动的速度。图 6-11 所示为步进驱动系统驱动直线位移装置，实现对该装置（定位对象）的直线移动的位移量以及移动速度的控制。

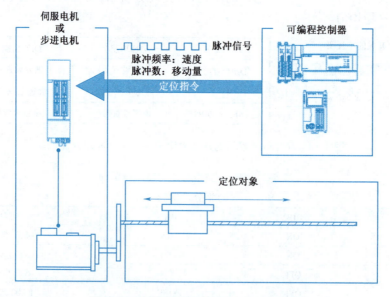

图 6-11 步进驱动系统驱动直线位移装置

2. 步进驱动系统的连接

FX3U-48MT 控制步进驱动器 Kinco 3M458 的接线图如图 6-12 所示。将 PLC 输出公共端连接到直流电源(DC 24 V)的正极,输出端 Y 连接到步进驱动器的脉冲端 PLS-、方向端 DIR-、脱机端 FREE-,其中连接 PLS-的 Y 端子需使用 Y0、Y1 或 Y2。PLC 输出信号有三种接法:共阳极接法、共阴极接法、差分信号接法,图 6-12 中采用共阳极接法。不管什么接法都要确保驱动器光耦的电流在 10~15 mA 范围内;否则,电流过小,驱动器工作不可靠、不稳定,会有丢步等问题;电流过大,会损坏驱动器。

步进驱动器的主电路输出端 U、V、W 分别连接步进电机的相应绕组端。

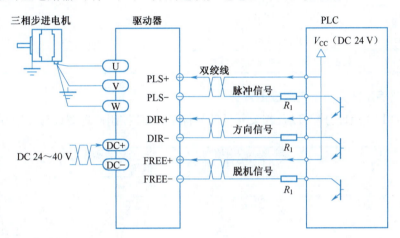

图 6-12　PLC 与 Kinco 3M458 的接线图

任务实施

一、行走机械手步进驱动系统组成分析

对照图 6-2,写出行走机械手步进驱动系统由哪些元件组成,并写出各个元件的名称、品牌型号及功能,记录于自拟表格中。

二、行走机械手步进驱动系统安装接线

1. PLC 的 I/O 地址分配

根据任务描述,行走机械手步进驱动系统的硬件配置选取:1 台 FX3U-48MT PLC、1 台 3M458 步进驱动器、1 台 3S57Q-040562 步进电机、2 个按钮(用于启动和停止)、2 个磁性开关(作为正、负限位开关)、2 个限位开关(用于正、负超限位保护)、1 个电感式传感器(作为近点信号)。

PLC 的 I/O 地址分配见表 6-3。

表 6-3　行走机械手步进驱动系统 PLC 的 I/O 地址分配

输入信号			输出信号		
序号	PLC 输入点	输入元件	序号	PLC 输出点	输出元件
1	X3	超限位开关 SQ1(负)	1	Y0	步进驱动器 PLS-
2	X4	超限位开关 SQ2(正)	2	Y2	步进驱动器 DIR-

续表

输入信号			输出信号		
序号	PLC 输入点	输入元件	序号	PLC 输出点	输出元件
3	X5	限位开关 1B（负）			
4	X6	限位开关 2B（正）			
5	X7	电感式传感器 SC1			
6	X12	启动按钮 SB1			
7	X13	停止按钮 SB2			
8	X14	转换开关 SA（手动/自动转换）			

2. 行走机械手步进驱动系统原理图设计

根据 PLC 的 I/O 地址分配，以及相关元件符号标准，PLC 控制原理图设计如图 6-13 所示。

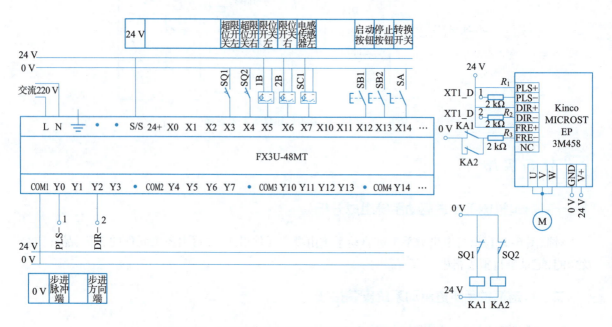

图 6-13 行走机械手步进驱动系统的 PLC 控制原理图

其中，超限位保护电路采用硬件保护：当机械手意外碰撞到左、右超限位开关 SQ1 或 SQ2，继电器 KA1 或 KA2 线圈失电，相应继电器的常闭触点闭合使步进驱动器 FREE-接通电源 0 V（低电平有效），电机停止转动，从而避免机械手超限位而发生机械碰撞损坏。也可以采用软件编程进行超限位保护，即使用连接到 PLC 的输入点 X3 和 X4 的行程开关编程来控制步进电机停转。

3. 行走机械手步进驱动系统安装接线

按照图 6-13，对行走机械手步进驱动系统进行安装接线。

一、单选题

1. 正常情况下,步进电机的转速取决于( ),旋转方向取决于控制绕组轮流通电的顺序。
   A. 控制绕组通电频率　　　　　　　　B. 绕组通电方式
   C. 负载大小　　　　　　　　　　　　D. 绕组的电流
2. 步进电机通电后不转,但出现尖叫声,可能原因是( )。
   A. 电脉冲频率太高引起电机堵转　　　B. 电脉冲频率变化太频繁
   C. 电脉冲的升速曲线不理想引起电机堵转　D. 以上情况都有可能
3. 步进电机的步距角与( )无关。
   A. 转子齿数　　B. 控制脉冲频率　　C. 细分数　　D. 运行拍数
4. 下列不属于步进电机驱动系统特点的是( )。
   A. 适合应用在低速运行场合　　　　　B. 随着频率增加,输出转矩减小
   C. 低频会产生振动　　　　　　　　　D. 是闭环控制系统
5. ( )PLC 才能给步进驱动器或伺服驱动器发脉冲。
   A. 继电器输出型　　B. 晶体管输出型　　C. 晶闸管输出型

二、填空题

1. 步进电机是一种感应电机,是利用_____原理将电脉冲信号转换成角位移或线位移。
2. 步进驱动器的基本驱动模式包括_____、_____和_____。
3. 步进电机的开环控制精度主要是由步进电机的_____和_____决定的。为了进一步提高步进电机的控制精度,可以采用_____来提高控制精度。
4. 步进驱动器内部电路包括_____和_____。
5. 步进驱动器参数设置主要包括_____、_____和_____。
6. 通过改变输出给步进电机的_____可改变步进电机的角位移。改变输出给步进电机的_____可以改变电机转动的速度。

任务二　行走机械手步进驱动系统编程调试

任务描述

本任务要求对任务一中的步进驱动系统编程调试,实现行走机械手的位置和速度控制。
具体要求:
(1) 设备上电,后行走机械手能自动搜索原点,并要求能时刻监控当前脉冲轴位置。
(2) 能点动控制机械手正反向移动,在手动状态下,按下按钮 SB1,机械手以 10 mm/s 的速度正向运行;按下按钮 SB2,机械手以 10 mm/s 的速度反向运行。要求 PLC 输出的每个脉冲对应机械手

行走的位移量为 0.001 mm(即脉冲当量为 0.001 mm)。丝杠导程为 4 mm。

(3)具有软件和硬件双重正负限位保护。

(4)在满足原点条件后,在自动运行状态,按下启动按钮,机械手从原点向指定位置运行,如图 6-14 所示,依次运行的位置相对脉冲数分别为 4 300、5 200、5 500、-15 000,即最后回到原点。每运行到一个位置停止 2 s。要求具有限位和超程保护。任意时刻按下停止按钮,机械手立即停止。

回原点控制由指令 ZRN 实现、正向和反向点动控制由高速脉冲指令 PLSY 实现。

各个位置移动控制采用定位指令 DRVA 或 DRVI 实现。

任务分析

在任务一已经学习了步进驱动系统,并设计了系统硬件电路。

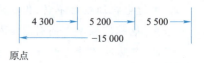

图 6-14 模拟机械手位置运动示意图

本任务要求系统上电时让机械手自动回原点,之后以原点为参照计算机械手在工作中行走的位移,来保证被控对象的定位精度。

要完成本任务需学习相关指令,包括 PLC 回原点指令 ZRN,脉冲输出指令 PLSY 及定位指令 DRVA、DRVI 的使用方法,进而设计和调试程序。

相关知识

一、回原点指令 ZRN

定位控制系统中,在初始状态或是重新上电,工作台、机械手等被控对象时常需要进行原点回位的动作,以保证定位的准确。如图 6-15 所示,某一工作台,当按下原点回位按钮时,就能从初始位置以原点回归速度(快)后退,当到达近点信号(传感器)时,工作台改以爬行速度(慢)后退,直到原点时停止。此时当前脉冲轴位置计数器的寄存器值变为零。

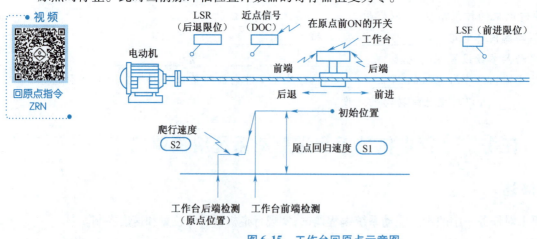

图 6-15 工作台回原点示意图

执行原点回归,使机械位置与可编程控制器内的当前值寄存器一致的指令 ZRN,如图 6-16 所示。

S1:指定原点回归速度,16 位运算时,范围为10 ~ 32 767 Hz;32 位运算时,范围为 10 ~ 100 000 Hz。

S2:指定爬行速度,是当近点信号置 ON 时的速度,指定范围为 10 ~ 32 767 Hz。

S3：指定输入近点信号（DOG）的输入软元件编号。

D：指定输出脉冲的输出端口编号。

当指令输入（执行条件）为 ON，D 指定的输出端口以 S1 指定的原点回归速度驱动控制对象后退，当对象到达 S3 指定的近点信号（传感器信号）处，且置近点信号为 ON 时，速度减至 S2 指定的爬行速度，当近点信号由 ON 变为 OFF 时，输出端口停止发脉冲。

注意：ZRN 指令只能从一个方向回归原点，默认是反转方向，就是当前脉冲轴位置（图 6-15 工作台所在位置）计数器的数值减小的方向。每次在执行回原点的时候，需要保证轴的当前位置在原点的正方向（图 6-15 工作台位置在原点正方向）。若需指定原点回归方向为正转方向，Y0、Y1、Y2 可分别驱动特殊继电器 M8342、M8352、M8362。

FX3U 的 ZRN 指令相关的特殊软元件，比较常用的有：

执行指令结束标志位 M8029，D 输出脉冲发完后，M8029 置 1。若执行条件变为 OFF，M8029 复位。

注意：使用 M8029 时需紧随相应脉冲输出指令之后，当 M8029 置 1 时，将执行条件变为 OFF，同时 M8029 也跟着复位。

当前脉冲轴位置计数器的寄存器，如果图 6-16 中 D 为 Y0，那么回原点完成后，记录当前脉冲轴位置计数器的寄存器[D8341，D8340]将自动清零；如果 D 为 Y1，对应[D8351，D8350]将自动清零；如果 D 为 Y2，对应[D8361，D8360]将自动清零。

电机正转极限和反转极限特殊继电器（Y0 对应 M8343、M8344，Y1 对应 M8353、M8354，Y2 对应 M8363、M8364）被驱动时，电机停转，常用接在 PLC 输入点的限位开关驱动来进行正向和反向的限位保护。但应用在带 DOG 搜索的原点回归指令 DSZR 时，电机不会停止，而是自动搜索原点，具体使用方法参见任务四。

二、脉冲输出指令 PLSY

脉冲输出指令（PLSY）是用来发出指定频率、指定脉冲总量的高速脉冲串的指令。

PLSY 指令格式与发出脉冲图如图 6-17 所示。

S1：指定输出脉冲的频率或存放频率数据的软元件编号，16 位运算时，设定的范围为 1~32 767 Hz；32 位运算时，设定的范围为 1~100 000 Hz。

S2：指定输出脉冲的数量或存放脉冲量数据的软元件编号，16 位运算时，设定的范围为 1~32 767；32 位运算时，设定的范围为 1~2 147 483 647。S1 和 S2 可以是 T、C、D，数值或是位元件组合。当[S2·]中的输出脉冲个数设为 0 时，可无限制发出脉冲串。

D：指定输出脉冲的输出端口编号，FX3U-48MT 允许设定的端口为 Y0、Y1。

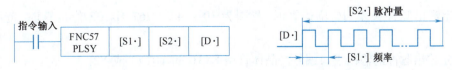

图 6-17　PLSY 指令格式与发出脉冲图

当指令输入（执行条件）为 ON，则执行该指令。在输出进程中改动 S1 指定的频率值，其输出脉冲频率立即变更；改动 S2 指定的脉冲数，其输出脉冲数并不变更，驱动断开再一次闭合后，才按新的脉冲数输出。

PLSY 指令相关的特殊软元件，比较常用的有：

执行指令结束标志位 M8029 的使用同 ZRN 指令。

记录当前脉冲轴位置数的数据寄存器，Y0 或 Y1 驱动的轴脉冲数分别保存在（D8141、D8140）和（D8143、D8142）中，Y0 和 Y1 的总数保存在（D8137、D8136）中。各数据寄存器的内容可以通过 [DMOV K0 D81□□] 加以清除。

PLSY 指令采用开环控制方式。就是控制器发出命令之后，脉冲信号的数量和频率就指定了，控制器发完脉冲就结束。至于电机有没有运行到位，控制器就不管了。且频率一旦指定，没有加速和减速的缓冲，所以电机在高频运行，特别是开始突然升速和末端突然降速时往往存在着失步的风险，这样就达不到所要定位的位置。因此，在工业控制中，常常在开始时和结束时将输出的脉冲频率逐渐升高或降低，从而达到防止失步的目的，该指令常用于手动控制。

三、相对定位指令

视频
相对定位指令
DRVI

在定位控制中，以相对驱动方式执行单速定位的指令，用带正负的符号指定从当前位置开始的移动距离的方式，也称为增量驱动方式。

例如，我们当前位置在上海徐家汇，现在要去火车站，距离是 20.7 km，如图 6-18 所示，那么只需从当前位置向火车站方向移动 20.7 km 就可以到达目的地了。

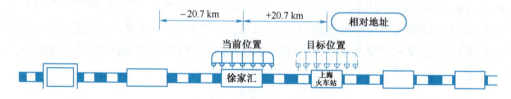

图 6-18　相对位置移动示意图

相对定位指令 DRVI，是以当前停止的位置作为起点（参考点），指定移动方向和移动量，指令格式如图 6-19 所示。

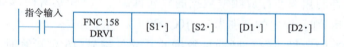

图 6-19　相对定位指令的指令格式

S1：指定输出的脉冲数，16 位运算时，范围为 -32 768 ~ +32 767；32 位运算时，范围为 -999 999 ~ +999 999。

S2：指定输出脉冲频率，16 位运算时，范围为 10 ~ +32 767 Hz；32 位运算时，范围为 10 ~ 100 000 Hz。

D1：指定输出脉冲的输出端口编号。晶体管型 FX3U 的 Y0、Y1 或 Y2

D2：指定方向的软元件编号。

当该指令输入（执行条件）为 ON，D1 指定的输出端口以 S2 指定的频率发脉冲，方向由 S1 指定的脉冲数正负号决定，为正值时，D2 为 ON；为负值时，D2 为 OFF。输出端口 Y0、Y1、Y2 分别采用［D8341,D8340］、［D8351,D8350］、［D8361,D8360］记录相对位置脉冲数。脉冲发送完，M8029 置 ON。

四、绝对定位指令

视频
绝对定位指令 DRVA

在定位控制中，除相对位置控制之外，还有绝对位置控制。以原点为基准指定位置（绝对地址）进行定位动作，如图 6-20 所示。

例如，我们当前是在上海徐家汇，绝对地址是 83.9 km 处。现在要去上海火车站，绝对地址是 104.6 km 处。那么从原点去 104.6 km 处，就到达目的地了，不用考虑当前地址是多少。

图 6-20　绝对位置移动示意图

绝对定位指令 DRVA，是以原点位置作为起点（参考点），指令格式如图 6-21 所示。

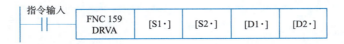

图 6-21　绝对定位指令的指令格式

S1：指定目标位置（绝对地址），16 位运算时，范围为 -32 768 ~ +32 767；32 位运算时，范围为 -999 999 ~ +999 999。

S2：指定输出脉冲频率，16 位运算时，范围为 10 ~ +32 767 Hz；32 位运算时，范围为 10 ~ 100 000 Hz。

D1：指定输出脉冲的输出端口编号，晶体管型 FX3U 的 Y0、Y1 或 Y2。

D2：指定方向的软元件编号。

当该指令输入（执行条件）为 ON，D1 指定的输出端口以 S2 指定的频率发脉冲。方向由 S1 指定的位置与当前位置共同决定，当 S1 指定的位置减当前位置的结果为正值时，D2 为 ON；当 S1 指定的位置减当前位置的结果为负值时，D2 为 OFF。记录 Y0、Y1、Y2 轴相对位置脉冲数的寄存器与相对定位指令 DRVI 相同。脉冲发送完，M8029 也是置 ON。

视频
步进驱动机械手定位运行效果

一、行走机械手步进驱动系统的 PLC 程序设计

根据任务描述，行走机械手步进驱动系统的 PLC 程序设计如图 6-22（a）、(b) 所示，其中，图 6-22（a）包含三部分：行走机械手回原点、行走机械手点动运行、行走机械手正反向限位保护。

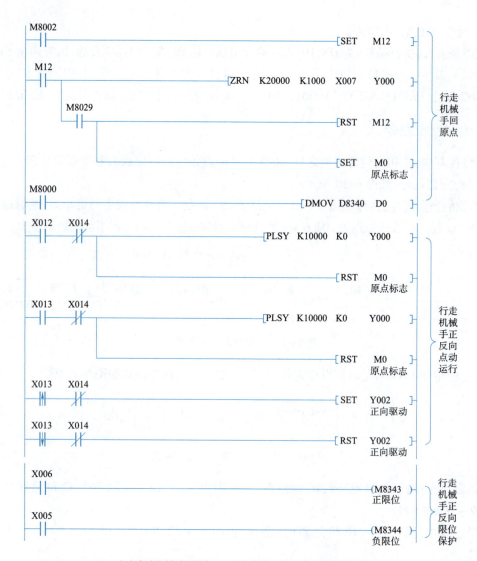

（a）行走机械手回原点、正反向点动运行、正反向限位保护

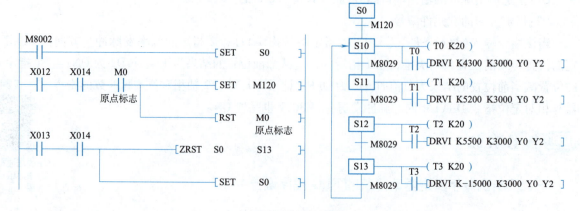

（b）机械手位置自动控制

图 6-22　PLC 程序设计

第一部分行走机械手回原点的条件是 PLC 上电自动运行,因此用 M8002 来驱动回原点指令,回原点的速度没有具体要求,由 D8340 监视脉冲轴位置,即 Y0 发出的脉冲数。

第二部分行走机械手正反向点动运行,对速度提出了要求。根据脉冲当量 0.001 mm 及图 6-2 中丝杠的导程 4 mm,可以计算出步进驱动器的细分设置为 4 000 步/转,DIP 开关拨码位置如图 6-23 所示。根据速度 10 mm/s 及脉冲当量 0.001 mm 计算出脉冲频率为 10 000 p/s。PLSY 指令采用脉冲加方向控制,脉冲由 Y0 控制,方向由 Y2 控制,当 Y2 为 ON,则正向运行;Y2 为 OFF,则反向运行。

第三部分行走机械手正反向限位保护,当机械手移动至左右限位开关的位置,机械手停止运行。

图 6-22(b)对应机械手位置自动控制程序,其中梯形图部分是启动、停止的程序,SFC 部分是位置控制主体。

上述程序功能若用绝对定位指令替换相对定位指令,图 6-22(b)的 SFC 中 S11 驱动的 DRVI 直接替换成 DRVA,S13～S17 驱动的 DRVI 替换成 DRVA 的同时,需将脉冲数 K5200、K5500、K-15000 也分别替换成 K9500、K15000、K0。实际应用中,可根据需要灵活合理使用 DRVI 和 DRVA。

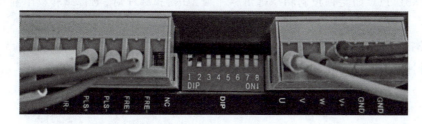

图 6-23　细分设置为 4 000 步/转

二、行走机械手步进驱动系统的调试

1. I/O 信号测试

根据表 6-3 对 PLC 的输入元件进行测试。

将 PLC 置在 STOP 状态,设备通电。电机处于使能锁住状态,用手拨不动。按下左右超限位开关,看是否能手动转动电机及丝杠带动机械手移动。手动转动使机械手依次经过电感式传感器和左右限位开关,查看相应的 PLC 输入点是否正常点亮,确保各传感器能正常工作。依次按下按钮 SB1、SB2,拨动转换开关 SA,观察 PLC 相应的输入点是否正常点亮。

2. 系统调试

在 GX Developer 或 GX Work2 软件中输入图 6-22 所示程序,程序下载前,手动移动机械手到近点开关的正方向,下载程序并启动 PLC 运行,观察机械手是否执行反向回原点。调试程序时,单击按钮,打开程序监视功能,监视 D8340 所显示脉冲数的变化,当机械手回到原点时,D8340 显示值应为 0。此时置自动状态,按下按钮 SB1,观察机械手运行到各个位置时对应的 D8340 中的数值。在手动状态下分别按下按钮 SB1、SB2,观察机械手正向和反向运行情况。点动控制机械

手运行到左右限位开关处,则机械手应停止运行。若不满足以上现象,则借助监视画面检查程序及硬件设备进行故障排除。

一、选择题

1. 三菱 FX3U PLC 驱动回原点指令执行结束,辅助继电器(　　)的常开触点会闭合。
   A. M8029　　　　　B. M8340　　　　　C. M8343　　　　　D. M8344

2. 三菱 FX3U PLC 高速脉冲指令 PLSY,记录 Y0 脉冲轴位置数的数据寄存器是(　　)。
   A. D8029　　　　　B. D8340　　　　　C. D8140　　　　　D. D8142

3. 晶体管型 FX3U PLC 的基本模块可以有(　　)个输出端口输出 100 kHz 的高速脉冲,用于驱动步进或伺服驱动器。
   A. 1　　　　　　　B. 2　　　　　　　C. 3　　　　　　　D. 4

4. 三菱 FX3U PLC 的定位控制指令选用脉冲轴 Y0 输出脉冲时,电机正转极限和反转极限特殊继电器是(　　)。
   A. M8343、M8344　　B. M8353、M8354　　C. M8363、M8364

5. 高速脉冲指令 PLSY S1 S2 D,当 S2 的值等于(　　)时,其输出脉冲数不受限制,即可以一直持续发脉冲。
   A. 0　　　　　　　B. 1　　　　　　　C. 10　　　　　　　D. 100

6. 执行指令 DRVA S1 S2 D1 D2 驱动某工作台,其当前位置离原点 40 000 个脉冲的位置,目标位置离原点 10 000 个脉冲的位置,从当前位置移动到目标位置,则需给 S1 赋值(　　)。
   A. 0　　　　　　　B. 30 000　　　　　C. 10 000　　　　　D. 40 000

7. 通过执行指令 ZRN S1 S2 S3 D1 进行原点回归操作时,可以通过配合方向信号改变原点回归从正方向或负方向移动,这样执行结束,驱动的对象(　　)。
   A. 在同一点　　　　B. 不是同一点　　　C. 不确定

二、程序设计题

1. 设备上电后机械手自动搜索原点,回到原点后,重新做原点中心对齐(即机械手机械中心与近点开关中心对齐),最后对脉冲寄存器 D8340 重新清零。具有正负限位保护。试设计程序。

2. 某一切纸机需要可编程控制器控制步进电机进行送纸动作。步进电机带动压轮(周长 40 mm)进行送纸动作,如图 6-24(a)所示。也就是说,步进电机转动一圈送纸 40 mm。切割精度要求 0.05 mm。该切纸机的切刀由电磁阀带动。现要求每送 50 mm 长度的纸,切刀做一次切纸动作。要求具有限位保护和超限位保护。试设计程序。

硬件配置:步进电机同轴连接光电编码器。步进驱动器的型号为 XDL-15,连接三菱 PLC 如图 6-24(b)所示,步进驱动器的脉冲控制端 1 接收 PLC 的 Y0 发出的脉冲,驱动器的方向端 2 由 PLC 的 Y2 控制,驱动器的使能端 4 未接,默认使能始终有效,驱动器的公共端接 24 V 驱动。

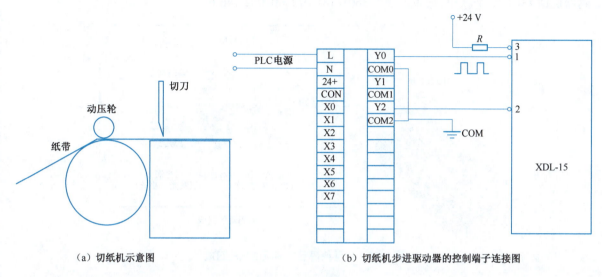

(a) 切纸机示意图　　　　　　　　(b) 切纸机步进驱动器的控制端子连接图

图 6-24　切纸机

任务三　行走机械手伺服驱动系统安装接线

本任务要求分析伺服驱动系统的组成,并对行走机械手伺服驱动系统进行安装接线,系统要求具备控制行走机械手启动和停止控制功能、限位保护和超限位保护功能、位置检测功能,以及手动自动转换、紧急停止功能。系统的硬件配置见图 6-2。

完成本任务需要学习伺服电机和伺服驱动器的结构组成、工作原理及使用方法。

相关知识

视 频

伺服电机认识

一、伺服电机

1. 伺服电机及组成

什么是伺服电机? 伺服电机是一种将电信号转换成转轴的角位移或角速度输出的执行元件。

伺服电机有什么用? 伺服电机是能够精确控制转速和位置的微特电机。被广泛应用于精密加工、自动化生产线、医疗设备、航空航天、机器人等诸多领域。

伺服电机由哪些部件组成? 图 6-25 为内置编码器的伺服电机的组成,包括定子、转子、编码器。编码器负责对伺服电机轴上的角转速和角位移进行检测,并反馈到输入端形成闭环。因此控制精度高,其控制精度由电机轴后端的编码器保证。以自带分辨 17 位编码器电机为例,电机转一圈,编码器反馈 131 072 个脉冲,脉冲当量为 360°/131 072 = 0.002 746 6°。

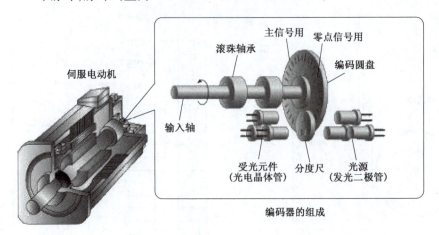

图 6-25 内置编码器的伺服电机的组成

本任务实验装置选用三菱伺服电机 HF-KN23J-S100,电源连接端子和编码器连接端子如图 6-26 所示。型号说明如图 6-27 所示。其特点是:低惯量、小容量,额定输出功率为 200W,额定转速为 3 000 r/min,不带电磁制动器,自带编码器分辨率为 131 072 p/r。

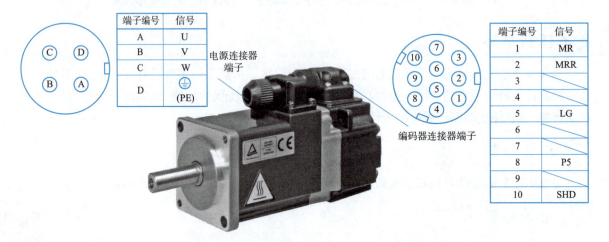

图 6-26 三菱伺服电机 HF-KN23J-S100 及端子图

2. 伺服电机工作原理及特点

1) 交流伺服电机工作原理

交流伺服电机定子的构造基本上与电容分相式单相异步电机相似,如图 6-28 所示。其定子上装有两个位置互差 90°的绕组,一个是励磁绕组 R_f,它始终接在交流电压 U_f 上;另一个是控制绕组 R_c,连接控制信号电压 U_c。

交流伺服电机的转子通常做成笼形,但为了使伺服电机具有较宽的调速范围、线性的机械特性、无"自转"现象和快速响应的性能,它与普通电机相比,应具有转子电阻大和转动惯量小这两个特点。目前应用较多的转子结构有两种形式:一种是采用高电阻率的导电材料做成的高电阻率导条的笼形转子,为了减小转子的转动惯量,转子做得细长;另一种是采用铝合金制成的空心杯形转子,杯壁很薄,仅 0.2~0.3 mm,为了减小磁路的磁阻,要在空心杯形转子内放置固定的内定子。空心杯形转子的转动惯量很小,反应迅速,而且运转平稳,因此被广泛采用。

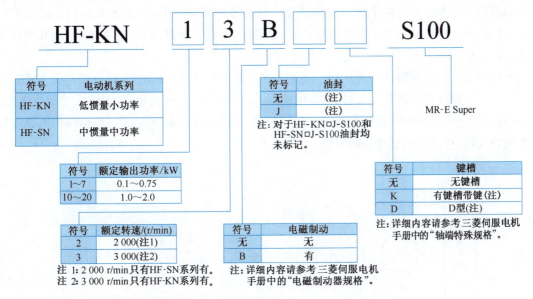

图 6-27　三菱伺服电机 HF-KN23J-S100 型号说明

交流伺服电机在没有控制电压时,定子内只有励磁绕组产生的脉动磁场,转子静止不动。当有控制电压时,定子内便产生一个旋转磁场,转子沿旋转磁场的方向旋转,在负载恒定的情况下,电机的转速随控制电压的大小变化而变化,当控制电压的相位相反时,伺服电机将反转。

图 6-29 所示为伺服电机单相运行时的机械特性曲线。负载一定时,控制电压 U_c 愈高,转速愈高。在控制电压一定时,负载增加,转速下降。

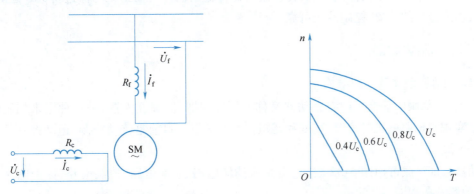

图 6-28　交流伺服电机原理图　　图 6-29　伺服电机单相运行时的机械特性曲线

交流伺服电机的输出功率一般是 0.1~100 W。当电源频率为 50 Hz,电压有 36 V、110 V、220 V、380 V;当电源频率为 400 Hz,电压有 20 V、26 V、36 V、115 V 等多种。交流伺服电机运行平稳、噪音小。但控制特性是非线性,并且由于转子电阻大,损耗大,效率低,因此与同容量直流伺服动机相比、体积大、重量重,所以只适用于0.5-100W的小功率控制系统。

2)直流伺服电机工作原理

直流伺服电机的结构和一般直流电机一样,只是为了减小转动惯量而将转子做得细长一些。它的励磁绕组和电枢分别由两个独立电源供电。也有永磁式的,即磁极是永久磁铁。通常采用电枢控制,就是励磁电压一定,建立的磁通量 Φ 也是定值,而将控制电压 U_c 加在电枢上,其接线图如图6-30所示。

直流伺服电机的机构特性 $[n=f(T)]$ 和直流他励电动机一样。图6-31是直流伺服电机在不同控制电压下(U_c 为额定控制电压)的机械特性曲线。由图可见,在一定负载转矩下,当磁通不变时,如果升高电枢电压,电机的转速就升高;反之,降低电枢电压,转速就下降;当 $U_c=0$ 时,电机立即停转。要电机反转,可改变电枢电压的极性。

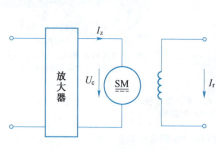

图6-30 直流伺服电机接线图

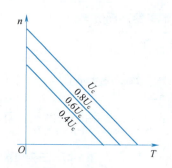

图6-31 直流伺服电机的 $n=f(T)$ 曲线

3)伺服电机特点

伺服电机运转平稳,且不会出现低频振荡现象。伺服电机为恒力矩输出,不会出现随速度增加,转矩减小的现象,可用于高速(可达3 000 r/min)运行场合。且伺服电机具有较强的过载能力。伺服驱动系统因其使用闭环结构控制,电机自带编码器将输出信号反馈给驱动器进行PID运算,一般不会出现丢步或越步的现象,控制性能可靠。

视频
伺服驱动器认识

二、伺服驱动器

1. 伺服驱动器及内部结构

什么是伺服驱动器?伺服驱动器又称伺服控制器、伺服放大器,是一种用来控制伺服电机,实现对伺服电机的位置、速度和转矩控制的装置。目前是传动控制、运动控制领域的高端产品。

伺服驱动器内部组成可用图6-32表示,由整流滤波电路、逆变电路、控制电路、保护电路等组成,类似于变频器。

其中,整流滤波电路和逆变电路等构成伺服驱动器的主电路。三相全桥整流电路对输入的三相电或者市电进行整流,得到相应的直流电。经过整流的三相电或市电,再通过三相正弦PWM电压型逆变器变频来驱动三相永磁式同步交流伺服电机。在主回路中还加入软启动电路,以减小启动过程对驱动器的冲击。

目前主流的伺服驱动器控制电路均采用数字信号处理器(DSP)作为控制核心,可以实现比较复杂的控制算法,实现数字化、网络化和智能化。功率器件普遍采用以智能功率模块(IPM)为核心设计,IPM内部集成了驱动电路,同时具有过电压、过电流、过热、欠电压等故障检测保护电路。

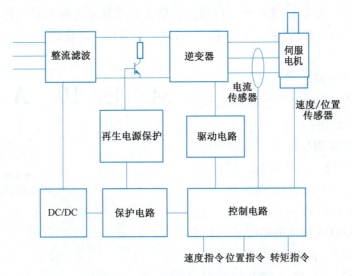

图 6-32　伺服驱动器内部组成框图

2. 伺服驱动器的控制方式

使用伺服驱动器必须先确定其控制方式。伺服驱动器有三种控制方式:速度控制方式、转矩控制方式、位置控制方式。

速度控制和转矩控制都是用模拟量来控制的。位置控制是通过发脉冲来控制的。如果对电机的速度、位置都没有要求,只要输出一个恒转矩,当然是用转矩模式。如果对位置和速度有一定的精度要求,而对实时转矩不是很关心,用速度或位置控制模式比较好。如果上位控制器有比较好的闭环控制功能,用速度控制效果会好一点;如果对控制器要求不是很高,或者基本没有实时性的要求,则用位置控制模式,其对上位控制器没有很高的要求。就伺服驱动器的响应速度来看,转矩模式运算量最小,驱动器对控制信号的响应最快;位置模式运算量最大,驱动器对控制信号的响应最慢。

(1)速度控制:通过模拟量的输入或脉冲的频率都可以进行转动速度的控制,在有上位控制装置的外环 PID 控制时,速度模式也可以进行定位,但必须把电机的位置信号或直接负载的位置信号给上位反馈以做运算用。位置模式也支持直接负载外环检测位置信号,此时的电机轴端的编码器只检测电机转速,位置信号就由直接的最终负载端的检测装置来提供,这样的优点在于可以减少中间传动过程中的误差,增加了整个系统的定位精度。

(2)转矩控制:转矩控制方式是通过外部模拟量的输入或直接的地址赋值来设定电机轴对外的输出转矩的大小,具体表现为,例如 10 V 对应 5 N·m,当外部模拟量设定为 5 V 时,电机轴输出为 2.5 N·m,如果电机轴负载低于 2.5 N·m 时电机正转,负载等于 2.5 N·m 时电机不转,大于 2.5 N·m 时电机反转(通常在有重力负载情况下产生)。可以通过改变模拟量的设定来改变设定的力矩大小,也可通过通信方式改变对应的地址的数值来实现。主要应用在对材质的受力有严格要求的缠绕和放卷的装置中,例如绕线装置或拉光纤设备,转矩的设定要根据缠绕的半径的变化随时更改,以确保材质的受力不会随着缠绕半径的变化而改变。

(3)位置控制:位置控制方式一般是通过外部输入的脉冲的频率来确定转动速度的大小,通过脉冲的个数来确定转动的角度,也有些可以通过通信方式直接对速度和位移进行赋值。由于位置控制方式可以对速度和位置都有很严格的控制,所以一般应用于定位装置。应用领域如数控机床、印刷机械等。

3. 伺服驱动器的使用

伺服驱动器的使用包括硬件电路连接、伺服参数设置及操作面板使用。

下面以三菱位置控制型伺服驱动器 MR-E-20A-KH003(与三菱伺服电机 HF-KN23J-S100 配套)为例进行介绍。其型号说明如图 6-33 所示。

(1)三菱伺服驱动器硬件电路连接。伺服驱动器 MR-E-20A-KH003 硬件电路端子(口)包含电源端子 CNP1、伺服电机接口 CNP2、I/O 接口 CN1、编码器接口 CN2、通信接口 CN3,如图 6-34 所示。

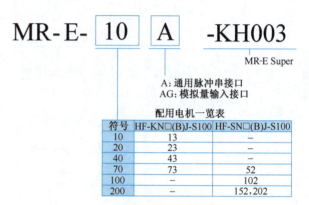

图 6-33 三菱伺服驱动器型号说明

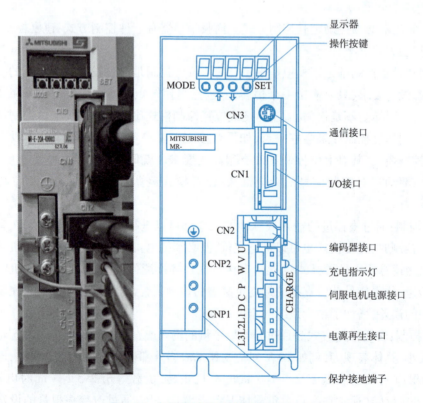

图 6-34 伺服驱动器硬件电路端子(口)

①伺服驱动器电源连接。伺服驱动器的电源端子 CNP1（L1、L2、L3）连接三相电源。关于电源再生接头的连接分两种情况：一种是有内置再生电阻，电源再生接头连接如图 6-35 所示，将 D、P 连接；另一种是无内置再生电阻（如 MR-E-20A-KH003，MR-E-20A-KH003 使用单相 220V 交流电，L3 端子不连接），如果需要使用再生选件，则将图 6-35 中 D、P 间的连接导线拆除，再生选件连接在 C、P 间，而且所用的线是双绞线。

②I/O 接口 CN1 连接。I/O 接口 CN1 包含连接定位模块或 PLC 等的脉冲信号端子 PP、NP，编码器的 A、B、Z 的信号脉冲，伺服开启 SON，急停 EMG，复位 RES，正转行程限位 LSP，反转行程限位 LSN，故障 ALM 等信号，如图 6-36 所示。

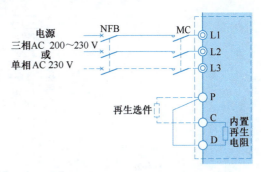

图 6-35　伺服驱动器电源连接图

连接 SON-SG 接通主电路，伺服电机处于可以运转的状态（伺服 ON 状态，即伺服使能状态），断开 SON-SG，切断主电路，伺服电机处于自由停车状态（伺服 OFF 状态）。若将参数 No.41 设定为"□□□1"，则自动接通伺服放大器内的 SON 信号（保持端子接通）。

LSP-SG 和 LSN-SG 导通，伺服电机才能运行，否则伺服电机将立即停止，并处于伺服锁定状态。若将参数 No.41 设定为"□11□"，可以自动接通伺服放大器内的此信号（保持端子导通）。

导通 EMG-SG，复位紧急停止状态，伺服电机才能运行。断开 EMG-SG，伺服电机处于紧急停止状态，伺服断开，动态制动器动作。

③CNP2 和伺服电机、CN2 与编码器的连接。如图 6-37 所示，CN2 用于连接伺服电机内置编码器，伺服驱动器输出 CNP2 的 U、V、W 依次连接伺服电机的 U、V、W（2、3、4）引脚，不能相序错误。伺服报警信号接入内部电磁制动器，CN2 和伺服电机连接。

伺服放大器与伺服电机在接线上需注意电源端子的连接处必须实行绝缘处理，否则可能会引起触电。同时在接线时需要小心伺服放大器和伺服电机电源的相位（U、V、W）要正确连接，否则会引起伺服电机运行异常。更不要把商用电源直接接到伺服电机上，否则会引起故障。

在接线的同时不要给伺服电机的接触针头直接提供测试铅条或类似测试器，这样做会使针头变形，产品接触不良。伺服放大器与伺服电机的连接方法会因伺服电机的系列、容量及是否有电磁制动器的不同而异。

接地时，要将伺服电机的地线接至伺服放大器的保护接地（PE）端子上，将伺服放大器的地线经过控制柜的保护端子接地。

带有电磁制动器的伺服放大器的制动线路，应由专门的 DC 24 V 电源供电。

④通信接口 CN3 的连接。CN3 用于连接个人 PC 的 RS-232 串口（信号线长度在 15 m 以下），连接双通道示波器的监控输出，以及两路模拟量输出的监控。CN3 连接图如图 6-38 所示。

（2）三菱伺服驱动器参数设置。正确设置伺服驱动器参数，才能保证伺服系统正常运行。下面列举常用的参数。

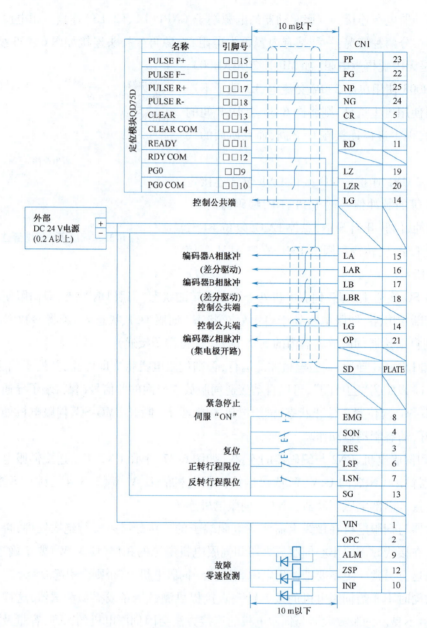

图 6-36 CN1 连接图

①BLK 参数写入禁止 No. 19。MR-E 伺服放大器参数分为:基本参数(No. 0 ~ No. 19)、扩展参数 1 (No. 20 ~ No. 49),扩展参数 2(No. 50 ~ No. 84)。出厂状态只能修改基本参数,通过改变参数 No. 19 的设置可改变访问范围,见表 6-4,该参数可设置成 8 个不同的值,当设置成 000E 时,可访问所有参数。

注意: 重新设定参数 No. 19 后,需断开电源,再重新上电,参数才会生效。

②STY 控制模式 No. 0。参数 No. 0 用于选择控制模式、再生选件选择,其四位数字的含义如图 6-39 所示。当设置成 1000 时,则表示该伺服驱动器选择了 HF-KN 系列 200 W 不使用再生选件的电机,控制模式为位置控制。

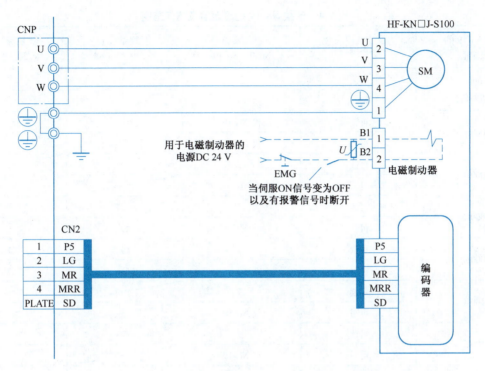

图 6-37　CNP2 和伺服电机、CN2 与编码器的连接图

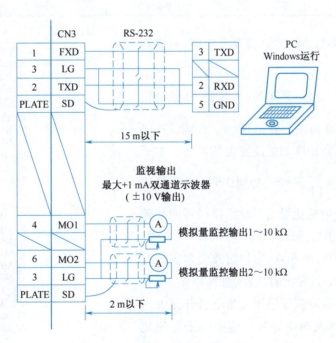

图 6-38　CN3 连接图

表 6-4 参数 No.19 的设定值及访问范围

参数 No.19 的设定值	设定值的操作	基本参数 No.0 ~ No.19	扩展参数 1 No.20 ~ No.49	扩展参数 2 No.50 ~ No.84
000（初始值）	可读	○		
	可写	○		
000A	可读	仅 No.19		
	可写	仅 No.19		
000B	可读	○	○	
	可写	○		
000C	可读	○	○	
	可写	○	○	
000E	可读	○	○	○
	可写	○		
100B	可读	○		
	可写	仅 No.19		
100C	可读	○	○	
	可写	仅 No.19		
100E	可读	○	○	○
	可写	仅 No.19		

注意：重新设定参数 No.0 后，需断开电源，再重新上电，参数才会生效。

③ $\dfrac{CMX}{CDV}$ 电子齿轮比 No.3 与 No.4：CMX 电子齿轮比分子 No.3、CDV 电子齿轮比分母 No.4。合理设置电子齿轮比可以实现更高精度和更高速度的控制。电子齿轮比设定范围：$\dfrac{1}{50} < \dfrac{CMX}{CDV} < 50$，必须在伺服放大器停止状态下，进行电子齿轮比设定，设定错误可能导致错误运行，无法达到预期运行结果。

电子齿轮比的计算：图 6-40 为伺服放大器闭环控制示意图。上位机（PLC）发出的"输入脉冲串频率"受伺服放大器最大输入脉冲频率限制（集电极开路方式 200 kp/s，差分驱动方式 500 kp/s），应用电子齿轮比 $\dfrac{CMX}{CDV}$，将输入脉冲串频率提高后，再与反馈脉冲进行 PID 偏差调节，形成闭环。以电机轴旋转一周为基准计算：

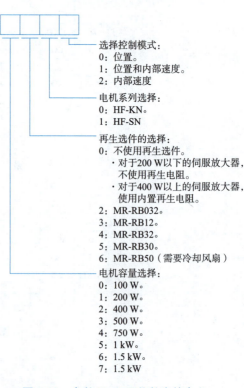

图 6-39 参数 No.0 四位数字的含义

上位机发出的指令脉冲个数 × 电子齿轮比 $\dfrac{CMX}{CDV}$ = 编码器反馈脉冲个数 P_t；而上位机发出的指令脉冲个数 =（导程 P_b/脉冲当量 ΔL_0）× 减速比 n。所以，电子齿轮比 $\dfrac{CMX}{CDV} = \Delta L_0 \cdot \dfrac{P_t}{n \cdot P_b}$。

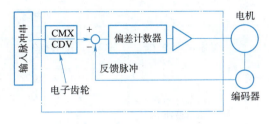

图 6-40　伺服放大器闭环控制

例如：当脉冲当量 $\Delta L_0 = 0.001$ mm，减速比 $n = 1$，滚珠丝杠导程 $P_b = 4$ mm，编码器分辨率 $P_t = 131\ 072$ p/r，则电子齿轮比 $\dfrac{CMX}{CDV} = 0.001 \times \dfrac{131\ 072}{4} = \dfrac{4\ 096}{125}$。因此设置 No.3(CMX) 为 4 096，No.4 (CDV) 为 125。

④DMD 状态显示选择 No.18。参数 No.18 用于选择在电源接通时的状态显示内容，如图 6-41 所示。当设置成 0001，且控制模式为位置模式，则电源接通时，显示器显示伺服电机转速。

注意：重新设定参数 No.18 后，需断开电源，再重新上电，参数才会生效。

⑤OP3 功能选择 No.21（指令脉冲串选择）。No.21 用于选择指令脉冲串的形式，并可选择正逻辑和负逻辑，如图 6-42 所示。当设置成 0001，则选择了正逻辑带符号的脉冲串。指令脉冲串的形式有三种，再结合正负逻辑，共有六种形式，见表 6-5。

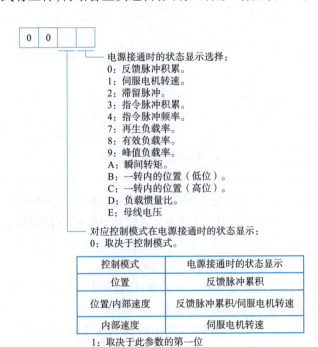

图 6-41　参数 No.18 的四位数字的含义

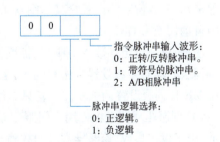

图 6-42　参数 No.21 的四位数字的含义

注意：重新设定参数 No.21 后，需断开电源，再重新上电，参数才会生效。

表 6-5 指令脉冲串的形式

脉冲串波形		正转指令	反转指令	参数 No. 21（指令脉冲串）
负逻辑	正转脉冲串 反转脉冲串	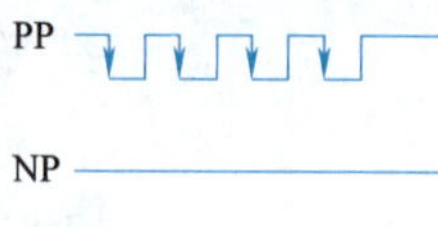 PP NP	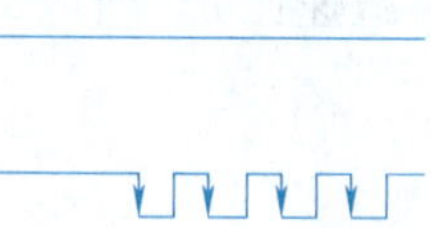	0010
	脉冲串 + 符号	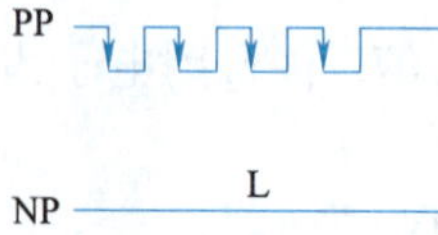 PP NP L　　H	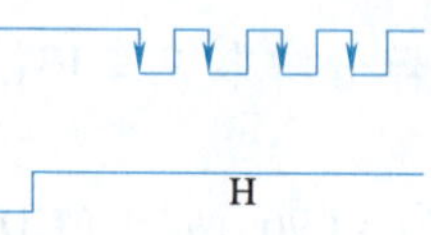	0011
	A 相脉冲串 B 相脉冲串	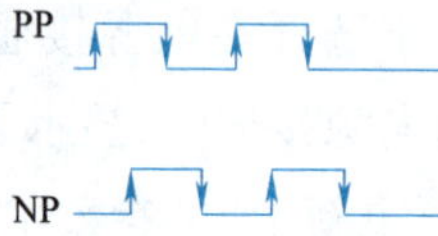 PP NP	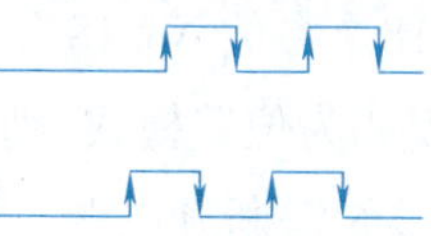	0012
正逻辑	正转脉冲串 反转脉冲串	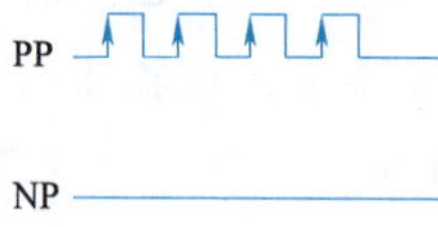 PP NP	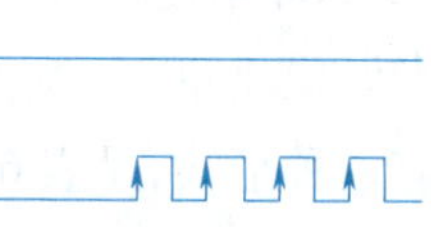	0000
	脉冲串 + 符号	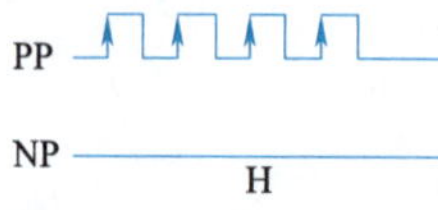 PP NP H　　L	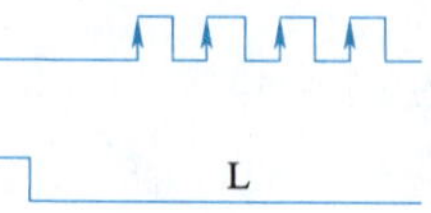	0001
	A 相脉冲串 B 相脉冲串	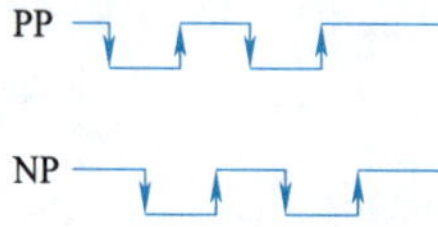 PP NP	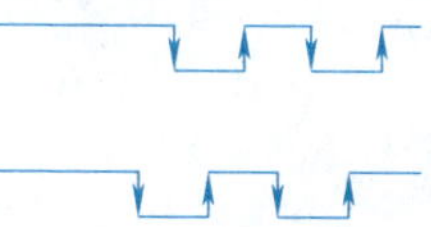	0002

⑥DIA 输入信号自动 ON 选择 No. 41。参数 No. 41 用于设置伺服开启信号（SON）正转和反转行程末端，其四位数字设置含义如图 6-43 所示，当设置成 0001，则伺服开启信号（SON）在伺服放大器内自动切换为 ON。

注意：重新设定参数 No. 41 后，需断开电源，再重新上电，参数才会生效。

伺服驱动器参数设置方法有两种，若是批量调整、监视、诊断、读取或写入伺服系统参数，可以采用 MR-E 伺服设置调试软件。若只是修改个别参数也可以使用伺服驱动器面板来设置。

（3）伺服驱动器面板使用。伺服驱动器面板带有 5 位 7 段 LED 显示屏及功能按键，如图 6-44 所示，用于设定参数、诊断异常时的故障、确认外部程序、确认运行期间状态等。"MODE"键用于改变运行模式，每按一次就移到下一个模式，这些模式包括状态显示、诊断、报警、基本参数、扩展参数 1 和扩展参数 2，如图 6-45 所示。每种模式的显示或数据的改变通过图 6-45 面板中"UP""DOWN"键来操作。如在基本参数模式下，通过这两个键可以在 P00 ~ P19 之间进行切换。"SET"键用于设置数据。

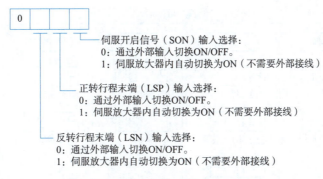

图 6-43 参数 No.41 的四位数字的含义

(a) 实物　　　　　　　　　　(b) 按键功能说明

图 6-44 伺服驱动器的显示器及按键

使用面板设置参数的方法步骤：以 No.0 参数设置举例，在伺服驱动器面板上按"MODE"键直到进入参数画面，画面显示如图 6-46 所示，再依次利用"SET"、"UP"和"DOWN"键完成参数值的修改。

一、行走机械手伺服驱动系统组成分析

对照图 6-2，写出行走机械手伺服驱动系统由哪些元件组成，并写出各个元件的名称、品牌型号及功能，记录于自拟表格中。

二、行走机械手伺服驱动系统安装接线

1. PLC 的 I/O 地址分配

根据任务描述，行走机械手伺服驱动系统的硬件配置选取：1 台 FX3U-48MT PLC、1 台三菱 MR-E-20A-KH003 伺服驱动器、1 台 HF-KN23J-S100 伺服电动机、若干按钮开关（用于启动和停止等命令）、2 个磁性开关（作为正负限位保护开关）、2 个限位开关（用于正负超限位保护）、3 个电感式传感器（任选其一作为近点信号）、若干指示灯（用于机械手到位提示）。

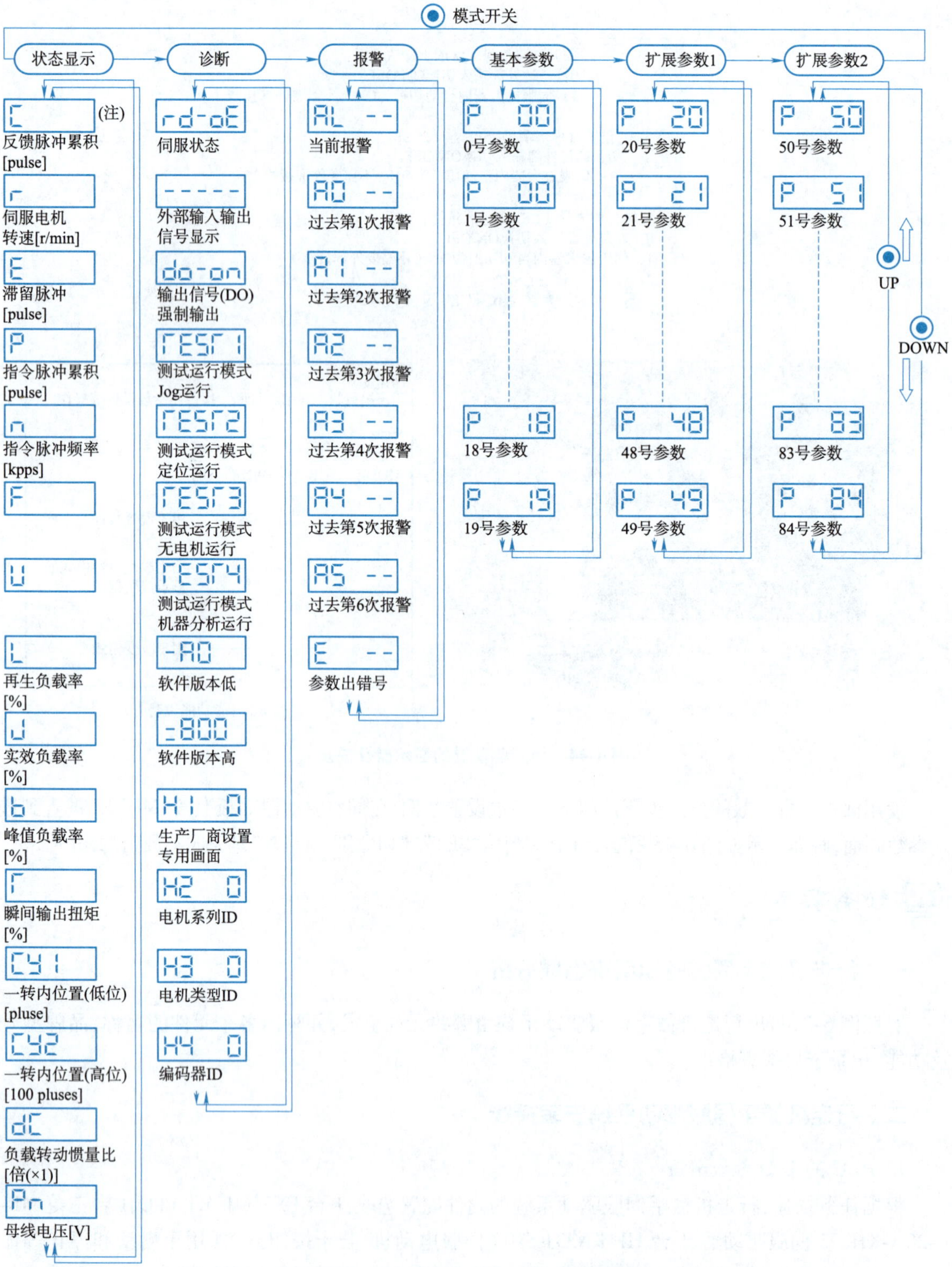

图 6-45 伺服驱动器显示内容的操作切换

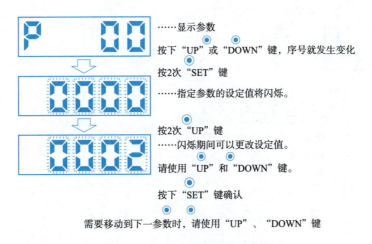

图 6-46　No.0 参数设置方法步骤

PLC 的 I/O 地址分配见表 6-6。

表 6-6　行走机械手伺服驱动系统的 PLC I/O 地址分配

输入信号			输出信号		
序号	PLC 输入点	输入元件	序号	PLC 输出点	输出元件
1	X3	超限位开关(负)SQ1	1	Y1	伺服驱动器 PP
2	X4	超限位开关(正)SQ2	2	Y3	伺服驱动器 NP
3	X5	限位开关(负)1B	3	Y7	伺服驱动器 SON
4	X6	限位开关(正)2B	4	Y4	黄色指示灯 HL1
5	X7	电感式传感器(左)BG3	5	Y5	绿色指示灯 HL2
6	X10	电感式传感器(中)BG4	6	Y6	红色指示灯 HL3
7	X11	电感式传感器(右)BG5			
8	X12	启动/左移按钮 SB1			
9	X13	停止/右移按钮 SB2			
10	X14	转换开关 SA（手动/自动转换）			
11	X15	急停按钮 QS			

2. 行走机械手伺服驱动系统原理图设计

根据行走机械手伺服控制 PLC 的 I/O 地址分配，以及相关元件符号标准，PLC 控制原理图设计如图 6-47 所示。

左右限位信号 LSP、NSP 通过继电器 KA1、KA2 与 SG(0 V)相连。紧急停止信号 EMG 直接连接 SG(0 V)，伺服 SON 信号通过输出点 Y7 连接 SG(0 V)。

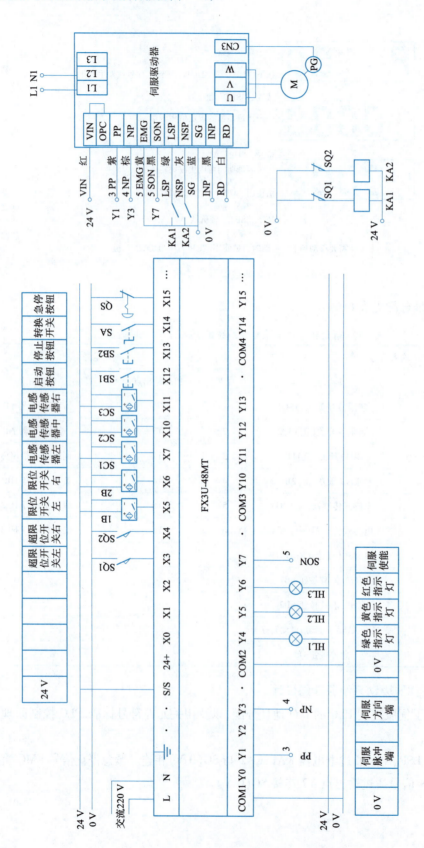

图 6-47 行走机械手伺服驱动系统的PLC控制原理图

练 习

一、单选题

1. 伺服系统是一种以（　　）为控制量的运动控制系统。
   A. 功率　　　　　B. 机械位置或角度　　C. 加速度
2. 伺服系统的（　　）控制模式一般是通过外部输入的脉冲的频率来确定转动速度的大小，通过脉冲的个数来确定转动的角度，也有些伺服可以通过通信方式直接对速度和位移进行赋值。
   A. 位置　　　　　B. 速度　　　　　C. 转矩
3. 直流伺服电机在低速运转时，由于（　　）波动等原因可能造成转速时快时慢，甚至暂停的现象。
   A. 电流　　　　　B. 电磁转矩　　　C. 电压　　　　　D. 温度
4. 交流伺服电机的定子铁芯上安放着空间上互成（　　）电角度的两相绕组，分别为励磁绕组和控制绕组。
   A. 0°　　　　　　B. 90°　　　　　C. 120°　　　　　D. 180°
5. 伺服电机电子齿轮比计算与（　　）无关。
   A. 编码器分辨率　B. 丝杠的导程　　C. 控制精度要求　D. 减速比
   E. 转子结构

二、填空题

1. 伺服电机是指在伺服系统中控制机械元件运转的电机。它将接收到的电信号转换成电动机轴上的角位移或角速度输出。其主要特点是：当信号电压为零时无自转现象，可以使_____、_____的控制精度非常高。
2. 伺服电机的结构除了定子和转子外，还包括_____。伺服电机的精度主要由其_____的精度（线数）决定，并且可以通过脉冲驱动和闭环反馈系统实现精确的位置和速度控制。
3. 伺服驱动器的三种控制方式包括：_____、_____、_____。
4. 交流伺服电机的转子有两种形式，即_____和空心杯形转子。

三、简答题

简述伺服驱动系统与步进驱动系统的异同。

任务四　行走机械手伺服驱动系统编程调试

任务描述

本任务要求通过对任务三中的伺服驱动系统编程调试，实现行走机械手的位置和速度控制。
具体要求：
（1）设备上电后，伺服使能行走机械手能自动搜索原点，并要求能时刻监控当前脉冲轴位置。

(2)按"停止"按钮,机械手立即停止运动。

(3)在手动状态下,点动控制机械手正向和反向移动。

(4)到达原点后,点亮黄色指示灯。按下"启动"按钮,黄色指示灯灭,机械手向负方向移至 A 点(在原点负方向 20 mm),停 2 s,机械手向正方移至 B 点(在原点正方向 40 mm),停 2 s,机械手再移动到 A 点,如此在 AB 间往复循环。往 A 点移动过程中点亮绿色指示灯,往 B 点移动过程中点亮红色指示灯。原点、A 点、B 点位置如图 6-48 所示。

机械手移动的速度要达到 10 mm/s。回原点采用 DSZR 指令,实现点动采用 PLSV 指令。丝杠导程为 4 mm。

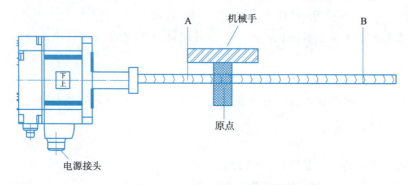

图 6-48 机械手运动位置示意图

 任务分析

在任务三已经学习了伺服驱动系统,并设计了系统硬件电路。任务二学习的回原点指令 ZRN、脉冲输出指令 PLSY 可实现回原点和点动控制功能,定位指令 DRVA、DRVI 可实现不同位置定位功能。本任务对回原点和点动控制的指令有指定要求,还需要学习回原点指令 DSZR、可变速脉冲输出指令 PLSV,进而设计和调试程序。

相关知识

一、回原点指令 DSZR

带 DOG 搜索的回原点指令 DSZR 格式如图 6-49 所示。

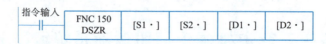

图 6-49 带 DOG 搜索的回原点指令格式

视频
DSZR指令与
PLSV指令应用

S1:指定输入近点信号(DOG)的软元件编号。

S2:指定输入零点信号的软元件编号。表示动作原点的确切位置,只能指定 X 信号,且指定范围为 X0 ~ X7。

D1：指定输出脉冲的输出端口编号。晶体管型 FX3U 的端口为 Y0、Y1 或 Y2。

D2：指定旋转方向的软元件编号。ON：正转（脉冲输出使当前值增加）；OFF：反转（脉冲输出使当前值减少）。

指令输入条件 ON 时执行该指令，以特殊数据寄存器指定的脉冲速度从输出端口输出脉冲，使执行机构按照预先设定的动作顺序向原点移动，运行过程中近点信号（DOG）从 ON 到 OFF 后，检测到零点信号从 OFF 到 ON，则立即停止脉冲输出。

在设定有正反转限位的系统中，启用 DOG 搜索模式回归原点。因原点回归的开始位置不同，原点回归动作可分为四种情况，如图 6-50 所示。其中，①～④无论哪种情况，最终都是从同一方向回到原点。

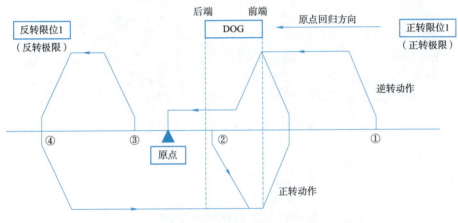

图 6-50　启用 DOG 搜索模式回归原点示意图

DSZR 指令相关的特殊软元件同 ZRN 指令。指定原点回归速度和爬行速度的特殊数据寄存器如下：

原点回归速度：Y0、Y1、Y2 分别对应高位 D8347、低位 D8346，高位 D8357、低位 D8356，高位 D8367、低位 D8366，初始值为 50 000 Hz。

爬行速度：Y0、Y1、Y2 分别对应 D8345、D8355、D8365，初始值为 1 000Hz。

若需改变回原点速度，既可以在程序中修改以上数据寄存器的值，也可以在图 6-51 所示 PLC 内置定位设置参数中进行修改。

二、可变速脉冲输出指令 PLSV

可变速脉冲输出指令（PLSV）是输出带旋转方向的可变速脉冲指令，在运行过程中可以改变电机的运行速度。指令格式如图 6-52 所示。

S：指定输出脉冲频率的软元件编号。16 位运算时的范围为 −32 768 ～ −1，+1～32 767（Hz）；32 位运算时，对于晶体管型 FX3U 的范围为 −100 000 ～ −1，+1～100 000(Hz)。

D1：指定输出脉冲的输出端口编号，晶体管型 FX3U 的端口为 Y0、Y1 或 Y2。

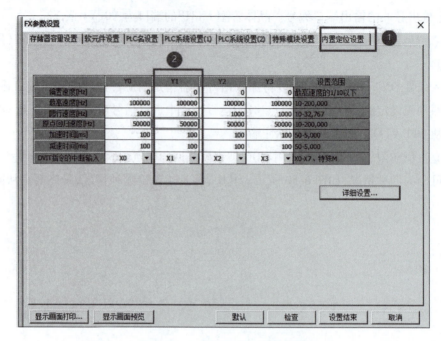

图 6-51　PLC 内置定位设置参数

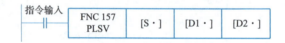

图 6-52　可变速脉冲输出指令格式

D2：指定旋转方向的软元件编号。

当指令输入(执行条件)为 ON,则执行该指令。在输出进程中改动 S1 的值,其输出脉冲频率立即变更。

该指令本身不带加减速,在运行该指令的同时接通 M8338,则启用加减速功能,默认加减速时间为 100 ms。

一、行走机械手伺服驱动系统的 PLC 程序设计

机械手行走的位移对应脉冲数的计算：由任务描述可知伺服驱动丝杠导程为 4 mm,若伺服电机转一圈,需要 PLC 发 4 000 个脉冲,则行走机械手位移量 20 mm 对应 20 000 个脉冲,40 mm 对应 40 000 个脉冲,10 mm 对应 10 000 个脉冲。

程序如图 6-53 所示。其中图 6-53(a)所示梯形图程序对应回原点、启动、停止,以及点动正向和反向移动功能,图 6-53(b)所示 SFC 程序对应机械手往复运动。

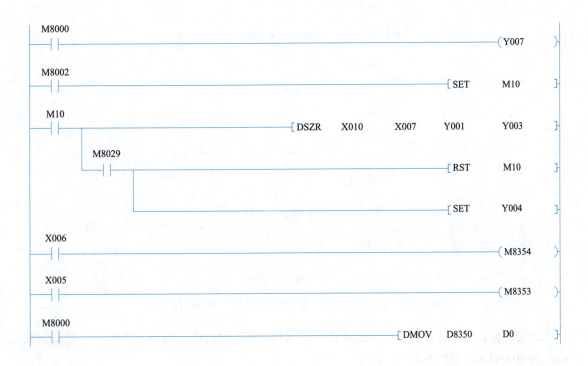
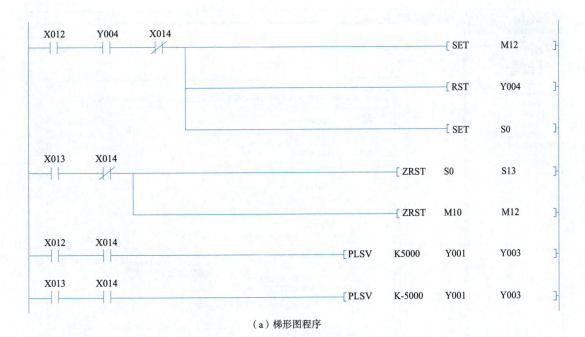

(a)梯形图程序

图 6-53 行走机械手伺服驱动系统的 PLC 程序设计

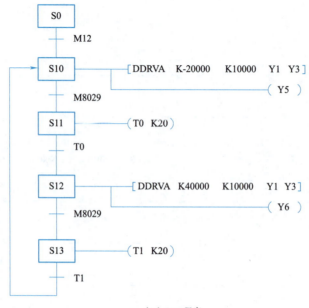

（b）SFC程序

图6-53 行走机械手伺服驱动系统的PLC程序设计（续）

考虑实验装置的丝杠行程较短，DSZR的原点回归速度不宜太快。在PLC参数中将原点回归速度修改为10 000 Hz，如图6-54所示。

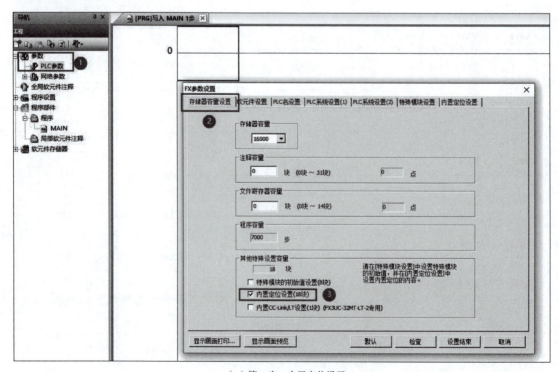

（a）第一步：内置定位设置

图6-54 PLC参数设置

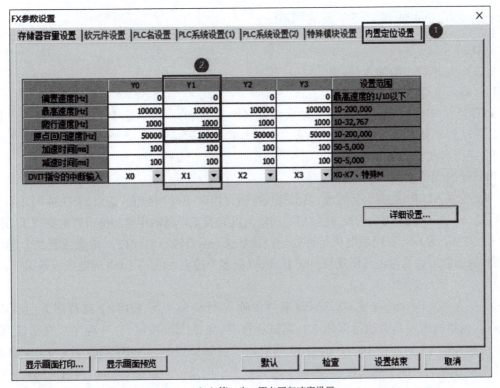

(b)第二步:原点回归速度设置

图 6-54　PLC 参数设置(续)

二、行走机械手伺服驱动器参数设置

伺服驱动器参数设置见表 6-7。其中,电子齿轮比的计算依据:根据丝杠导程 4 mm,以及前面设定的伺服电机转一圈,PLC 发 4 000 个脉冲,计算出电子齿轮比 $\dfrac{CMX}{CDV} = \dfrac{131\ 072}{4\ 000} = \dfrac{4\ 096}{125}$。

表 6-7　伺服参数设置

参数	名称	出厂值	设定值	说明
No. 0	控制模式选择	0000	1 000	设置为"位置"模式,HF-KN 系列 200 W 电机,不使用再生选件
No. 3	电子齿轮比分子	1	4 096	设置为上位机发出 4 000 个脉冲,电机转一圈
No. 4	电子齿轮比分母	1	125	
No. 19	BLK 参数写入禁止	0000	000E	设置为显示所有参数
No. 21	功能选择 3	0000	0001	选择脉冲信号串输入信号波形(正逻辑、"脉冲 + 方向"控制方式)

三、行走机械手伺服驱动系统的调试

1. I/O 信号测试

根据表 6-7 对 PLC 的输入/输出元件进行测试。

1) PLC 输入元件测试

将 PLC 置在 STOP 状态,设备通电,依次按动各个按钮和开关,观察 PLC 相应的输入点是否正常点亮。手动转动使机械手依次经过电感式传感器和左右限位开关,查看相应的 PLC 输入点是否正常点亮,确保各传感器能正常工作。

2) PLC 输出元件测试

将 PLC 置在 STOP 状态,设备通电,单击 ▇▇▇ 按钮,打开"更改当前值"窗口,依次输入并强制输出元件 Y4、Y5、Y6 由 ON 到 OFF 切换,观察相应的输出点能否正常驱动相应的指示灯由亮到灭。输入并强制输出元件 Y7 为 ON,看伺服电机是否处于使能状态(手动转不动丝杠),注意强制某个输出元件 ON 并观察到现象后要及时将其恢复到 OFF 状态,以免多个输出元件同时 ON 时造成设备损坏。

视频
伺服驱动行走机械手程序运行

2. 系统调试

在 GX Developer 或 GX Work2 软件中输入图 6-53 所示程序,下载程序并启动 PLC 运行,观察机械手是否执行回原点。调试程序时,单击 ▇▇▇ 按钮,打开程序监视功能,监视当前脉冲轴 Y1 对应的 D8350 的变化,当机械手回到原点时,D8350 的值应为 0,Y4 驱动黄色指示灯亮。按下启动按钮,机械手是否按要求向负方向运行 20 mm,而后又向正方向运行 40 mm。按停止按钮,机械手立即停止运行。在手动状态下点动控制机械手正向和反向移位现象是否符合任务描述要求。若不满足以上现象,则借助监视画面检查程序及硬件设备进行故障排除。

练 习

一、判断题

1. 在设定有正反转限位的系统中,启用 DOG 搜索模式回归原点。因原点回归的开始位置不同,原点回归结束均会停止在同一点。( )

2. 执行可变速脉冲指令 PLSV S D1 D2,当 S 为 0 时,可持续发送脉冲。( )

3. 执行原点回归后,又通过相对定位指令 DRVI 移动到新的位置,此时可以将相应的脉冲输出轴监控寄存器值清零,则此位置即为原点。( )

4. 当采用两轴伺服驱动系统时,可以采用同一 PLC 的不同脉冲输出端口分别给两个伺服驱动器发脉冲。( )

5. 伺服驱动系统因伺服电机自带编码器,所以控制精度比步进驱动系统高。( )

二、程序设计题

伺服驱动系统硬件配置如图 6-2 所示。控制要求:按下启动按钮,模拟机械手自动搜索原点,到原点后,停 1 s,工作台正向运行 30 000 个脉冲的位移,停 1s 后,反向运行 30 000 个脉冲位移,停 1 s,再正向运行 30 000 个脉冲的位移,如此往返运行。按下停止按钮,工作台立即停止。

拓 展 应 用

设计一个剪板机控制系统,该剪板机的送料由伺服驱动器及伺服电机控制,剪断装置为一把剪刀,另外还有一打孔装置,图6-55为自动剪板机结构示意图。本任务只完成5段4孔规格的板料。图6-56为板料加工后产品示意图。

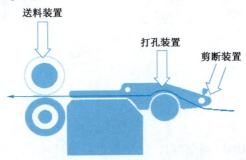

图6-55 自动剪板机结构示意图

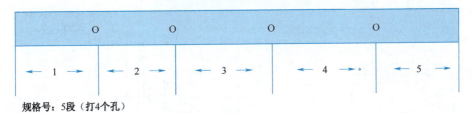

图6-56 板料加工后产品示意图

具体要求:

(1)打开整机电源,徒手把料板放入设备中,并利用触摸屏(HMI)上点动按钮,剪断装置剪除料板顶端废料,剪齐整。

(2)在触摸屏(HMI)上按照生产要求设置参数及运行方式与控制信号的设定。

(3)启动自动运行方式,送料机构开始按照一定距离要求运行送料,并按要求对料板进行打孔;送料速度由孔距大小来决定,见表6-8。最小孔距不得小于50 mm,最大孔距不得大于1 000 mm,设定孔距均为正整数。

表6-8 孔距和速度(脉冲数)关系

孔距	50~300 mm	301~600 mm	601~800 mm	801~1 000 mm
速度(脉冲数)/(m/s)	5	6	7	8

(4)设备原先距离定位是由编码器反馈控制的。综合考虑设备因素,现用固定脉冲发出进行控制(暂时不考虑机械齿轮比等关系),脉冲数:孔距=50:1。

(5)本任务只完成5段4孔规格的板料,每次打孔时,送料电机停止(停止时间即为打孔时间),完成打孔后继续送料,持续不断地加工。

(6)完成指定规格的板料后,送料电机停止(停止时间即为剪断时间),剪断装置剪切,这就算一件产品完成,后面以此继续送料,按规格加工、打孔、剪切的循环动作。

(7) 当完成设定数量的产品后,指示灯按 2 Hz 频率闪烁,系统自动停止。

(8) 自动运行中,按下停止按钮,当前一件产品加工完成后停止,并可以重新启动,触摸屏参数不需重设,产量会在之前基础上累加。

图 6-57 所示为全自动剪板机基本操作流程。

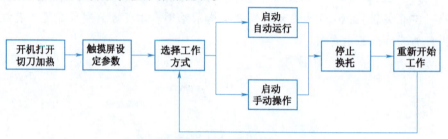

图 6-57 全自动剪板机基本操作流程图

1. PLC 及伺服驱动器接线

选用 FX3U-48MT PLC、MR-J2 伺服驱动器,接线方式选择脉冲+方向。PLC 的 Y0 接脉冲 PP,Y4 接方向 NP。接线图如图 6-58 所示。

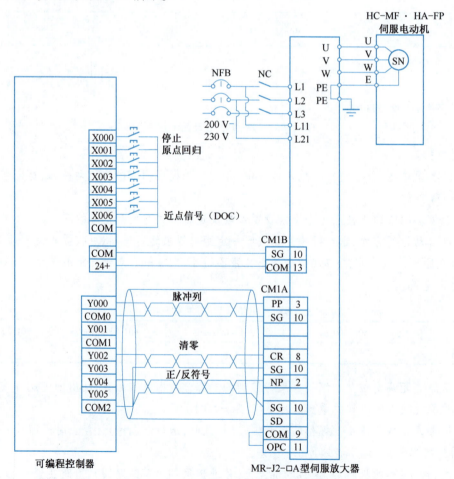

图 6-58 PLC 与 MR-J2 系列伺服放大器接线图

如果选用的是 DOG 原点回归方式，另外还要接一个清零信号（Y4～Y7），原点回归的时候要用到。PLC 输入需要接 DOG 信号（原点回归的近点信号）、伺服的零信号。剩下的线 SON 可以接 PLC，也可接外部开关，EMG 按急停按钮，LSP、LSR 接正负限位开关。

2. 设置伺服驱动器参数

伺服驱动器设定成位置控制模式，接收 PLC 发来的脉冲进行定位；脉冲类型设定成脉冲 + 方向。伺服驱动器参数见表 6-9。

表 6-9　伺服驱动器参数

序号	参数编号	参数名称	设置值	功能与含义
1	P0	控制模式和再生选购件选择	1 000	HC-KFE 系列 200 W 电机，位置控制模式。设置此参数值必须在控制电源断电重启之后，才能修改、写入成功
2	P3	电子齿轮分子（指令脉冲倍率分母）	32 768	电子齿轮比计算
3	P4	电子齿轮分母（指令脉冲倍率分子）	1 000	
4	P21	功能选择 3（指令脉冲选择）	0011	指令脉冲 + 指令方向。设置此参数值必须在控制电源断电重启之后，才能修改、写入成功
5	P41	输入信号自动 ON 选择	0001	伺服放大器内自动伺服 ON。设置此参数值必须在控制电源断电重启之后，才能修改、写入成功
6	P54	功能选择 9	0001	对于输入脉冲串，变更伺服电机的旋转方向。设置此参数值必须在控制电源断电重启之后，才能修改、写入成功

3. PLC 程序设计

图 6-59 为手动运行程序，主要用于手动调整，均为点动操作。其中，触摸屏信号 M106 常开触点接通时为自动运行状态，常闭触点接通时为手动运行状态。M111（M112）发出手动前进（后退）信号，在高速脉冲指令 DPLSR 作用下向 Y000（Y001）发出正转（反转）脉冲，脉冲频率由 D200 内数据决定（已经预设为 5 000，影响走带速度），输出总脉冲数固定为 5 000 个，M114～M121 分别控制 Y002～Y006，进行打孔、切断等点动操作。

剪板机刚上电时，热刀后才允许后面的自动程序运行。另外，在 PLC 上电或进入/退出自动状态（M106）或切带完成（Y003）或达到设定产量时，对相关寄存器、状态继电器、变址寄存器和输出继电器复位，切带完成时进入自动运行开始状态，为自动运行做准备。

若开机 60 s 后（M202）并且在自动方式下启动运行（M103），进入自动运行程序。根据第一点距离设定值，由 M104/M105 决定转入正转分支/反转分支。在正转分支中，由 Y000 输出正转脉冲，D230 中为脉冲输出频率，D252 中为输出总脉冲数（长度尺寸），K100 为加减速时间。走完设定长度后，M8029 发出信号，由 D250 与 D212 比较判断打点是否完成，没有完成则进入 S3 状态，若完成则进入 S5 状态，程序如图 6-60 所示。伺服轴设计加速时间是为了防止送带辊打滑，设计减速时间为了保证伺服轴准确停在指定位置。

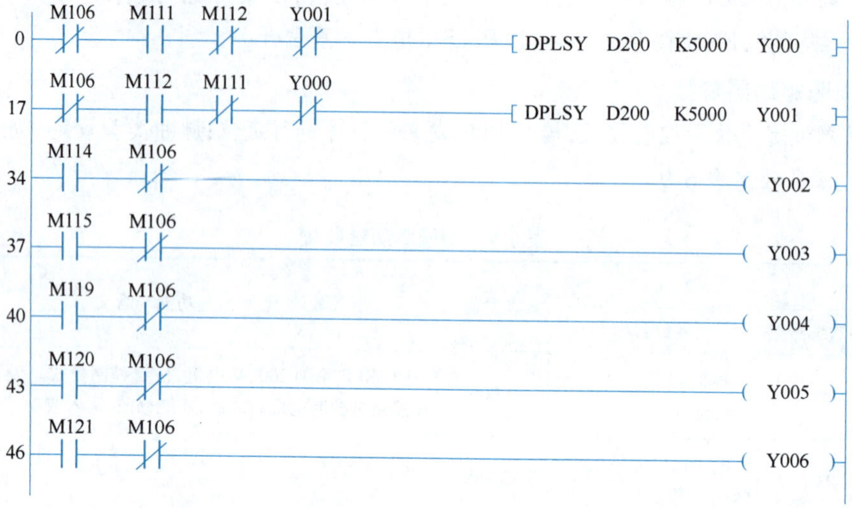

图 6-59 手动运行程序

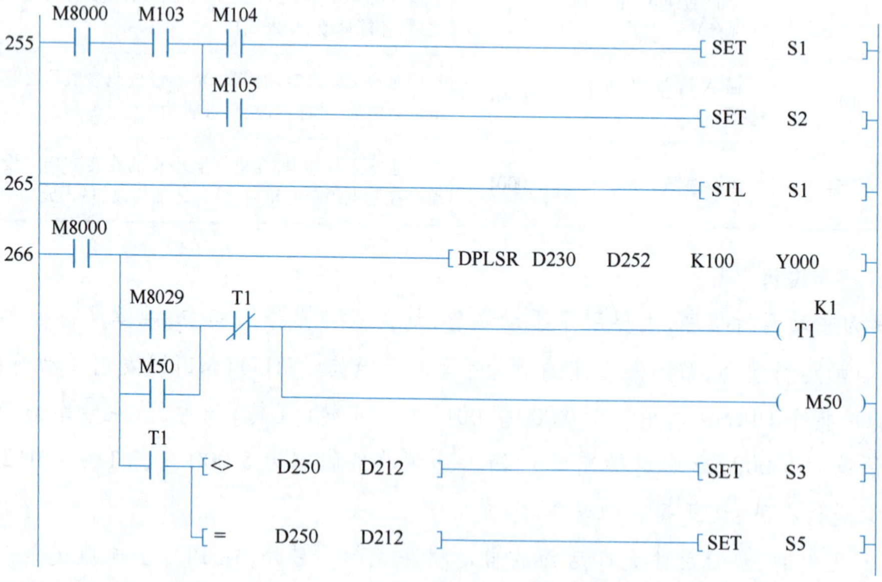

图 6-60 自动流程正转分支程序

自动流程反转分支程序如图 6-61 所示,由 Y001 输出反转脉冲,反转调整结束后进入 S3 状态。然后,切断继续进板,其余程序在此省略。

```
311 ─────────────────────────────────────[ STL    S2 ]

     M8000
312 ──┤├──┬──────────────────[ DPLSR  D230  D252  K100  Y001 ]
         │
         │  M8029  T2                              K1
         ├──┤├────┤/├──┬─────────────────────────( T2 )
         │             │
         │   M51       │
         ├──┤├─────────┤
         │             │
         │   T2        │
         └──┤├─────────┴──────────────────────( M51 )
                                              
                      ──────────────────────[ SET    S3 ]
```

图 6-61　自动流程反转分支程序